高等职业教育系列教材

单片机原理及应用（C51 版）

第 2 版

主　编　赵全利
副主编　罗中剑　王蓓　左建业　周　伟

机械工业出版社

本书从单片机应用的角度出发,在本书第 1 版的基础上进行精简、修正、调整和扩充,详尽地阐述了 51 单片机的体系结构、工作原理、指令系统、典型功能部件、软硬件应用开发资源及开发过程,引用了大量的、由浅入深的单片机软硬件仿真调试示例及工程应用实例,重点讲解 C51 程序在单片机各种功能方面的应用编程,引导学生逐步认识、熟知、实践和应用单片机。本书结构完整、层次分明、资源丰富,以应用示例为导向,将知识点贯穿其中,将硬件电路、软件编程、仿真调试及工程应用融为一体,各章均配有实训项目,既便于教学,又方便读者阅读和操作。

本书可作为高职高专院校电子、电力、通信、自动化、机电、测控及信息类专业师生的教学用书,也可作为相关专业技术人员的参考用书。

本书配有电子课件、部分习题参考答案、程序代码及仿真电路源文件,需要的教师可以登录www.cmpedu.com免费注册、审核通过后下载,或联系编辑索取（微信:13261377872,电话:010-88379739）。

图书在版编目（CIP）数据

单片机原理及应用:C51 版/ 赵全利主编. —2 版. —北京:机械工业出版社,2018.9(2025.8 重印)
高等职业教育系列教材
ISBN 978-7-111-61127-1

Ⅰ.①单… Ⅱ.①赵… Ⅲ.①单片微型计算机-高等职业教育-教材 Ⅳ.①TP368.1

中国版本图书馆 CIP 数据核字（2018）第 234421 号

机械工业出版社（北京市百万庄大街22号 邮政编码 100037）
策划编辑:鹿　征　　责任编辑:鹿　征
责任校对:李　杉　　责任印制:张　博
北京建宏印刷有限公司印刷
2025 年 8 月第 2 版第 6 次印刷
184mm×260mm・17 印张・418 千字
标准书号:ISBN 978-7-111-61127-1
定价:59.00 元

电话服务　　　　　　　　　网络服务
客服电话:010-88361066　　机　工　官　网:www.cmpbook.com
　　　　　010-88379833　　机　工　官　博:weibo.com/cmp1952
　　　　　010-68326294　　金　书　网:www.golden-book.com
封底无防伪标均为盗版　　　机工教育服务网:www.cmpedu.com

前　言

党的二十大报告指出："培养造就大批德才兼备的高素质人才，是国家和民族长远发展大计。"为了更好地满足社会及教学的需求，依据高等职业教育人才培养目标的要求，本书从单片机应用的角度出发，在第 1 版的基础上进行精简、修正、调整和扩充，详尽地描述了 51 单片机体系结构、工作原理、典型功能部件、软硬件应用开发资源及开发过程。在汇编语言编程的基础上，重点讲解 C51 程序在单片机各种功能方面的应用编程。本书以 Keil 集成环境、Proteus 仿真软件及 ISP 下载等开发资源为平台，引用了大量的、由浅入深的单片机软硬件仿真调试示例及工程应用实例。各章均配有实训项目，引导读者逐步认识、熟知、实践和应用单片机。

本书作者都是长期工作在高等院校相关专业的一线教师，曾多次在单片机课程设计、毕业设计、全国大学生电子设计竞赛及机器人竞赛培训工作中，成功地将本书所选内容和示例用于教学，取得了良好的教学效果和优异的竞赛成绩。本书融入了作者多年来在高等院校单片机原理及应用课程的教学和实践经验，并将成功案例编入书中。全书主要特点如下。

1）结构完整、层次分明、内容详实、循序渐进，便于学生自学。
2）以应用实例为导向，将知识点贯穿其中，突出在实践中重新构建知识体系的教学方法。
3）资源丰富、多技术融合，支持单片机应用系统的整体设计。
4）实践育人。本书在取材和编排上，便于构建实践育人教学模式。

本书共 8 章，第 1 章详细介绍单片机基础知识，第 2 章讲述 51 单片机及其硬件结构，第 3 章讲述 51 单片机指令系统及汇编语言程序设计，第 4 章讲述 C51 程序设计及应用，第 5 章讲述 51 单片机主要功能部件的结构及应用，第 6 章讲述单片机系统扩展及 I/O 接口技术，第 7 章讲述单片机应用系统开发及设计实例，第 8 章介绍 Proteus 使用入门。

本书由赵全利任主编，罗中剑、王蓓、左建业、周伟任副主编。第 1 章由赵全利编写；第 2 章、第 8 章由王蓓编写；第 3 章、第 7 章由左建业编写；第 4 章由罗中剑编写；第 5 章由袁红斌编写；第 6 章由井荣枝编写；各章习题、软硬件仿真调试、附录 A、附录 B、附录 C、附录 D、图表制作、文字录入及电子课件由周伟、彭守旺、缪丽丽、翟丽娟、庄建新、骆秋容、徐维维、徐云林编写和完成。全书由赵全利教授统稿，刘瑞新教授主审定稿。

本书可作为高职高专院校电子、电力、通信、自动化、机电、测控及信息类专业师生的教学用书，也可作为相关专业技术人员的参考用书。

本书配套提供电子课件、部分习题参考答案、程序代码及仿真电路源文件。

本书在编写过程中参考和引用了许多文献，在此对文献的作者表示真诚感谢。本书中一些仿真电路中部分电气图形符号是非标准符号，其与国标符号的对照表参阅附录 D。由于计算机技术发展速度很快，加之作者水平有限，书中难免存在不足和遗漏之处，恳请老师、同学及读者朋友们提出宝贵意见和建议。

编　者

目 录

前　言

第1章　单片机基础知识 1
1.1　单片机简介 1
　　1.1.1　单片机的基本概念 1
　　1.1.2　51单片机技术发展简程 1
　　1.1.3　单片机的特点及应用 2
1.2　数制和码制 3
　　1.2.1　数制及转换 3
　　1.2.2　编码 6
1.3　单片机应用系统的组成 9
1.4　单片机应用开发资源 10
1.5　实训项目1　51单片机实现闪光灯 12
1.6　思考与练习 16

第2章　51单片机及其硬件结构 17
2.1　51单片机系列 17
2.2　51单片机的总体结构 18
　　2.2.1　51单片机的内部结构框图及功能 18
　　2.2.2　51单片机的芯片引脚功能 21
2.3　51单片机存储器及位处理器 26
　　2.3.1　51单片机存储器的特点 26
　　2.3.2　程序存储器 27
　　2.3.3　数据存储器 28
　　2.3.4　专用寄存器（SFR） 30
　　2.3.5　位处理器 32
2.4　51单片机复位电路 32
　　2.4.1　单片机复位 32
　　2.4.2　复位电路及方式 33
2.5　51单片机的时序与时钟电路 34
　　2.5.1　CPU时序 34
　　2.5.2　时钟电路 35
2.6　实训项目2　单片机最小系统组成 35

2.7　思考与练习 36

第3章　51单片机指令系统及汇编语言程序设计 38
3.1　指令系统简介及寻址方式 38
　　3.1.1　指令分类及格式 38
　　3.1.2　寻址方式 39
　　3.1.3　寻址空间及符号注释 42
3.2　指令系统及应用示例 43
　　3.2.1　数据传送指令 43
　　3.2.2　算术运算指令 46
　　3.2.3　逻辑操作指令 48
　　3.2.4　位操作指令 49
　　3.2.5　控制转移指令 51
3.3　汇编语言程序设计 54
　　3.3.1　伪指令 54
　　3.3.2　汇编语言程序结构及应用 56
3.4　实训项目3　单片机指令系统及汇编语言程序设计 60
3.5　思考与练习 61

第4章　C51程序设计及应用 63
4.1　C51简介 63
　　4.1.1　C语言的标识符和关键字 63
　　4.1.2　C51的扩展 64
　　4.1.3　存储区及存储类型 65
　　4.1.4　存储模式 66
　　4.1.5　数据类型及变量 66
4.2　C51运算符及表达式 69
　　4.2.1　算术运算符与表达式 69
　　4.2.2　关系运算符与表达式 69
　　4.2.3　逻辑运算符与表达式 70
　　4.2.4　赋值运算符与表达式 71

4.2.5 自增/自减运算符与表达式…………72
4.2.6 位运算符与表达式…………………72
4.2.7 条件运算符与表达式………………74
4.3 C51 控制语句…………………………74
4.3.1 条件语句……………………………74
4.3.2 switch/case 语句……………………76
4.3.3 循环结构……………………………77
4.4 数组………………………………………79
4.4.1 一维数组的定义、引用及初始化…79
4.4.2 一维数组应用示例…………………80
4.5 函数………………………………………81
4.5.1 库函数及文件包含…………………82
4.5.2 C51 自定义函数及调用……………84
4.6 指针………………………………………88
4.6.1 指针和指针变量……………………88
4.6.2 通用指针与存储区指针……………89
4.6.3 一维数组与指针……………………90
4.6.4 指向数组的指针作为函数参数……91
4.7 Keil 51 单片机集成开发环境……………92
4.7.1 单片机应用程序开发过程…………92
4.7.2 Keil 开发环境的安装………………92
4.7.3 Keil 工程的建立……………………93
4.7.4 Keil 调试功能………………………95
4.7.5 单片机 I/O 端口应用示例…………97
4.8 实训项目 4 C51 实现流水灯…………102
4.9 思考与练习………………………………104

第 5 章 51 单片机主要功能部件的结构及应用…………105

5.1 中断系统…………………………………105
5.1.1 中断的概念…………………………105
5.1.2 51 单片机中断系统结构及中断控制……………………………………106
5.1.3 51 单片机中断响应过程……………109
5.1.4 外部中断源扩展……………………111
5.1.5 中断系统应用………………………113
5.2 51 单片机定时器/计数器………………115
5.2.1 定时器/计数器概述…………………115
5.2.2 定时器/计数器的控制………………116
5.2.3 定时器/计数器的工作模式…………117
5.2.4 定时器/计数器的应用示例及仿真…120
5.3 串行口……………………………………127
5.3.1 串行通信的基本概念………………127
5.3.2 51 单片机串行口……………………129
5.3.3 串行口的应用………………………134
5.4 51 单片机外部中断及定时器中断………142
5.4.1 实训项目 5 输入口外部中断设计项目…………………………………142
5.4.2 实训项目 6 输出口程序设计项目…………………………………144
5.5 思考与练习………………………………146

第 6 章 单片机系统扩展及 I/O 接口技术…………149

6.1 单片机系统扩展…………………………149
6.1.1 单片机系统扩展及接口芯片………149
6.1.2 单片机扩展后的总线结构…………150
6.1.3 程序存储器的扩展…………………151
6.1.4 数据存储器的扩展…………………152
6.2 I/O 端口的扩展…………………………154
6.2.1 简单并行输出口的扩展……………154
6.2.2 简单并行输入口的扩展……………155
6.2.3 8155 可编程多功能接口芯片及扩展…………………………………156
6.3 单片机扩展系统外部地址空间的编址方法………………………………………161
6.3.1 单片机扩展系统地址空间编址……162
6.3.2 线选法………………………………162
6.3.3 译码法………………………………163
6.4 单片机 I/O 接口技术及应用……………164
6.4.1 键盘及接口电路……………………164
6.4.2 LED 显示器及接口电路……………171
6.4.3 液晶显示器及接口…………………177
6.5 A-D 转换器、D-A 转换器与单片机的接口………………………………………182
6.5.1 D-A 转换器及应用技术……………183
6.5.2 A-D 转换器及应用技术……………186

V

6.6 实训项目 7 键盘及 LED 显示器程序设计 192
6.7 思考与练习 194

第 7 章 单片机应用系统开发及设计实例 196
7.1 单片机应用系统开发过程 196
　7.1.1 总体设计 196
　7.1.2 硬件设计 196
　7.1.3 软件设计 197
　7.1.4 软硬件仿真调试 197
　7.1.5 联机调试 197
　7.1.6 程序下载 198
　7.1.7 脱机运行 200
7.2 单片机应用系统设计实例 201
　7.2.1 实训项目 8 智能循迹小车 201
　7.2.2 实训项目 9 数字电压表 205
　7.2.3 实训项目 10 单片机舵机控制系统 208
　7.2.4 实训项目 11 LED 点阵显示系统 217

　7.2.5 实训项目 12 采用 DS12C887 时钟芯片及温度显示的 LCD 电子时钟 224
7.3 思考与练习 237

第 8 章 Proteus 使用入门 238
8.1 Proteus ISIS 基本操作 238
　8.1.1 Proteus ISIS 工作区 238
　8.1.2 Proteus ISIS 激励信号源 244
　8.1.3 Proteus ISIS VSM 虚拟仪器 245
8.2 Proteus 原理图编辑及仿真 250
　8.2.1 Proteus ISIS 原理图编辑 250
　8.2.2 Proteus ISIS 电路仿真 254

附录 258
附录 A 51 单片机指令表 258
附录 B 常用 C51 库函数 261
附录 C ASCII（美国标准信息交换码）码表 264
附录 D 本书仿真电路中部分非标准符号与国标的对照表 264

参考文献 266

第 1 章　单片机基础知识

本章首先介绍了单片机的基本概念、特点、应用领域及单片机系列产品。然后介绍了单片机常用的数制、不同数制间的相互转换及编码等基本知识。最后介绍了单片机应用系统的组成，并通过一个简单的单片机实践项目，引导读者对单片机应用有一个初步的了解，以激发读者学习单片机的兴趣。

1.1　单片机简介

在一块集成电路芯片上集成了微处理器、存储器、输入接口、输出接口、定时器/计数器、中断等基本电路所构成的单片微型计算机，简称单片机（Single-Chip-Microcomputer）。

1.1.1　单片机的基本概念

单片机有较强的控制功能，主要取决于单片机在其结构上的设计，包括单片机硬件、指令系统及 I/O 处理功能等方面。虽然单片机只是一个芯片，但无论从其组成还是从其逻辑功能上来看，它都具有微型计算机系统的含义。单片机只需要外加所需的输入、输出设备及简单的接口电路，在其软件的支持下，就能够很方便地组成一个单片机应用系统。

1.1.2　51 单片机技术发展简程

1976 年，Intel 公司推出了 MCS-48 系列 8 位单片机，该单片机以体积小、功能全、价格低等自身的魅力，得到了广泛的应用，成为单片机发展过程中的一个重要标志。

由于 MCS-48 系统的成功应用，单片机系列及单片机应用技术迅速发展，世界各地厂商已相继研制出大约 50 个系列 300 多个品种的单片机产品。代表产品有 Intel 公司的 MCS-51 系列机（8 位机）、Motorola 公司的 MC6801 系列机、Zilog 公司的 Z-8 系列机等。

在强劲的市场需求推动下，随着 Flash ROM 技术及 CPU 工艺技术的高速发展，单片机取得了长足的进展。各种 MCS-51 兼容机应运而生，单片机片从原来仅包含随机存储器 RAM、只读存储器 ROM、I/O 口、中断系统及定时器/计数器等功能的基础上，发展成为多种 I/O 接口、A-D 转换器、模拟多路转换器、伺服驱动的 PWM、高速输入/输出控制的 HSL/HSO、串行扩展总线 I^2C、WDT 及引入使用方便且价廉的 Flash ROM 等，使得以 8051 为内核的 MCU 系列单片机在世界上产量最大，应用也最广泛，成为 8 位单片机的主流，成了事实上的标准 MCU 芯片。

通常所说的 51 系列单片机（以下简称 51 单片机）是对以 Intel 公司 MCS-51 系列单片机中 8051 为基核推出的各种型号兼容性单片机的统称。

51 单片机是学习单片机应用基础的首选单片机，同时也是应用最广泛的一种单片机。51 单片机的代表型号有 Intel 公司的 80C51、ATMEL 公司的 AT89 系列，但 51 单片机一般不具备自编程能力。

当前在应用系统盛行的 STC 单片机系列，完全兼容 51 单片机。该单片机是新一代增强型单片机，具有可实现在系统可编程（In-System Programmability，ISP）下载方式、速度较 8051 要快 8~12 倍、多路 PWM、远程升级、超低功耗、多串口、价格低廉、内置 ADC 转换功能、程序加密性好及抗干扰能力强等内部专用功能电路特点，使得 STC 系列单片机的应用日趋广泛。

ATMEL 公司的 AT89 系列单片机是一种独具特色而性能卓越的单片机，在结构性能和功能等方面都有明显的优势，它在计算机外部设备、通信设备、自动化工业控制、宇航设备、仪器仪表及各种消费类产品中都有着广泛的应用前景。

ATMEL 公司的 AT90 系列单片机是增强型 RISC（Reduced Instruction Set Computer，精简指令集计算机）内载 Flash 单片机，通常称为 AVR 系列（Advance RISC）。芯片上的 Flash 存储器附在用户的产品中，可随时编程，方便用户产品设计。其增强的 RISC 结构，使其具有高速处理能力，在一个时钟周期内可执行复杂的指令。AVR 单片机的工作电压为 2.7~6.0V，可以实现耗电最优化。AVR 单片机广泛应用于计算机外部设备、工业实时控制、仪器仪表、通信设备、家用电器及宇航设备等各个领域。

ARM 单片机采用了新型的 32 位 ARM 核处理器，使其在指令系统、总线结构、调试技术、功耗以及性价比等方面都超过了传统的 51 单片机。同时，ARM 单片机在芯片内部集成了大量的片内外设，所以功能和可靠性都大大提高。

事实已经证明，尽管微控制器技术发展迅速，品类繁多，但 51 单片机其通用性强、价格低廉、设计灵活等特点，使其仍然有着广泛的应用领域和稳定增长的市场。

常用 51 单片机的厂商及型号如下。

Intel（英特尔）：80C31、80C51、87C51、80C32、80C52、87C52 等；

ATMEL（艾德梅尔）：89C51、89C52、89C2051、89S51（RC）、89S52（RC）等；

STC（国产宏晶）：89C51、89C52、89C516、90C516 等。

还有 Philips（飞利浦）、华邦、Dallas（拉达斯）、Siemens（西门子）等公司的许多产品。

常用单片机芯片的外形如图 1-1 所示。

a)   b)

图 1-1 单片机芯片的外形

a)贴片型单片机 b)双列对封直插式单片机

1.1.3 单片机的特点及应用

单片机因其自身的特点而被广泛应用于各个领域。

单片机的主要特点是体积小、功耗低、价格低廉、使用方便、控制功能强、便于进行位运算且具有逻辑判断、定时计数等多种功能。

单片机的主要应用领域如下。

1）智能仪器仪表。该仪表设备内嵌单片机且具有智能化的测量仪器。

2）智能家用电器。目前各种家用电器普遍采用单片机取代传统的控制电路，如全自动洗衣机、电冰箱、空调、彩电、微波炉、电风扇及高级电子玩具等，由于配上了单片机而功能增强，深受用户的欢迎。

3）实时工业控制。工业实时控制系统快速发展的成绩很大一部分都归功于单片机，如数控机床、工业生产线、可编程顺序控制等。

4）PWM（Pulse Width Modulation，脉冲宽度调制）技术。单片机可以方便地实现 PWM，直接利用数字量来等效地获得所需要波形的（模拟量）幅值。

5）机电一体化。机电一体化是机械工业发展的方向，机电一体化产品是指集机械技术、微电子技术、计算机技术于一体，具有智能化特征的机电产品。

单片机除以上各方面应用之外，还广泛应用于办公自动化领域（如复印机）、汽车电路、通信系统（如手机）、计算机外围设备等，成为计算机发展和应用的一个重要方向。

单片机应用系统设计灵活，在系统硬件不变的情况下，可通过不同的程序实现不同的功能，因此这从根本改变了传统控制系统的设计思想和设计方法。"软件就是仪器"已成为单片机应用技术发展的主要特点，这种以软件取代硬件并能提高系统性能的控制技术，称之为微控制技术。

1.2 数制和码制

在计算机中，由于所采用的电子逻辑器件仅能存储和识别两种状态的特点，计算机内部一切信息存储、处理和传送均采用二进制数的形式。可以说，二进制数是计算机硬件能直接识别并进行处理的唯一形式。

为了便于理解、掌握计算机的工作原理及存储数据、处理数据的方法，本节简单介绍与计算机相关的数据与编码的基础知识。

1.2.1 数制及转换

数制就是计数方式。日常生活中一般都是用十进制来计数的，而计算机内部使用的是二进制数据，在向计算机输入数据及输出数据时，一般都是按十进制或者十六进制处理的。因此，计算机在处理数据时必须进行各种数制之间的相互转换。

1. 二进制数

二进制数只有两个数字符号：0 和 1。计数时按"逢二进一"的原则进行计数。也称其基数为二。一般情况下，二进制数可表示为（110）$_2$、（110.11）$_2$、10110B 等。

对于 8 位二进制数（由低位～高位分别用 D0～D7 表示），则各位所对应的权值为

2^7	2^6	2^5	2^4	2^3	2^2	2^1	2^0
D7	D6	D5	D4	D3	D2	D1	D0

对于任何二进制数，可按位权求和展开为与之相应的十进制数，则有

$$(10)_2 = 1\times 2^1 + 0\times 2^0 = (2)_{10}$$
$$(111)_2 = 1\times 2^2 + 1\times 2^1 + 1\times 2^0 = (7)_{10}$$
$$(10101)_2 = 1\times 2^4 + 0\times 2^3 + 1\times 2^2 + 0\times 2^1 + 1\times 2^0 = (21)_{10}$$

例如，二进制数 10110111，按位权展开求和计算可得

$$(10110110)_2 = 1\times 2^7 + 0\times 2^6 + 1\times 2^5 + 1\times 2^4 + 0\times 2^3 + 1\times 2^2 + 1\times 2^1 + 0\times 2^0$$
$$= 128+0+32+16+0+4+2+0$$
$$= (182)_{10}$$

对于含有小数的二进制数，小数点右边第一位小数开始向右各位的权值分别为

$$2^{-1},\ 2^{-2},\ 2^{-3},\ 2^{-4},\ \ldots$$

例如，二进制数 10111.111，按位权展开求和计算可得：

$$(10111.111)_2 = 1\times 2^4 + 1\times 2^2 + 1\times 2^1 + 1\times 2^0 + 1\times 2^{-1} + 1\times 2^{-2} + 1\times 2^{-3}$$
$$= 16+4+2+1+0.5+0.25+0.125$$
$$= (23.875)_{10}$$

必须指出的是，在计算机中，一个二进制数（如 8 位、16 位或 32 位）既可以表示数值，也可以表示一种符号的代码，还可以表示某种操作（即指令、机器码），计算机在程序运行时按程序的规则自动识别，这就是本节开始所述及的，计算机内部一切信息存储、处理和传送均采用二进制数的形式。

2. 十六进制数

十六进制数是学习和研究计算机中二进制数的一种比较方便的工具。计算机在信息输入输出或书写相应程序或数据时，可采用简短的十六进制数表示相应的位数较长的二进制数。

十六进制数有 16 个数字符号，其中，0~9 与十进制相同，剩余 6 个为 A~F，分别表示十进制数的 10~15，见表 1-1。十六进制数的计数原则是逢"十六进一"，也称其基数为十六，整数部分各位的权值由低位到高位分别为：16^0，16^1，16^2，16^3……。

例如，$(15)_{16} = 1\times 16^1 + 5\times 16^0 = (21)_{10}$

$(EDC)_{16} = 14\times 16^2 + 13\times 16^1 + 12\times 16^0 = (3804)_{10}$

为了便于区别不同进制的数据，一般情况下可在数据后跟一后缀，如二进制数用"B"表示（如 100110B）；十六进制数用"H"表示（如 EDCH）；十进制数用"D"表示（如 34D 或 34）。

3. 不同数制之间的转换

前已述及，计算机中的数只能用二进制表示，而十六进制数适合读写，在日常生活中使用的是十进制数，因此计算机必须根据需要对各种进制的数据进行转换。

（1）二进制数转换为十进制数

对任意二进制数均可按权值展开将其转化为十进制数。例如：

$10110110B = 1\times 2^7 + 0\times 2^6 + 1\times 2^5 + 1\times 2^4 + 0\times 2^3 + 1\times 2^2 + 1\times 2^1 + 0\times 2^0 = 182$

$10111.001B = 1\times 2^4 + 0\times 2^3 + 1\times 2^2 + 1\times 2^1 + 1\times 2^0 + 0\times 2^{-1} + 0\times 2^{-2} + 1\times 2^{-3} = 23.125D$

（2）十进制数转换为二进制数

十进制数转换为二进制数，可将整数部分和小数部分分别进行转换，然后合并。其中，整数部分可采用"除2取余法"进行转换，小数部分可采用"乘2取整法"进行转换。

例如，采用"除2取余法"将37D转换为二进制数。

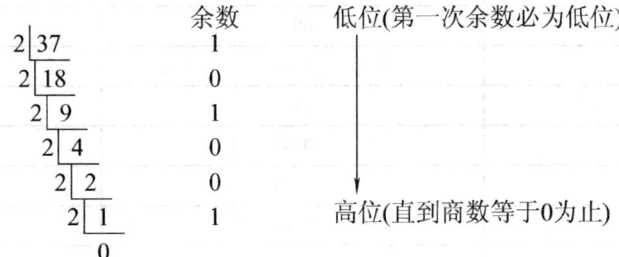

把所得余数由高到低排列出来可得：

$$37=100101B$$

例如，采用"乘2取整法"将0.625转换为二进制数小数。

```
    0.625
  ×     2
    1.250 ------取整数1    高位(第一次整数1必为二进制数小数权值
  ×     2                       最高位)
    0.500 ------取整数0
  ×     2
    1.000 ------取整数1    低位
```

把所得整数由高到低排列起来可得：

$$0.625=0.101B$$

同理，把37.625转换为二进制数，只需将以上转换合并起来可得：

$$37.625=100101.101B$$

（3）二进制数与十六进制数的相互转换

在计算机进行输入输出时，常采用十六进制数。十六进制数可看作是二进制数的简化表示。

因为 $2^4=16$，所以4位二进制数相当于1位十六进制数，其二进制、十进制、十六进制对应数的转换关系见表1-1。

在将二进制数转换为十六进制数时，其整数部分可由小数点开始向左每4位为一组进行分组，直至高位。若高位不足4位，则补0使其成为4位二进制数，然后按表1-1对应关系进行转换。其小数部分由小数点向右每4位为一组进行分组，不足4位则末位补0使其成为4位二进制数，然后按表1-1对应关系进行转换。

例如，1000101B=0100 0101B=45H

100101.101B=0010 0101.1010B=25.AH

十六进制数转换为二进制数为上述转换的逆过程。

例如，7ABFH = <u>0111</u> <u>1010</u> <u>1011</u> <u>1111</u> B
　　　　　　　　7　　A　　B　　F

即 7ABFH =111101010111111B

表 1-1 十进制、二进制、十六进制转换表

十进制（D）	二进制（B）	十六进制（H）
0	0000	0
1	0001	1
2	0010	2
3	0011	3
4	0100	4
5	0101	5
6	0110	6
7	0111	7
8	1000	8
9	1001	9
10	1010	A
11	1011	B
12	1100	C
13	1101	D
14	1110	E
15	1111	F

（4）十进制数与十六进制数的相互转换

十进制数与十六进制数的相互转换可直接进行，也可先转换为二进制数，再把二进制数转换为十六进制数或十进制数。

例如，将十进制数 37D 转为十六进制数。

$$37D=100101B==00100101B=25H$$

1.2.2 编码

计算机通过输入设备（如键盘）输入信息和通过输出设备输出的信息是多种形式的，既有数字符号表示的数值型数据，也有字符、字母及汉字等符号表示的非数值型数据。计算机内部所有数据均用二进制代码的形式表示，为此，需要对常用的数据及符号等进行编码，以表示不同形式的信息。

1．二进制数的编码

（1）机器数与真值

一个数在计算机中的表示形式叫作机器数，而这个数本身（含符号"+"或"-"）称为机器数的真值。

在机器数中，通常用最高位"1"表示负数，"0"表示正数（以下均以 8 位二进制数为例）。

例如，设两个数为 N1、N2，其真值为

$$N1=105=+01101001B$$

$$N2 = -105 = -01101001B$$

则对应的机器数为

$$N1 = 0\ 1101001B\ (最高位"0"表示正数)$$
$$N2 = 1\ 1101001B\ (最高位"1"表示负数)$$

必须指出的是，对于一个有符号数，可因其编码不同而有不同的机器数表示法，如下面将要介绍的原码、反码和补码。

（2）原码、反码和补码

1）原码。按上所述，正数的符号位用"0"表示，负数的符号位用"1"表示，其数值部分随后表示，称为原码。

仍以上面 N1、N2 为例，则

$$[N1]_原 = 0\ 1101001B$$
$$[N2]_原 = 1\ 1101001B$$

原码表示方法简单，便于与真值进行转换。但在进行减法时，为了把减法运算转换为加法运算（计算机结构决定了加法运算），必须引进反码和补码。

2）反码、补码。

在计算机中，任何有符号数都是以补码形式存储的。

对于正数，其反码、补码与原码相同。

例如，N1=+105

则 $[N1]_原 = [N1]_补 = [N1]_反 = 01101001B$

对于负数，其反码为原码的符号位不变，其数值部分按位取反。

例如，N2= -105

则 $[N2]_原 = 11101001B$

$[N2]_反 = 10010110B$

负数的补码为原码的符号位不变，其数值部分按位取反后再加 1（即负数的反码+1），称为求补。

例如，N2= -105

则　　$[N2]_补 = [N2]_反 + 1$

$= 10010110B + 1 = 10010111B$

3）如果已知一个负数的补码，可以对该补码再进行求补码（即一个数的补码的补码），即可得到该数的原码，即 $[[X]_补]_补 = [X]_原$，而求出真值。

例如，$[N2]_补 = 10010111B$

$[N2]_原 = 11101000B + 1 = 11101001B$

可得真值：N2= -105

必须指出的是，所有负数在计算机中都是以补码形式存放的。对于 8 位二进制数，作为补码形式，它所表示的范围为-128～+127；而作为无符号数，它所表示的范围为 0～255。对于 16 位二进制数，作为补码形式，它所表示的范围为-32768～+32767；而作为无符号数，它所表示的范围为 0～65535，因而，计算机中存储的任何一个数据，由于解释形式的不同，所代表的意义也不同，计算机在执行程序时自动地进行识别。

例如，某计算机存储单元的数据为 84H，其对应的二进制数表现形式为 10000100B。若将该数解释为无符号数编码，则其真值为 128+4=132；若将该数解释为有符号数编码，则由最高位为 1 可确定该数为负数的补码表示，则该数的原码为 11111011B+1B=11111100B，其真值为-124；若将该数解释为 BCD 编码，其真值为 84D（下面介绍）；若该数作为 8051 单片机指令，则表示一条除法操作（见附录 A）。

2．二-十进制编码

二-十进制编码又称 BCD 编码，既具有二进制数的形式，以便于存储，又具有十进制数的特点，以便于进行运算和显示结果。在 BCD 码中，用 4 位二进制代码表示 1 位十进制数。常用的 8421BCD 码的对应编码见表 1-2。

表 1-2　二-十进制编码（8421BCD 码）

十进制数	8421BCD 码
0	0000B（0H）
1	0001B（1H）
2	0010B（2H）
3	0011B（3H）
4	0100B（4H）
5	0101B（5H）
6	0110B（6H）
7	0111B（7H）
8	1000B（8H）
9	1001B（9H）

例如，将 27 转换为 8421BCD 码：

$$27D=(0010\ 0111)_{8421BCD\ 码}$$

将 105 转换为 8421BCD 码：

$$105D=(0001\ 0000\ 0101)_{8421BCD\ 码}$$

因为 8421BCD 码中只能表示 0000B～1001B（0～9）这十个代码，不允许出现代码 1010B～1111B（因其值大于 9），因而，计算机在进行 BCD 加法（即二进制加法）过程中，若两数和的低四位大于 9（即 1001B）或低四位向高四位有进位，为保证运算结果的正确性，低四位必须进行加 6 修正。同理，若和的高四位大于 9（即 1001B）或高四位向更高四位有进位，为保证运算结果的正确性，高四位必须进行加 6 修正。例如：

$$17=(0001\ 0111)_{8421BCD}$$
$$24=(0010\ 0100)_{8421BCD}$$

17+24=41 在计算机中的操作为

```
     00010111B
   + 00100100B
   ───────────
     00111011B  ←──── 个位超过9，结果错误
   + 00000110B  ←──── 进行加6修正
   ───────────
     01000001B  ←──── (01000001)₈₄₂₁BCD=41D, 结果正确
```

1.3 单片机应用系统的组成

单片机已经广泛应用在工业控制、仪器仪表、家电产品等各个领域。尽管由单片机组成的不同的应用系统，其规模有着较大的差别，但其系统整体结构和一般计算机系统一样，主要包括硬件系统和软件系统。

1．单片机的硬件系统

单片机硬件系统包括单片机（芯片）、输入/输出接口电路、输入/输出设备、通信口及标准总线等。

1）在一般简单系统中，单片机芯片（如89S51）的内部功能是能够满足对象控制需求的。当单片机内部功能不能满足对象要求时，可以通过单片机芯片并行总线引脚进行系统扩展，以构成功能更强的单片机系统，满足控制对象的要求。

2）输入/输出接口电路是单片机与外部设备进行信息交换的桥梁。单片机自身提供的地址线（AB）、控制线（CB）和数据线（DB）必须通过接口电路与外部设备连接在一起，以实现对外部设备（对象）的控制要求。对于51系列单片机来说，可提供地址线为16位、数据线8位及若干个控制（位）线。在任一时刻，地址线上的地址信息是唯一对应于存储单元或外部设备的地址的；数据线用于单片机与存储单元或外部设备之间的数据交换；单片机CPU产生的控制信号是通过控制线向存储器或外部设备发出控制命令的。

3）输入/输出设备即单片机需要控制的对象。输入设备一般指键盘、数据采集系统的传感器、触摸屏等；输出设备一般是指显示器、控制系统的伺服驱动等设备。

4）单片机应用系统的控制程序必须通过单片机开发环境调试后，由上位机（PC）通过编程器或编程软件直接下载到单片机的程序存储器中，单片机才能独立工作。因此，单片机必须通过通信口和PC的标准总线，以实现与上位机的通信。

5）单片机应用系统硬件组成按其系统扩展及配置状况，可分为最小系统、最小功耗系统和典型系统等。单片机最小应用系统是指单片机嵌入一些简单的控制对象（如开关状态的输入/输出控制等），并能维护单片机运行的控制系统。这种系统成本低，结构简单，其功能完全取决于单片机芯片技术的发展水平。单片机最小功耗应用系统使系统功耗最小，设计该系统时，必须使系统内所有器件及外设都有最小的功耗。最小功耗应用系统常用在一些袖珍式智能仪表及便携式仪表中。单片机典型系统一般是指经过系统扩展后的系统。

单片机可以方便地应用在工作、生活中的各个领域，小到一个闪光灯、定时器，大到单片机组成工业控制系统，如可编程控制器等。单片机典型应用系统也是单片机控制系统的一般模式，它是单片机要完成工业测控功能必须具备的硬件结构形式。其系统框图如图1-2所示。

这是一个典型的单片机闭环控制系统。其工作过程如下。

1）被控对象的物理量通过变送器转换成标准的模拟电量，如把0~500℃温度转换成4~20mA标准直流电流输出。

2）该输出经滤波器滤除输入通道的干扰信号，然后送入多路采样器。多路采样器（可以在单片机控制下）分时地对多个模拟量进行采样、保持。

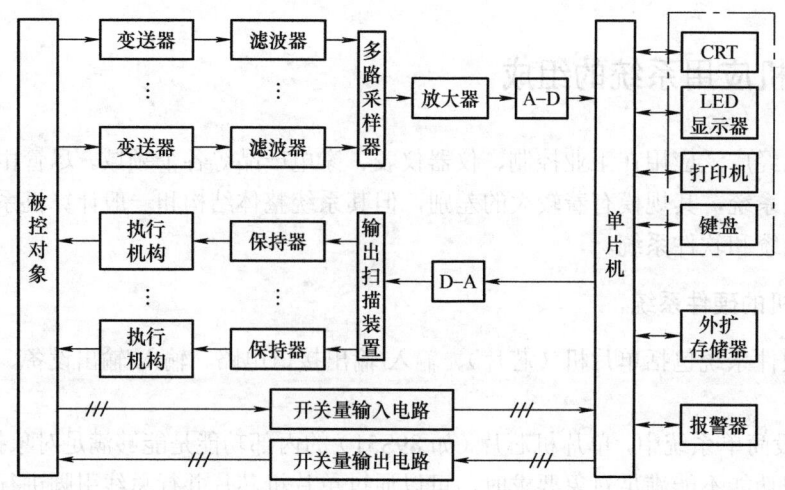

图 1-2　单片机典型应用系统框图

3）在单片机应用程序的控制下，使 A-D 转换器能将某时刻的模拟量转换成相应的数字量，然后将该数字量输入单片机。

4）单片机根据程序所实现的功能要求，对输入的数据进行运算处理后，经输出通道输出相应的数字量。

5）该数字量经 D-A 转换器转换为相应的模拟量。该模拟量经保持器控制相应的执行机构，对被控对象的相关参数进行调节，从而控制被调参数的物理量，使之按照单片机程序给定规律变化。

2．单片机的软件系统

单片机的软件系统包括系统软件和应用软件。

应用软件是用户为实现系统功能要求编写的程序。系统软件是处于底层硬件和应用软件之间的桥梁。但是，由于单片机的资源有限，应综合考虑设计成本及单片机运行速度等因素，因此设计者必须在系统软件和应用软件实现的功能与硬件配置之间仔细地寻求平衡。

单片机的系统软件构成有以下两种模式。

1）监控程序：用非常紧凑的代码编写系统的底层软件。这些软件实现的功能往往是实现系统硬件的管理及驱动，并内嵌一个用于系统的开机初始化等功能的引导（BOOT）模块。

2）操作系统：当前已有许多种适合 8~32 位单片机的操作系统进入实用阶段，在操作系统的支持下，嵌入式系统会具有更好的技术性能，如程序的多进程结构、与硬件无关的设计特性、系统的高可靠性、软件开发的高效率等。

1.4　单片机应用开发资源

单片机是一个具有微型计算机含义的功能强大的芯片，但它毕竟是一个芯片，在构成一个单片机应用系统时需要解决以下问题。

1）硬件电路设计环境。首先通过电路设计环境实现电路原理图设计，包括连接输入/输出接口电路，实现对外部设备的控制（如键盘、LED 显示器）等，为电路仿真调试及 PCB 设计做好准备。

2）编辑用户程序及下载。单片机芯片一般不具有控制程序，用户程序必须依赖于外部软件编辑、编译后，通过软硬件环境下载到单片机的存储器中。

3）仿真调试。为了保证单片机软硬件的可靠性，减少调试过程软硬件修改的烦琐，可以首先对单片机软硬件进行仿真调试。

4）在仿真调试成功的基础上再进行脱机运行调试。

完成以上功能所需要的软硬件资源称为单片机开发资源。

常用的单片机开发资源包括：单片机开发板（也可以自制）、Keil μVision 集成开发环境、Proteus 仿真软件、ISP 下载软件及 Protel 软件（用于进行电路原理图及 PCB 设计）等。

1．单片机开发板

单片机开发板是用于学习 51、STC、AVR、ARM 等系列单片机的实验设备，用户可以根据选用的单片机芯片系列选用相应的单片机开发板。

（1）单片机开发板的主要功能

1）与上位机通信。可以与上位机进行通信，以完成程序下载及调试功能。

2）单片机应用电路实验。在开发板中完成单片机课程实验项目及所需求的一般开发设计功能。

3）作为主控系统。由于当前单片机开发板品种繁多，从单片机最小开发系统到功能强大的资源配备系统，用户可以根据需求直接选用单片机开发板作为主控系统。

（2）单片机开发板的主要组成

1）硬件资源。

单片机开发板的硬件资源主要包括单片机芯片及接口电路、键盘、显示器、SD 卡、A-D/D-A 转换、传感器（变送器）、外部通信电路、可编程扩展芯片及控制端口等。

2）软件资源。

一般开发板都可以实现与上位计算机通信，进行程序下载及调试。

性能优良的开发板配备常用各种实验需求的汇编源程序及 C51 语言源程序代码、电路原理图、PCB 电路图、实验手册、使用手册及单片机开发板的详细讲解视频等学习资料，方便读者自学使用。

2．Keil μVision 集成开发环境

Keil μVision 集成开发环境（简称 Keil 集成开发环境）是由 Keil 公司开发的微处理器开发平台，可以开发多种 51 单片机程序。

Keil Ax51 宏编译器支持对 8051 及其兼容产品的所有汇编指令集，Keil Cx51 编译器兼容 ANSI C 语言标准。由于 Keil 集成开发环境和 Microsoft Visual C++环境类似，因此赢得了众多用户的青睐。

其主要功能如下。

1）源代码编辑、编译。

可以对 51 单片机汇编语言程序代码和 C51 程序代码编辑后进行编译，编译后产生 4 个文件：列表文件（.LST）、目标文件（.OBJ）、Intel HEX 文件及程序源代码文件。

2）仿真调试。

程序编译后对源程序进行仿真调试，可以全速运行、单步跟踪、单步运行等。

3）仿真联调。

可以与仿真软件 Proteus 进行软硬件仿真联调，达到在调试中修改程序和电路仿真同步进行。

3．Proteus 仿真软件

Proteus 软件是英国 Lab Center Electronics 公司开发的 EDA 工具软件。该软件已有 20 多年的历史，用户遍布多个国家和地区，是目前功能最强、最具成本效益的 EDA 工具。

软件支持从电路原理图设计、代码调试到处理器与外围电路协同仿真调试，并且能够一键切换到 PCB 设计，使电路原理图与 PCB 设计无缝连接；真正实现了从概念到产品的完整设计；是目前世界上唯一将电路仿真软件、PCB 设计软件和虚拟模型仿真软件三合一的设计平台。其支持的处理器模型有 51 系列、HC11 系列、PIC、AVR、ARM、8086 以及 MSP430 等。

该软件受到单片机爱好者、从事单片机教学的教师以及致力于单片机开发应用的研发人员的青睐。

4．ISP 下载软件

ISP（In-System Programmability，在系统可编程）是指无需将存储芯片（如 EPROM）从嵌入式设备上取出就能对其进行编程。

在系统编程需要在目标板上有额外的电路完成编程任务。其优点是，即使器件焊接在电路板上，仍可对其（重新）进行编程。在系统可编程是 Flash 存储器的固有特性（通常无需额外的电路），Flash 几乎都采用这种方式编程。

ISP 下载线就是一根用来在线下载程序的线，类似于 USB 线。

5．Protel 软件

Protel 软件的主要功能是电路原理图及 PCB 设计，工程中常用的版本有 Protel 99 SE、Protel DXP、Altium Designer。

Protel 99 SE 是一个客户端/服务器型应用程序，它提供了一个基本的框架窗口和相应的 Protel 99 SE 组件之间的用户接口。在运行主程序时，各服务器程序可在需要的时间调用，从而加快了主程序的启动速度，而且极大地提高了软件本身的可扩展性。Protel 99 SE 主要功能模块包括电路原理图设计、PCB 设计和电路仿真。各模块具有丰富的功能，可以实现电路设计与分析的目标。

1.5　实训项目 1　51 单片机实现闪光灯

1．演示目的

1）了解单片机工程项目的开发过程。

2）了解单片机的基本工作过程。

2．项目内容

1）使用 Proteus 仿真软件，建立一个 51 单片机实现 LED 发光二极管闪光的虚拟硬件环境（读者可以参考关于 Proteus 仿真软件使用的资料）。

2）用 Keil C 建立一个工程。

3）在工程中编写代码实现闪光灯，编译连接生成目标文件（.HEX 文件）。

4）利用编程器将目标文件写入 51 单片机。

5）51 单片机独立运行。

3．环境

在 PC 上运行 Keil 集成开发环境（开发环境的安装和基本使用请参照第 4 章相关内容）及仿真软件 Proteus。

4．实验步骤

（1）硬件设计

可直接由单片机的输出口 P1.0 控制一个 LED 发光二极管。运行 Protues ISIS，输入闪光灯仿真电路原理图，如图 1-3 所示。（注意，仿真图中电源及时钟电路系统默认存在，可以不添加）

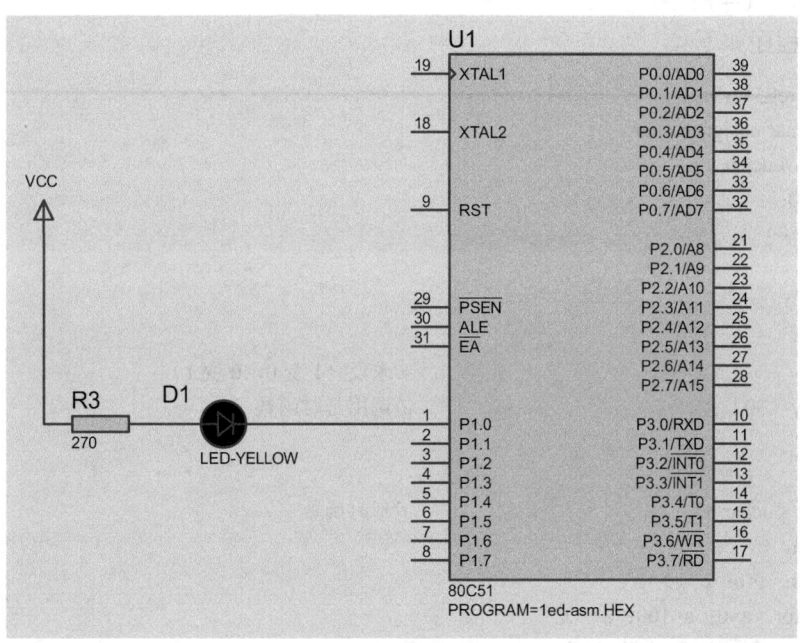

图 1-3　闪光灯仿真电路原理图

在图 1-3 中，被控对象是 1 个发光二极管，采用阳极接电源 V_{cc}，阴极由 P1.0 控制。若 P1.0 输出为"0"（低电平），发光二极管的阴极为低电平，则该管加正向电压被点亮发光。若 P1.0 输出为"1"（高电平），发光二极管的阴极为高电平，则发光二极管截止而熄灭。

（2）软件设计

单片机软件设计就是结合硬件电路编写控制程序。

根据以上原理，针对其硬件电路的控制程序设计算法为：使 P1.0 输出"0"（低电平），点亮相应位的发光二极管，并经软件延时后，再输出"1"（高电平）发光二极管熄灭，延时后再点亮发光二极管，反复循环。

以上算法可以使用汇编语言描述（编程），也可以使用 C51 描述（编程）。

1）汇编语言源程序如下。

```
        ORG  0000H
        SETB  P1.0
START:  LCALL DELAY           ;调用延迟一段时间的子程序
        CPL   P1.0             ;求反（1变0，0变1）
        SJMP  START            ;不断循环
DELAY:  MOV   R0, #00H         ;延时子程序入口
   LP:  MOV   R1, #00H
  LP1:  DJNZ  R1, LP1
        DJNZ  R0, LP
        RET                    ;子程序返回
        END
```

打开 Keil 集成开发环境，新建工程 Project。输入以上代码后保存源程序,文件名为 main.asm，如图 1-4 所示。

2）C51 程序如下 。

```c
#include <reg51.h>
#define uchar unsigned char
void delay（uchar n）;
sbit i=P1^0;
void main（）
{
 while（1）
  {
    i=!i;                      //求反（1变0，0变1）
    delay（30）;                //调用延时函数
  }
}
void delay（uchar n）           //延时函数
{ uchar  a, b, c;
  for（c=0; c<n; c++）
     for（a=0; a<100; a++）
        for（b=0; b<100; b++）
           ;
}
```

打开 Keil 集成开发环境,新建工程 Project。输入以上代码后保存源程序,文件名为 main.c, 如图 1-5 所示。

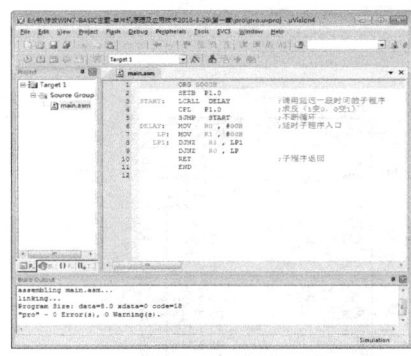
图 1-4 输入汇编语言源程序

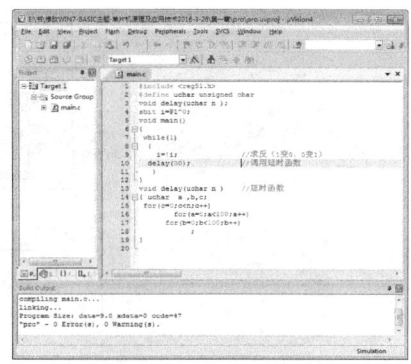
图 1-5 输入 C51 源程序

（3）程序编译、仿真及调试

在 Keil 集成开发环境下编译源程序并生成.HEX 文件。然后使用 Proteus 软件进行仿真，观察单片机仿真运行结果，LED 发光二极管闪烁，如图 1-6 所示。

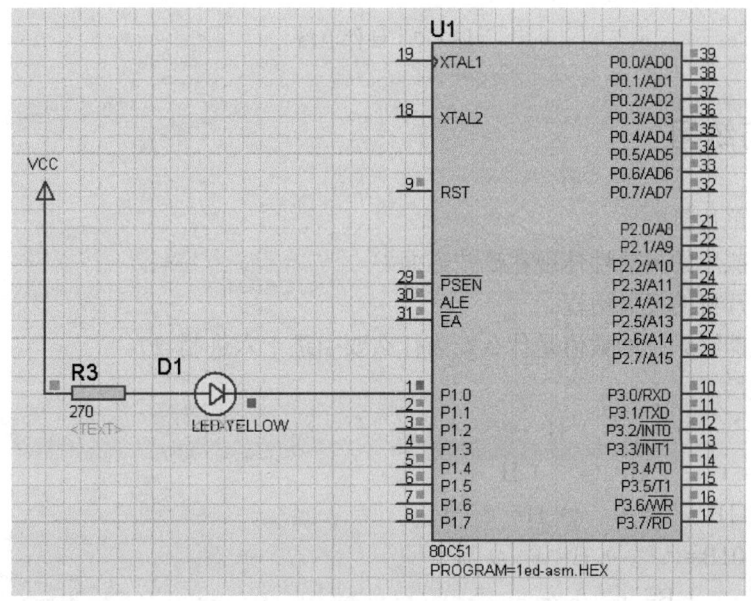

图 1-6 仿真结果

（4）制作硬件电路

在仿真调试成功的基础上，依据仿真原理图完善制作硬件电路（PCB），实际硬件电路原理图包括电源 V_{CC}、时钟及复位电路，如图 1-7 所示。

（5）程序下载、硬件调试运行

通过 ISP 下载软件将程序对应的.HEX 文件写入电路中单片机的程序存储器 ROM 中，即可投入使用。

AT 公司的 89 系列单片机需要用专门的编程器写入程序；STC 系列单片机可以由上位机在线通过串口（P3.0/P3.1）直接下载用户程序。

然后对单片机电路直接调试运行，LED 发光二极管循环闪烁，运行成功。

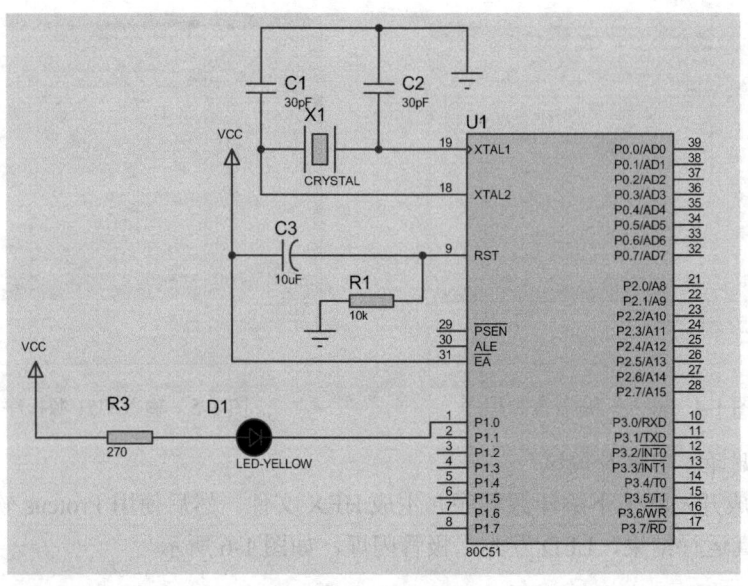

图 1-7 硬件电路

1.6 思考与练习

1. 什么是单片机？
2. 单片机应用的灵活性体现在哪些方面？
3. 简述单片机的发展历程。
4. 计算机能够识别的数值是什么？为什么要引进十六进制数？
5. 数值转换。

   37=（　　）B=（　　）H

   12.875=（　　）B=（　　）H

   10110011B　=（　　）H=（　　）$_{10}$

   10111.101B=（　　）H=（　　）$_{10}$

   56H=（　　）B=（　　）$_{10}$

   3DFH=（　　）B=（　　）$_{10}$

   1A.FH　=（　　）B=（　　）$_{10}$

   3C4DH=（　　）B=（　　）$_{10}$

6. 对于二进制数 10001001B，若将其理解为无符号数，则该数对应的十进制数为多少？若将其理解为有符号数，则该数对应的十进制数为多少？若将其理解为 BCD 码，则该数对应的十进制数为多少？
7. 列出下列数据的反码、原码和补码。

   （1）+123　　　　（2）-127　　　　（3）+45　　　　（4）-278
8. 常用的 51 单片机应用开发资源有哪些？
9. 简述单片机的仿真过程和开发过程。

第 2 章 51 单片机及其硬件结构

本章首先介绍 51 单片机的功能结构及内部组成，然后重点描述了 51 单片机的芯片引脚功能、片内存储器和特殊功能寄存器的作用及组织特点，最后介绍了 51 单片机的复位电路、时序、时序电路和单片机最小系统组成。

2.1 51 单片机系列

51 单片机是对所有兼容 Intel 8051 指令系统单片机的统称。

目前，常用 51 单片机系列产品主要有 Intel（英特尔）、ATMEL（艾德梅尔）、STC（国产宏晶）等公司的产品。

1. 51 系列及兼容单片机的典型产品

51 系列及兼容单片机的典型产品有 Intel 的 80C51、87C51，80C32、80C52、87C52 等；ATMEL 的 89C51、89C52、89C2051、89S51（RC）、89S52（RC）等；STC 的 12C5608、89C51、89C52、89C516、90C516 等。

同一子系列不同型号单片机的主要差别体现在片内存储器的配置有所不同。根据产品型号的后两位，51 系列的单片机又可以分为 51 子系列和 52 子系列，它们的结构基本相同，但其片内存储器的配置有所不同。

51 子系列（80C51、89S51 等）是 ROM 型单片机，内含 4KB 的掩模 ROM 程序存储器和 128B 的 RAM 数据存储器，可寻址范围均为 64KB。例如，87C51 内含 4KB 的可编程 EPROM 程序存储器；89C51 内含 4KB 的闪速 EEPROM；89S51 内含 4KB 的 Flash 闪速程序存储器。

52 子系列（80C52、89S52 等）为增强型单片机，内含 8KB 的掩模 ROM 程序存储器和 256B 的 RAM 数据存储器。

2. STC 单片机

STC 单片机为 51 内核增强型单片机，是当前广泛应用的 51 兼容单片机。

（1）STC 单片机的主要特点

1）在 51 单片机的基础上增加了脉冲宽度调制（PWM）电路、模拟多路转换器、A-D 转换器、高速 SPI 通信端口、硬件看门狗等功能模块。

2）时钟工作频率可以提高到 35MHz，单片机工作速度大大提高。

3）在线可编程和在系统可编程，无需专用编程器和仿真器。

4）加密性强。

5）具有较强的抗干扰能力。

6）宽电压工作范围，低功耗。

7）价格低，具有较高的性价比。

（2）常用 STC 单片机

比较常用的 STC 单片机有：STC12C5A 系列、STC12C2052 系列、STC12C5608 系列。同系列单片机之间仅仅 ROM 或者 RAM 容量不同而已。

1）STC12C2052 系列单片机的 ROM 容量仅有 5KB，SRAM 有 256B，8 位 A-D 转换器，2 路 D-A 转换器。

2）STC12C5608 系列单片机的 ROM 容量最高可达 30KB，SRAM 为 768B，10 位 A-D 转换器，4 路 D-A 转换器，功能适中，得到大多数用户青睐。

3）STC12C5A 系列单片机 ROM 容量最高达到 60KB，SRAM 则最高达到 1280B，10 位 A-D 转换器，2 路 D-A 转换器，其性能在 51 单片机及兼容机中是相当不错的了。

2.2 51 单片机的总体结构

本节以 51 单片机基本内核的典型产品 8051 为例，对单片机的结构作详细介绍。

2.2.1 51 单片机的内部结构框图及功能

8051 单片机内部由 CPU、4KB 的 ROM、128B 的 RAM、4 个 8 位的 I/O 并行端口、1 个串行端口、2 个 16 位定时器/计数器及中断系统等组成。其内部基本结构框图如图 2-1 所示。

由图 2-1 可以看出，单片机内部各功能部件通常都挂靠在内部总线上，它们通过内部总线传送地址信息、数据信息和控制信息，各功能部件分时使用总线，即所谓的内部单总线结构。

图 2-2 为 8051 单片机系统结构原理框图。

1．CPU

CPU 是单片机内部的核心部件，是单片机的指挥和控制中心。从功能上看，CPU 可分为控制器和运算器两大部分。

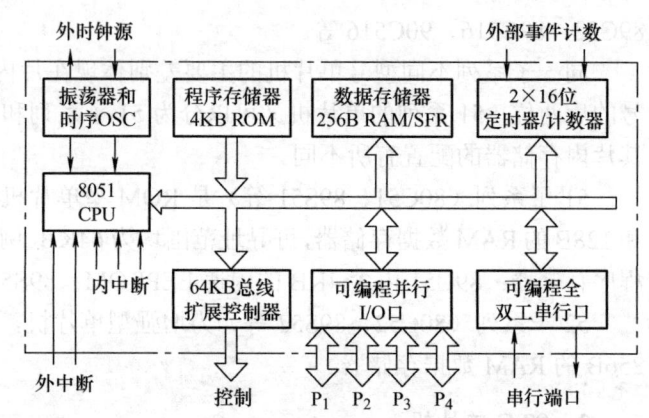

图 2-1　8051 单片机内部基本结构框图

（1）控制器

控制器的主要功能是依次取出由程序计数器所指向的程序存储器 ROM 存储单元的指令代码，并对其进行分析译码。然后通过定时和控制电路，按时序规定发出指令功能所需要的各种（内部和外部）控制信息，使各功能模块协调工作，执行该指令功能所需的操作。

控制器主要包括 PC（Program Counter，程序计数器）、指令寄存器、指令译码器及定时控制电路等。

PC 是一个 16 位的专用寄存器，用来存放 CPU 要执行的、存放在程序存储器中的、下一条指令存储单元的地址。当 CPU 要取指令时，CPU 首先将 PC 的内容（即指令在程序存储器的地址）送往地址总线（AB），从程序存储器取出当前要执行的指令，经指令译码器对指令进行译码，由定时、控制电路发出各种控制信息，完成指令所需的操作。同时，PC 的内容自动递增或按上一条指令的要求，指向 CPU 要执行的下一条指令的地址。当前指令执行完后，CPU 重复以上操作。CPU 就是这样不断地取指令，分析执行指令，从而保证程序的正常运行。

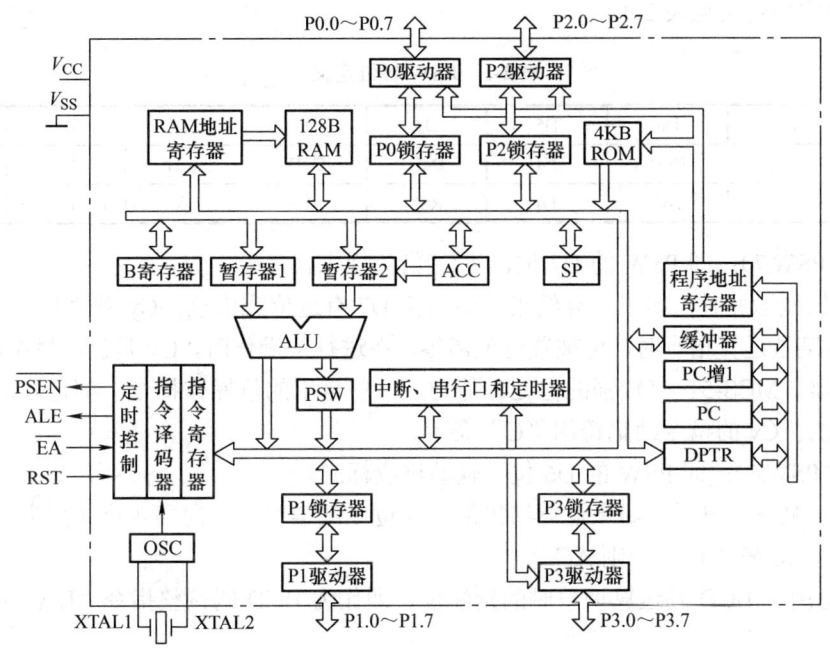

图 2-2　8051 单片机系统结构原理框图

由此可见，PC 实际上是当前指令所在地址的指示器。CPU 所要执行的每一条指令，必须由 PC 提供指令的地址。对于一般顺序执行的指令，PC 的内容自动指向下一条指令；而对于控制类指令，则是通过改变 PC 的内容来改变执行指令的顺序。

当系统上电复位后，PC 的内容为 0000H，CPU 便从该入口地址开始执行程序。所以，单片机主控程序的首地址自然应定位为 0000H。

（2）运算器

运算器的功能是对数据进行算术运算和逻辑运算。计算机对任何数据的加工和处理都必须由运算器完成。

运算器可以对单字节（8 位）、半字节（4 位）二进制数据进行加、减、乘、除算术运算和与、或、异或、取反、移位等逻辑运算。

运算器由算术逻辑运算部件 ALU、累加器 ACC、程序状态字寄存器 PSW 等组成。各部分的主要功能如下。

1）算术逻辑运算部件 ALU。ALU 由加法器和其他逻辑电路组成。ALU 主要用于对数据进行算术和各种逻辑运算，运算的结果一般送回累加器 ACC，而运算结果的状态信息送程序状态字寄存器 PSW。

2）累加器 ACC。ACC 是一个 8 位寄存器，指令助记符可简写为"A"，它是 CPU 工作时最繁忙、最活跃的一个寄存器。CPU 的大多数指令，都要通过累加器与其他部件交换信息。ACC 常用于存放使用次数高的操作数或中间结果。

3）程序状态字寄存器 PSW。PSW 是一个 8 位寄存器，用于寄存当前指令执行后的某些状态，即反映指令执行结果的一些特征信息。这些信息为后续要执行的指令（如控制类指令）提供状态条件，供查询和判断，不同的特征用不同的状态标志来表示。

PSW 各位的定义见表 2-1。

表 2-1 PSW 各位定义

位	D7	D6	D5	D4	D3	D2	D1	D0
位地址	D7H	D6H	D5H	D4H	D3H	D2H	D1H	D0H
位名	Cy	AC	F0	RS1	RS0	OV	F1	P

- Cy（PSW.7）：即 PSW 的 D7 位，进位/借位标志。

在进行加减运算时，如果运算结果的最高位 D7 有进位或借位，Cy 置"1"，否则 Cy 置"0"。在执行某些运算指令时，可被置位或清零。在进行位操作时，Cy 是位运算中的累加器，又称位累加器。MCS-51 有较强的位处理能力，一些常用的位操作指令，都是以位累加器为核心而设计的。Cy 的指令助记符用"C"表示。

- AC（PSW.6）：即 PSW 的 D6 位，辅助进位标志。

在进行加减法运算时，如果运算结果的低 4 位（低半字节）向高 4 位（高半字节）产生进位或借位，AC 置"1"，否则 AC 置"0"。

AC 位可用于 BCD 码运算调整时的判断位，即作为 BCD 码调整指令"DA A"的判断依据之一。

- F0（PSW.5）及 F1（PSW.1）：即 PSW 的 D5 位、D1 位，用户标志位。

可由用户根据需要置位、复位，作为用户自行定义的状态标志。

- RS1 及 RS0（PSW.4 及 PSW.3）：即 PSW 的 D4 位、D3 位，寄存器组选择控制位。

用于选择当前工作的寄存器组，可由用户通过指令设置 RS0、RS1，以确定当前程序中选用的寄存器组。当前寄存器组的指令助记符为 R0~R7，它们占用 RAM 地址空间。

RS0、RS1 与寄存器组的对应关系见表 2-2。

表 2-2 RS0、RS1 与寄存器组的对应关系表

RS1	RS0	寄存器组	片内 RAM 地址	指令助记符
0	0	0 组	00H~07H	R0~R7
0	1	1 组	08H~0FH	R0~R7
1	0	2 组	10H~17H	R0~R7
1	1	3 组	18H~1FH	R0~R7

由此可见，单片机内的寄存器组实际上是片内 RAM 中的一些固定的存储单元。

单片机上电或复位后，RS0 和 RS1 均为 0，CPU 自动选中 0 组，片内 RAM 地址为 00H~07H 的 8 个单元为当前工作寄存器，即 R0~R7。

- OV（PSW.2）：即 PSW 的 D2 位，溢出标志位。

在进行算术运算时，如果运算结果超出一个字长所能表示的数据范围即产生溢出，该位

由硬件置"1",若无溢出,则置"0"。例如,MCS-51 单片机的 CPU 在运算时的字长为 8 位,对于有符号数来说,其表示范围为–128～+127,运算结果超出此范围即产生溢出。

- P（PSW.0）：即 PSW 的 D0 位,奇偶标志位。

P 用于表示累加器中"1"的个数是奇数还是偶数,若为奇数,则 P=1,否则 P=0。
P 常用来作为传输通信中对数据进行奇偶校验的标志位。

2．RAM

RAM 为单片机内部的数据存储器。其存储空间包括随机存储器区、寄存器区、特殊功能寄存器及位寻址区。

3．ROM

ROM 为单片机内部的程序存储器,主要用于存放处理程序（第 2.3 节详述）。

4．并行 I/O 口

P0～P3 是 4 个 8 位并行 I/O 口,每个口既可作为输入,也可作为输出。单片机在与外部存储器及 I/O 端口设备交换信息时,必须由 P0～P3 口完成。

P0～P3 口提供 CPU 访问外部存储器时所需的地址总线、数据总线及控制总线。

P0～P3 口作为输出时,数据可以锁存,输入时具有缓冲功能。每个口既可同步传送 8 位数据,又可按位寻址传送其中 1 位数据,使用十分方便。

5．定时器/计数器

定时器/计数器用于定时和对外部事件进行计数。当它对具有固定时间间隔的内部机器周期进行计数时,它是定时器;当它对外部事件所产生的脉冲进行计数时,它是计数器。

6．中断系统

51 单片机有 5 个中断源,中断处理系统灵活、方便,使单片机处理问题的灵活性和工作的效率大大提高。

7．串行端口

串行端口提供对数据各位按序一位一位地传送。
51 单片机中的串行端口是一个全双工通信端口,即能同时进行发送和接收数据。

8．时钟电路 OSC

CPU 执行指令的一系列动作都是在时钟电路的控制下一拍一拍进行的。时钟电路用于产生单片机中最基本的时间单位。

以上所述为 51 单片机内部的基本功能部件。对于存储器、定时器、中断系统、串行端口等,后续章节中将分别详细介绍。

2.2.2　51 单片机的芯片引脚功能

51 单片机采用 40 脚双列直插式封装,其引脚排列及逻辑符号如图 2-3 所示。
STC12C5A 系列单片机引脚图如图 2-4 所示。

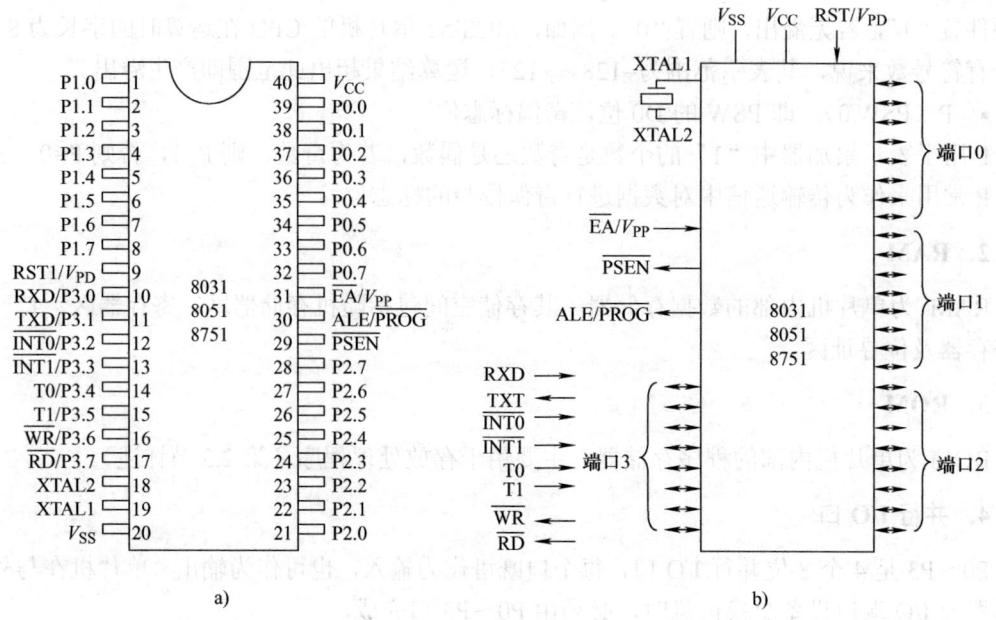

图 2-3 51 单片机引脚排列及逻辑符号

a)DIP 引脚 b)逻辑符号

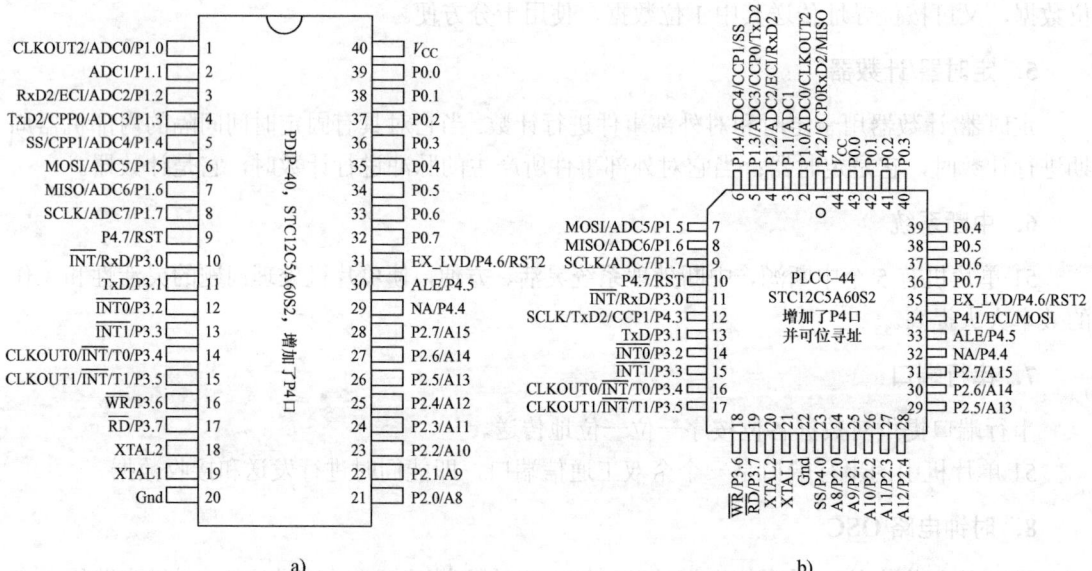

图 2-4 STC12C5A 系列单片机引脚图

a)40 脚双列直插式 b)贴片式

由于 51 单片机的高性能且受引脚数目的限制,因此有不少引脚具有双重功能。下面分别说明 8051 单片机各引脚的含义和功能。

1. 主电源引脚 V_{CC} 和 V_{SS}

V_{CC}:接+5V 主电源。

V_{SS}：电源接地端。

2．时钟电路引脚 XTAL1 和 XTAL2

为了产生时钟信号，在 8051 内部设置了一个反相放大器，XTAL1 是片内振荡器反相放大器的输入端，XTAL2 是片内振荡器反相放大器的输出端，也是内部时钟发生器的输入端。当使用自激振荡方式时，XTAL1 和 XTAL2 外接石英晶振，使内部振荡器按照石英晶振的频率振荡，即产生时钟信号。

当使用外部信号源为 8051 提供时钟信号时，XTAL1 应接地，XTAL2 接外部信号源。

3．控制信号引脚

（1）RST/V_{PD}

RST/V_{PD} 为复位/备用电源输入端。

1）复位功能：单片机上电后，在该引脚上出现两个机器周期（24 个振荡周期）宽度以上的高电平，就会使单片机复位。可在 RST 与 V_{CC} 之间接一个 10μF 电容，RST 再经 8kΩ 下拉电阻接 V_{SS}，即可实现单片机上电自动复位。

2）备用功能：在主电源 V_{CC} 掉电期间，引脚 V_{PD} 可接+5V 电源，当 V_{CC} 下降到低于规定的电平，而 V_{PD} 在其规定的电压范围内时，V_{PD} 就向片内 RAM 提供备用电源，以保持片内 RAM 中的信息不丢失，以便电压恢复正常后单片机能正常运行。

（2）ALE/$\overline{PROG}$

ALE/$\overline{PROG}$ 为低 8 位地址锁存使能输出/编程脉冲输入端。

1）地址锁存使能输出 ALE：当单片机访问外部存储器时，外部存储器的 16 位地址信号由 P0 口输出低 8 位，P2 口输出高 8 位，ALE 可用作低 8 位地址锁存控制信号；当不用作外部存储器地址锁存控制信号时，该引脚仍以时钟振荡频率的 1/6 固定地输出正脉冲，可以驱动 8 个 LS 型 TTL 负载。

2）编程脉冲输入端 $\overline{PROG}$：在对 8751 片内 EPROM 编程（固化程序）时，该引脚用于输入编程脉冲。

（3）$\overline{PSEN}$

$\overline{PSEN}$ 为外部程序存储器控制信号，即读选通信号，可以驱动 8 个 LS 型 TTL 负载。

CPU 在访问外部程序存储器时，在每个机器周期中，$\overline{PSEN}$ 信号两次有效。

（4）$\overline{EA}$/V_{PP}

$\overline{EA}$/V_{PP} 为外部程序存储器允许访问/编程电源输入。

$\overline{EA}$：当 $\overline{EA}$=1 时，CPU 从内部程序存储器开始读取指令。当程序计数器 PC 的值超过 0FFFH 时（8051 内部程序存储器为 4KB），将自动转向执行外部程序存储器的指令。当 $\overline{EA}$=0 时，CPU 仅访问外部程序存储器。

V_{PP}：在对 8751 内部 EPROM 编程时，此引脚应接 21V 编程电源。

特别注意，不同芯片有不同的编程电压 V_{PP}，应仔细阅读芯片说明。

4．并行 I/O 口 P0～P3 端口引脚

单片机实现任何控制功能，必须通过 I/O 端口引脚实现对接口电路（外部设备）相关信息的读、写，以实现对外部设备的控制。51 单片机与外部设备的信息交换，全部由并行 8 位 I/O（共 32 位）数据线来实现。8051 并行 I/O 端口 P0～P3 端口结构引脚图，如图 2-5 所示。

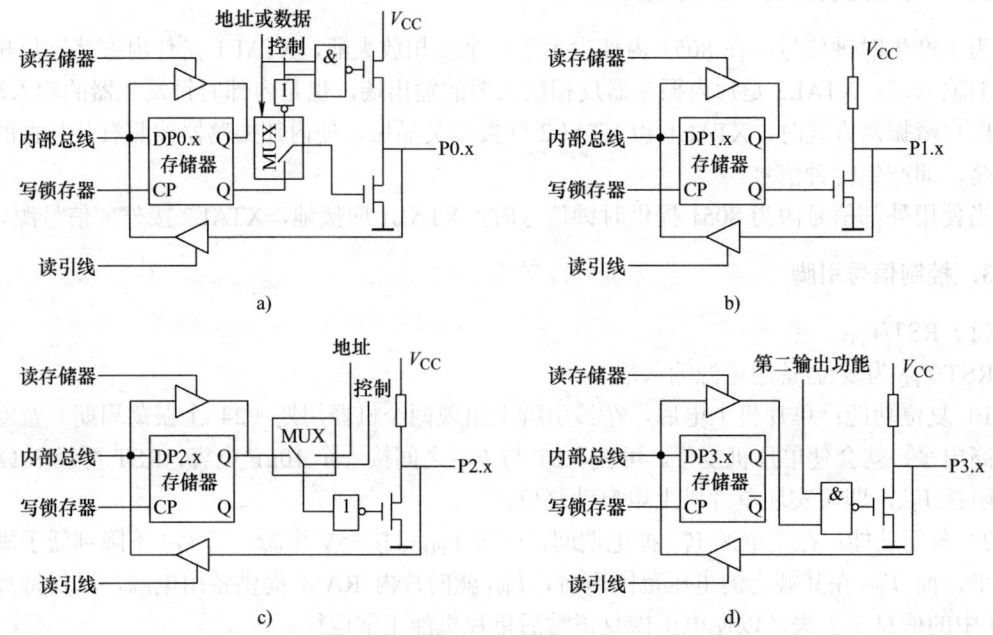

图 2-5　8051 并行 I/O 端口结构引脚图
a) P0 端口结构引脚图　b) P1 端口结构引脚图　c) P2 端口结构引脚图　d) P3 端口结构引脚图

（1）P0 口（P0.0～P0.7）

P0 口内部是一个 8 位漏极开路型双向 I/O 端口。

P0 口在作通用 I/O 口使用时应外接 10kΩ 左右的上拉电阻。在端口进行输入操作（即 CPU 读取端口数据）前，应先向端口的输出锁存器写 "1"。

在 CPU 访问片外存储器时，P0 口自动作为地址/数据复用总线使用，分时向外部存储器提供低 8 位地址和传送 8 位双向数据信号。P0 口作为地址/数据复用总线使用时是一个真正的双向口。

在对 EPROM 编程时，由 P0 口输入指令字节，而在验证程序时，P0 输出指令字节（验证时应外接上拉电阻）。

对于标准（早期）的 Intel 8051 单片机，P0 口能以吸收电流的方式驱动 8 个 LS 型 TTL 负载（指 74LS 系列的数字芯片）。以 TI 公司的 74LS00 芯片为例，其输入端接高电平时，输入电流为 20μA，输入端接低电平时，输入电流是-0.4mA。因此，单片机端口（位）输出高电平时，每个 LS 型 TTL 输入端将是 20μA 的拉电流型负载；单片机端口（位）输出低电平时，则吸收 0.4mA 的负载电流。P0 口每个端口（位）可以驱动 8 个 LS 型 TTL 负载，允许吸收电流为 0.4×8=3.2mA。

（2）P1 口（P1.0～P1.7）

P1 口是一个内部带上拉电阻的 8 位准双向 I/O 端口。

当 P1 输出高电平时，能向外部提供拉电流负载，因此，不需要再外接上拉电阻。当端口用作输入时，也应先向端口的输出锁存器写入 "1"，然后再读取端口数据。

在对 EPROM 编程和验证程序时，它用来输入低 8 位地址。

标准的 8051 单片机 P1 口能驱动 4 个 LS 型 TTL 负载。

（3）P2 口（P2.0～P2.7）

P2 口也是一个内部带上拉电阻的 8 位准双向 I/O 端口。

当 CPU 访问外部存储器时，P2 口自动用于输出高 8 位地址，与 P0 口的低 8 位地址一起形成外部存储器的 16 位地址总线。此时，P2 口不再作为通用 I/O 口使用。

标准的 8051 单片机 P2 口可驱动 4 个 LS 型 TTL 负载。

在对 EPROM 编程和验证程序时，P2 口用作接收高 8 位地址。

（4）P3 口（P3.0～P3.7）

P3 口是一个内部带上拉电阻的 8 位多功能双向 I/O 端口。

P3 口除了作通用 I/O 端口外，其主要功能是它的各位还具有第二功能。无论 P3 口作通用输入口还是作第二输入功能口使用，相应位的输出锁存器和第二输出功能端都应置"1"。

标准的 8051 单片机 P3 口能驱动 4 个 LS 型 TTL 负载。

P3 口作为第二功能使用时各引脚的定义见表 2-3。

表 2-3 P3 口作为第二功能使用时各引脚的定义

P3 口引脚	第二功能
P3.0	RXD（串行口输入端）
P3.1	TXD（串行口输出端）
P3.2	$\overline{INT0}$（外部中断 0 输入端）
P3.3	$\overline{INT1}$（外部中断 1 输入端）
P3.4	T0（定时器 0 的外部输入）
P3.5	T1（定时器 1 的外部输入）
P3.6	$\overline{WR}$（外部数据存储器"写"控制输出信号）
P3.7	$\overline{RD}$（外部数据存储器"读"控制输出信号）

可以看出，P3 口的第二功能包含串行输入输出、外部中断控制、定时器外部输入控制及外部存储器读写控制端口。由于这些控制端口单片机没有专设的控制信号引脚，单片机在进行上述操作时所需要的控制信号必须由 P3 口提供，P3 口第二功能相当于 PC 中 CPU 的控制线引脚。

综上所述，由于 P0 口与 P1、P2、P3 口的内部结构不同，其功能也不相同。随着 51 兼容机性能的不断提升，其负载驱动电流也比标准的 51 单片机大大提高，在使用时应注意以下几方面。

1）P0～P3 都是准双向 I/O 口，即 CPU 在读取数据时，必须先向相应端口的锁存器写入"1"。各端口名称与锁存器名称在编程时相同，均可用 P0～P3 表示。当系统复位时，P0～P3 端口锁存器全为"1"，CPU 可直接对其进行读取数据。

2）由于早期 51 单片机驱动能力较低，如果驱动更多的器件，可以用"8 位总线缓冲驱动"芯片来实现，例如，经常使用的 74LS244、74LS245 芯片。

3）P0 口可作通用输入/输出端口使用。若输出高电平驱动拉电流负载，须外接阻值合适的上拉电阻（一般为几千欧）才能使该位输出高电平（或负载所需分压电平）。P1、P2、P3 口输出均接有内部上拉电阻，输出端无需外接上拉电阻。拉电流能力一般不高于 1mA。

4）常用的 89C51 单片机 P0 口输出低电平时，一个引脚吸收的最大电流为 10mA，允许吸收的最大总电流（即 P0 口 8 个引脚允许电流总和）为 26mA；P1、P2 及 P3 口分别吸收的总电流最大为 15mA；最新 STC12 系列单片机 I/O 口的吸收电流是 20mA，传统 STC89C××系列单片机 I/O 口的吸收电流是 8～12mA。为了提高输出负载能力，单片机输出口一般采用驱动器输出，并且以输出低电平作为控制信号。

5）P0、P2、P3 口在无系统扩展时可以作通用 I/O 端口使用。但在系统扩展时应当特别注意，当 CPU 访问由扩展的外部存储器时，CPU 将自动地把外部存储器的地址线信号（16 位）送 P0、P2 口（P0 口输出低 8 位地址，P2 口输出高 8 位地址），向外部存储器输出 16 位存储单元地址。在控制信号 ALE 的作用下，该地址低 8 位被锁存后，P0 口自动切换为数据总线。这时经 P0 口可向外部存储器进行读/写数据操作。此时，P0 口为地址/数据复用口（不必外接上拉电阻），P2 口不再作通用 I/O 端口，P3.7 或 P3.6 作为读或写控制信号输出。

6）P3 口若不需要作第二功能口，则自动作为通用 I/O 口使用。当仅需要 P3 口的某些位作第二功能使用时，另一些位宜作为位处理的 I/O 口使用。

2.3 51 单片机存储器及位处理器

2.3.1 51 单片机存储器的特点

51 单片机的存储器与一般微型计算机存储器的配置不同，一般微型计算机把程序和数据共存同一存储空间，各存储单元对应唯一的地址。而 51 单片机的存储器把程序和数据的存储空间严格区分开。

51 单片机存储器的划分方法如下。

（1）物理存储空间分配

51 单片机存储器为字节存储单元，从物理结构上划分，有如下 4 个存储空间。

1）内部程序存储器（4KB）。

2）外部程序存储器（可以扩展为 64KB）。

3）内部数据存储器（256B）。

4）外部数据存储器（可以扩展为 64KB）。

（2）逻辑地址空间分配

从用户使用（编程）的角度划分，51 单片机存储器从逻辑上划分为 3 个存储器地址空间。

1）片内部外统一编址的 64KB 的程序存储器地址空间。

2）片内部（128B+128B）数据存储器地址空间。

3）片外部 64KB 的数据存储器地址空间。

对于同一地址信息，可表示不同的存储单元。故在访问不同的逻辑存储空间时，51 单片机提供了不同形式的指令如下。

- MOV 指令用于访问内部数据存储器。
- MOVC 指令用于访问内外部程序存储器。
- MOVX 指令用于访问外部数据存储器。

显然，51 单片机的存储器结构较一般微机复杂。很好地掌握 51 单片机存储器结构对单片机应用程序设计是大有帮助的,因为单片机应用程序就是面向 CPU、面向存储器进行设计的。8051 单片机存储结构如图 2-6 所示。

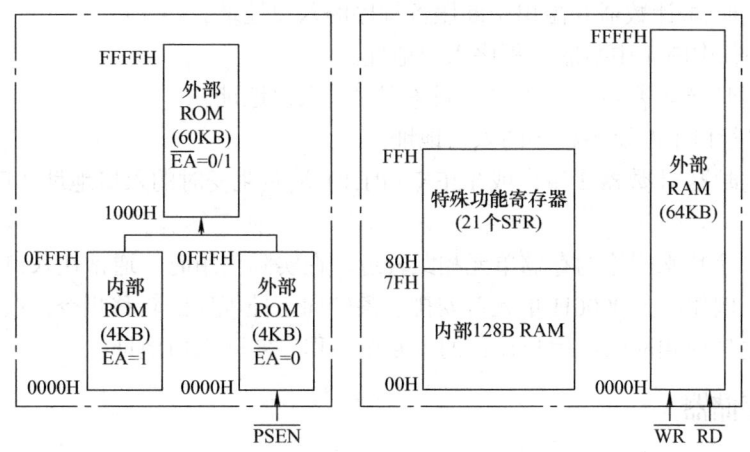

图 2-6 51（8051）单片机存储结构

由图 2-6 可以看出,内部程序存储器（4KB ROM）的地址空间为 0000H～0FFFH,外部程序存储器（4KB ROM）的地址空间为 0000H～FFFFH。

内部数据存储器（128B RAM）的地址空间为 00H～7FH,特殊功能寄存器（共 21 个）在 RAM 的 80H～FFH 地址空间内,而外部数据存储器地址空间为 0000H～FFFFH。

2.3.2 程序存储器

程序存储器用于存放已编制好的程序及程序中用到的常数。一般情况下,在程序调试运行成功后,由单片机开发机将程序写入（下载到）程序存储器。程序在运行中不能修改程序存储器中的内容。

程序存储器由 ROM 构成,单片机掉电后 ROM 内容不会丢失。

8051 片内有 4KB 的 ROM,87C51 内含 4KB 的可编程 EPROM 程序存储器,89C51 内含 4KB 的闪速 EEPROM；89S51 内含 4KB 的 Flash 闪速程序存储器。

单片机在工作时,由程序计数器（PC）自动指向将要执行的指令在程序存储器中的存储地址。51 单片机程序存储器地址为 16 位（二进制数）,因此程序存储器的地址范围为 64KB。内外部程序存储器的地址空间是连续的。

8052、89S52 等单片机内部 ROM 为 8KB。

当引脚 $\overline{EA}$ =1 时,CPU 访问内部程序存储器（即 8051 的程序计数器 PC 在 0000H～0FFFH 地址范围内）,当 PC 的值超过 0FFFH 时,CPU 自动转向访问外部程序存储器,即自动执行外部程序存储器中的程序。

当 $\overline{EA}$ =0 时,CPU 访问外部程序存储器（8051 程序计数器 PC 在 0000H～FFFFH 地址范围内）,CPU 总是从外部程序存储器中取指令。

一般情况下,首先使用内部程序存储器,因此,设置 $\overline{EA}$ =1。

MOVC 指令用于访问程序存储器。

在程序存储器中,51 单片机定义了 7 个单元用于特殊用途。

0000H：CPU 复位后，PC=0000H，程序总是从程序存储器的 0000H 单元开始执行。
0003H：外部中断 0 中断服务程序入口地址。
000BH：定时器/计数器 0 溢出中断服务程序的入口地址。
0013H：外部中断 1 中断服务程序入口地址。
001BH：定时器/计数器 1 溢出中断服务程序的入口地址。
0023H：串行口中断服务程序的入口地址。
002BH：定时器/计数器 2 溢出或 T2EX（P1.1）端负跳变时的入口地址（仅 52 子系列所特有）。

由于以上 7 个特殊用途的存储单元相距较近，在实际使用时，通常在入口处安放一条无条件转移指令。例如，在 0000H 单元可安排一条转向主控程序的转移指令；在其他入口可安排转移指令使之转向相应的由用户设计的中断服务程序实际入口地址。

2.3.3 数据存储器

数据存储器用于存放程序运算的中间结果、状态标志位等。

数据存储器由 RAM 构成，一旦掉电，其数据将丢失。

在 51 单片机内，数据存储器分为内部数据存储器和外部数据存储器，这是两个独立的地址空间，在使用时必须分别编址。

内部数据存储器为（128+128）B。外部数据存储器最大可扩充为 64KB，其地址指针为 16 位二进制数。

51 单片机提供 MOV 指令用于访问内部 RAM，MOVX 用于访问外部 RAM。

内部数据存储器是最活跃、最灵活的存储空间，51 单片机指令系统寻址方式及应用程序大部分是面向内部数据存储器的。

内部数据存储器分为高、低各 128B 两部分，如图 2-7 所示。

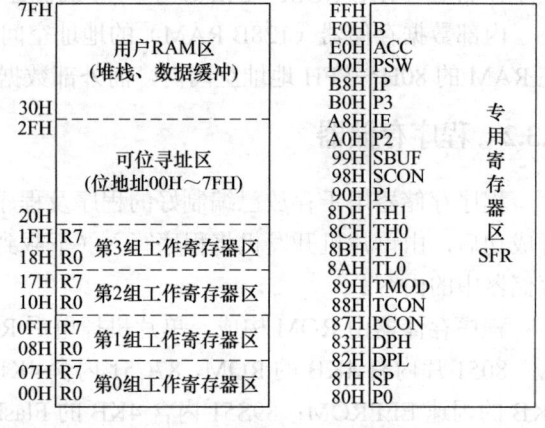

图 2-7 内部数据存储器的配置

由图 2-7 可以看出：
- 低 128B 为 RAM 区，地址空间为 00H～7FH。
- 高 128B 为特殊功能寄存器（SFR）区，地址空间为 80H～FFH，其中仅有 21 个字节单元是有定义的。

1. 通用寄存器区

在低 128B 的 RAM 区中，将地址 00～1FH 共 32 个单元设为工作寄存器区，这 32 个单元又分为 4 组，每组由 8 个单元按序组成通用寄存器 R0～R7。

通用寄存器 R0～R7 不仅用于暂存中间结果，而且是 CPU 指令中寻址方式不可缺少的工作单元。在任一时刻，CPU 只能选用一组工作寄存器为当前工作寄存器，因此不会发生冲突。未选中的其他三组寄存器可作为一般数据存储器使用。

CPU 复位后，自动选中第 0 组工作寄存器。

可以通过程序对程序状态字 PSW 中的 RS1、RS0 位进行设置,以实现工作寄存器组的切换,RS1、RS0 的状态与当前工作寄存器组的对应关系见表 2-2。

2. 可位寻址区

地址为 20H～2FH 的 16 个 RAM（字节）单元,既可以像普通 RAM 单元按字节地址进行存取,又可以按位进行存取。这 16 个字节共有 128（16×8）个二进制位,每一位都分配一个位地址,编址为 00H～7FH,如图 2-8 所示。

图 2-8 内部 RAM 区字节地址及位地址分配

由图 2-8 可以看出，位地址和字节地址都是用 8 位二进制数（2 位十六进制数）表示，但其含义不同。字节地址单元的数据是 8 位二进制数，而位地址单元的数据是 1 位二进制数，在使用时要特别注意。例如：

1）字节地址 20H 单元，该地址单元的数据为 D0～D7（8 位）；而该单元的每一位的地址为

位地址	07H	06H	05H	04H	03H	02H	01H	00H
	(20H.7)	(20H.6)	(20H.5)	(20H.4)	(20H.3)	(20H.2)	(20H.1)	(20H.0)
位	D7	D6	D5	D4	D3	D2	D1	D0

因为位地址 00H～07H 分别表示 20H 单元 D0～D7 位的地址，故其位地址又可表示为 20H.0～20H.7。

2）位地址为 20H，该位地址单元是字节地址 24H 单元的第 0 位，故位地址又可表示为 24H.0。

必须指出，对于某个地址，既可以表示字节地址，又可以表示位地址（如 20H、21H 等），那么，如何区分一个地址是字节地址还是位地址呢？可以通过指令中操作数的类型确定。如果指令中的另一个操作数为字节数据，则该地址必为字节地址；如果指令中的另一个操作数为一位数据，则该地址必为位地址。例如：

MOV　A，20H　　　；A 为字节单元，20H 为字节地址
MOV　C，20H　　　；C 为位单元，20H 为位地址，即 24H.0

3．只能字节寻址的 RAM 区

在 30H～7FH 区的 80 个 RAM 单元为用户 RAM 区，只能按字节存取。所以，30H～7FH 区是真正的数据缓冲区。

4．堆栈缓冲区

在应用程序中，往往需要一个后进先出的 RAM 缓冲区，用于子程序调用和中断响应时保护断点及现场数据，这种后进先出的 RAM 缓冲区称之为堆栈。原则上，堆栈区可设在内部 RAM 的 00H～7FH 的任意区域，但由于 00H～1FH 及 20H～2FH 区域的特殊作用，堆栈区一般设在 30H～7FH 的范围内。由堆栈指针 SP 指向栈顶单元，在程序设计时，应对 SP 初始化来设置堆栈区。

2.3.4　专用寄存器（SFR）

在内部数据存储器的 80H～FFH 单元(高 128B)中，有 21 个单元作为专用寄存器(SFR)，又称特殊功能寄存器。

51 单片机内部的 I/O 口（P0～P3）、CPU 内的累加器 A 等统称为特殊功能寄存器。这些寄存器离散分布在内部数据存储器的 80H～FFH 单元，每一个寄存器都有一个确定的地址，并定义了寄存器符号名，其地址分布见表 2-4。

由于特殊功能寄存器并未占满 128 个单元，故对空闲地址的操作是没有意义的。

对特殊功能寄存器的访问只能采用直接寻址方式。

对其地址能被 8 整除的特殊功能寄存器，可对该寄存器的各位进行位寻址操作。

表 2-4　特殊功能寄存器（SFR）地址

SFR 名称	符号	位地址及位名								字节地址
		D7	D6	D5	D4	D3	D2	D1	D0	
乘除寄存器	B	F7H	F6H	F5H	F4H	F3H	F2H	F1H	F0H	F0H
累加器	ACC	E7H	E6H	E5H	E4H	E3H	E2H	E1H	E0H	E0H
程序状态字寄存器	PSW	D7H	D6H	D5H	D4H	D3H	D2H	D1H	D0H	D0H
		Cy	AC	F0	RS1	RS0	OV	F1	P	
中断优先级寄存器	IP	BFH	BEH	BDH	BCH	BBH	BAH	B9H	B8H	B8H
					PS	PT1	PX1	PT0	PX0	
P3 端口锁存器	P3	B7H	B6H	B5H	B4H	B3H	B2H	B1H	B0H	B0H
		P3.7	P3.6	P3.5	P3.4	P3.3	P3.2	P3.1	P3.0	
中断允许控制寄存器	IE	AFH	AEH	ADH	ACH	ABH	AAH	A9H	A8H	A8H
		EA			ES	ET1	EX1	ET0	EX0	
P2 端口锁存器	P2	A7H	A6H	A5H	A4H	A3H	A2H	A1H	A0H	A0H
		P2.7	P2.6	P2.5	P2.4	P2.3	P2.2	P2.1	P2.0	
串行口接收/发送缓冲器	SBUF									99H
串口控制寄存器	SCON	9FH	9EH	9DH	9CH	9BH	9AH	99H	98H	98H
		SM0	SM1	SM2	REN	TB8	RB8	TI	RI	
P1 端口锁存器	P1	97H	96H	95H	94H	93H	92H	91H	90H	90H
		P1.7	P1.6	P1.5	P1.4	P1.3	P1.2	P1.1	P1.0	
T1（高 8 位）	TH1									8DH
T0（低 8 位）	TH0									8CH
T1（高 8 位）	TL1									8BH
T0（低 8 位）	TL0									8AH
定时器/计数器控制寄存器	TMOD	GATE	C/$\overline{T}$	M1	M0	GATE	C/$\overline{T}$	M1	M0	89H
定时器/计数器控制寄存器	TCON	8FH	8EH	8DH	8CH	8BH	8AH	89H	88H	88H
		TF1	TR1	TF0	TR0	IE1	IT1	IE0	IT0	
电源控制寄存器	PCON									87H
数据指针（高 8 位）	DPH									83H
数据指针（低 8 位）	DPL									82H
堆栈指针	SP									81H
P0 端口锁存器	P0	87H	86H	85H	84H	83H	82H	81H	80H	80H
		P0.7	P0.6	P0.5	P0.4	P0.3	P0.2	P0.1	P0.0	

对部分特殊功能寄存器（SFR）简介如下。

1）累加器 ACC：字节地址为 E0H，并可对其 D0～D7 各位进行位寻址，D0～D7 位地址相应为 E0H～E7H。

2）乘除寄存器 B：字节地址为 F0H，并可对其 D0～D7 各位进行位寻址，D0～D7 位地址相应为 F0H～F7H，主要用于暂存数据。

3）程序状态字寄存器 PSW：字节地址为 D0H，并可对其 D0～D7 各位进行位寻址，D0～D7 数据位的位地址相应为 D0H～D7H，主要用于寄存当前指令执行后的某些状态信息。

例如：Cy 表示进位/借位标志，指令助记符为 C，位地址为 D7H（也可表示为 PSW.7）。

4）堆栈指针 SP：字节地址为 81H，不能进行位寻址。

5）P0 端口锁存器：字节地址为 80H，并可对其 D0～D7 各位进行位寻址。D0～D7 数据位的位地址相应为 80H～87H（也可表示为 P0.0～P0.7）。

6）P1 端口锁存器：字节地址为 90H，并可对其 D0～D7 各位进行位寻址。D0～D7 数据位的位地址相应为 90H～97H（也可表示为 P1.0～P1.7）。

7）P2 端口锁存器：字节地址为 A0H，并可对其 D0～D7 各位进行位寻址。D0～D7 数据位的位地址相应为 A0H～A7H（也可表示为 P2.0～P2.7）。

8）P3 端口锁存器：字节地址为 B0H，并可对其 D0～D7 各位进行位寻址。D0～D7 数据位的位地址相应为 B0H～B7H（也可表示为 P3.0～P3.7）。

SFR 的 TMOD、TCON、SCON、DPH、DPL 及 IE 等寄存器是单片机主要功能部件的重要组成部分，在后续章节中详细介绍。

2.3.5 位处理器

所谓位处理，是指对一位二进制数据（即 0 和 1）的处理。一位二进制数的典型应用就是开关量应用，单片机具有较强的位处理能力。

51 单片机片内 CPU 还是一个性能优异的位处理器，也就是说，51 单片机实际上又是一个完整而独立的 1 位单片机（也称布尔处理机）。该布尔处理机除了有自己的 CPU、位寄存器、位累加器（即进位标志 Cy）、I/O 口和位寻址空间外，还有专供位操作的指令系统，可以直接寻址并对位存储单元和 SFR 的某一位进行操作。51 单片机对于位操作（布尔处理）有置位、复位、取反、测试转移、传送、逻辑与和逻辑或运算等功能。

在 51 单片机中，8 位微型机和布尔处理机的硬件资源是复合在一起的，两者相辅相成。例如，8 位 CPU 的程序状态字寄存器 PSW 中的进位标志 Cy，在布尔处理机中用作累加器 C；又如，内部数据存储器既可字节寻址，又可位寻址，这正是 51 单片机在设计上的精美之处。

利用布尔处理功能可以方便地进行随机逻辑设计，使用软件来实现各种复杂的逻辑关系，免除了许多类似 8 位数据处理中的数据传送、字节屏蔽和测试判断转移等烦琐的方法，从而取代数字电子电路所能实现的组合逻辑和时序逻辑电路。在这一方面，单片机可以说是万能的数字电路。

2.4 51 单片机复位电路

2.4.1 单片机复位

单片机在启动运行时需要复位，使 CPU 以及其他功能部件处于一个确定的初始状态（如 PC 的值为 0000H），并从这个状态开始工作，单片机应用程序必须以此作为设计前提。

另外，在单片机工作过程中，如果出现死机，也必须对单片机进行复位，使其重新开始工作。

单片机复位后，其片内各寄存器的状态见表2-5。

表2-5 复位后内部寄存器状态

寄存器	内容	寄存器	内容
PC	0000H	TH0	00H
ACC	00H	TL0	00H
B	00H	TH1	00H
PSW	00H	TL1	00H
SP	07H	SBUF	不定
DPTR	0000H	TMOD	00H
P0～P3	0FFH	SCON	00H
IP	×××00000B	PCON（HMOS）	0×××××××B
IE	0×000000B	PCON（CMOS）	0×××0000B
TCON	00H		

单片机复位后部分寄存器的初始状态如下。

1）P0～P3端口输出全为0FFH。

2）程序计数器PC=0000H，指向程序存储器0000H单元，使CPU从首地址重新开始执行程序。

3）堆栈指针SP=07H。

4）51单片机在电复位时，其内部RAM中的数据保持不变。

2.4.2 复位电路及方式

51单片机的复位电路包括上电复位电路和按键（外部）复位电路，如图2-9所示。

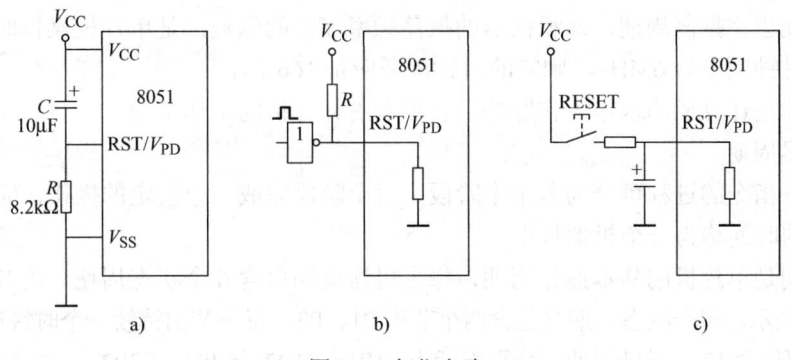

图2-9 复位电路

a）上电复位电路 b）按键脉冲复位电路 c）按键（手动）电平复位电路

不管是何种复位电路，都是通过复位电路产生的复位信号（高电平有效）由 RST/V_{PD} 引脚送入内部的复位电路，对51单片机进行复位。复位信号要持续两个机器周期（24个时钟周期）以上，才能使51单片机可靠复位。

（1）上电复位

所谓上电复位，是指单片机接通工作电源（ $V_{CC}=5V$ ）时片内各功能部件的状态。

上电复位电路利用电容器充电来实现复位。在图 2-9a 中可以看出,上电瞬时 RST/V_{PD} 端的电位与 V_{CC} 等电位,RST/V_{PD} 为高电平,随着电容器充电电流的减少,RST/V_{PD} 的电位不断下降,其充电时间常数为 $10×10^{-6}×8.2×10^{3}s=82×10^{-3}s=82ms$,此时间常数足以使 RST/$V_{PD}$ 在保持高电平的时间内完成复位操作。

(2) 按键复位

按键复位电路又包括按键脉冲复位和按键电平复位。图 2-9b 为按键脉冲复位电路,由外部提供一个复位脉冲,复位脉冲的宽度应大于两个机器周期。图 2-9c 为按键电平复位电路,按下复位按键,电容 C 被充电,RST/V_{PD} 端的电位逐渐升高为高电平,实现复位操作,释放按键后,电容器经内部下拉电阻放电,RST/V_{PD} 端恢复低电平。

2.5 51 单片机的时序与时钟电路

时序就是计算机指令执行时各种微操作在时间上的顺序关系。

计算机所执行的每个操作都是在时钟信号的控制下进行的。每执行一条指令,CPU 都要发出一系列特定的控制信号,这些控制信号(即 CPU 总线信号)在时间上的相互关系就是 CPU 的时序。

2.5.1 CPU 时序

单片机的时序是指 CPU 在执行指令时所需控制信号的时间顺序。时序信号是以时钟脉冲为基准产生的。CPU 发出的时序信号有两类:一类用于片内各功能部件的控制,这类信号在 CPU 内部使用;另一类信号通过单片机的引脚送到外部,用于片外存储器或 I/O 端口的控制,这类时序信号对需要进行单片机系统扩展的硬件设计非常重要。

(1) 时钟周期

时钟周期也称振荡周期,即振荡器的振荡频率 f_{osc} 的倒数,是单片机操作时序中的最小时间单位。时钟频率为 6MHz,则它的时钟周期应是 166.7ns。

时钟脉冲是计算机的基本工作脉冲,它控制着计算机的工作节奏。

(2) 机器周期

执行一条指令的过程可分为若干个阶段,每个阶段完成一个规定的操作,完成一个规定操作所需要的时间称为一个机器周期。

机器周期是单片机的基本操作周期,每个机器周期包含 6 个状态周期,用 S1、S2、S3、S4、S5、S6 表示,每个状态周期又包含两个节拍 P1、P2,每个节拍持续一个时钟周期,因此,一个机器周期包含 12 个时钟周期,分别表示为 S1P1、S1P2、S2P1、S2P2、…、S6P1、S6P2。

(3) 指令周期

指令周期定义为执行一条指令所用的时间。由于 CPU 执行不同的指令所用的时间不同,因此不同指令的指令周期是不相同的。指令周期由若干个机器周期组成。通常,包含一个机器周期的指令称为单周期指令,包含两个机器周期的指令称为双周期指令,依此类推。通常,一个指令周期包含 1~4 个机器周期。

MCS-51 单片机的指令可以分单周期指令、双周期指令和四周期指令 3 种。只有乘法指令和除法指令是四周期指令,其余都是单周期指令或双周期指令。

例如，51单片机外接石英晶体振荡频率为12MHz时，有：

1）时钟（振荡）周期为1/12μs。
2）状态周期为1/6μs。
3）机器周期为1μs。
4）指令周期为1~4μs。

（4）51单片机的取指/执行时序

51单片机执行任何一条指令时都可以分为取指令阶段和执行阶段（此处将分析指令阶段也包括在执行阶段内）。取指令阶段把程序计数器PC中的指令地址送到程序存储器，选中指定单元并从中取出需要执行的指令。指令执行阶段对指令操作码进行译码，以产生一系列控制信号完成指令的执行。

2.5.2 时钟电路

时钟脉冲由时钟振荡器产生，51单片机的时钟振荡器是由单片机内部反相放大器和外接晶振及微调电容组成的一个三点式振荡器，将晶振和微调电容接到MCS-51的XTAL1和XTAL2端即可产生自激振荡，如图2-10a所示。通常，振荡器输出的时钟频率f_{osc}为6~24MHz，调节微调电容可以微调振荡频率f_{osc}。51单片机也可以使用外部时钟。

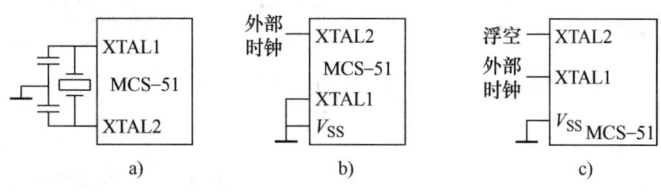

图2-10 MCS-51时钟电路
a）振荡电路 b）8051外部时钟电路 c）80C51外部时钟电路

2.6 实训项目2 单片机最小系统组成

1. 目的

1）熟悉单片机最小系统的结构。
2）明确最小系统中每一部分的功能。

2. 项目内容

1）准备最小系统所需的电子元器件。
2）构成最小系统硬件电路。
3）检测最小系统工作状态。

3. 步骤

1）根据单片机的特点，设计51系列单片机（AT89S51）最小系统电路，如图2-11所示。注意：该图为原理图，图中引脚排列与单片机实际引脚位置并非一致。
2）根据原理图准备所需的电子元器件，见表2-6。
3）利用万用板连接元器件，构成单片机最小系统的硬件电路。上电之后，最小系统即可工作。

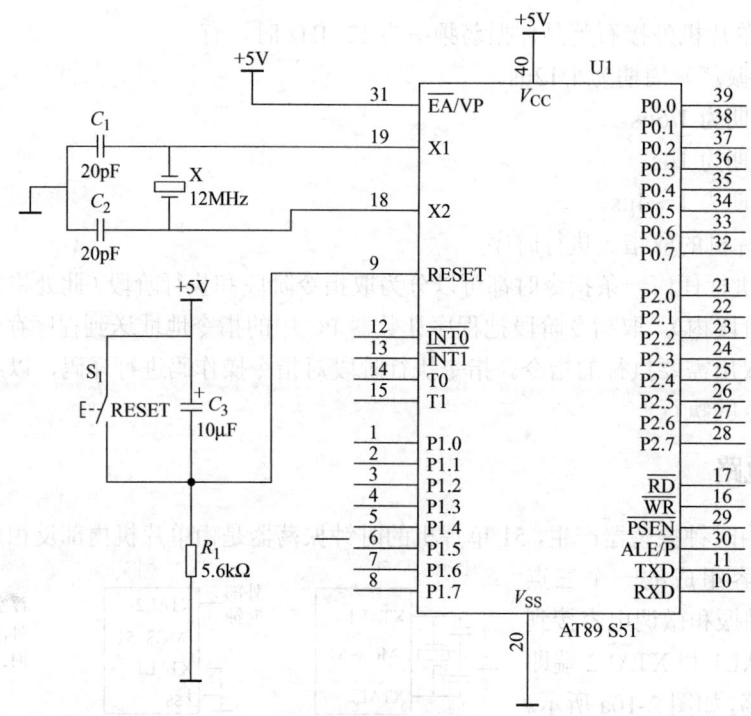

图 2-11 单片机最小系统

表 2-6 单片机最小系统中的元器件

元器件名称	参数	数量
单片机	AT89S51 DIP-40	1
晶振	12MHz	1
瓷片电容	20pF	2
电解电容	10μF	1
按键		1
电阻	5.6kΩ	1

4）验证最小系统工作状态。验证方法是将最小系统上电，然后用示波器测试最小系统单片机的第 30 引脚（ALE/$\overline{P}$）。在晶振频率为 12MHz 时，该引脚输出 2MHz 的方波。若观察到波形，则说明最小系统工作正常。

思考题：单片机最小系统包括哪些部分？各部分的功能是什么？

2.7 思考与练习

1．举例说明 51 单片机有哪些典型产品，它们有何区别？
2．8051 单片机内部包含哪些主要功能部件？各功能部件的主要作用是什么？
3．程序状态字寄存器 PSW 各位的定义是什么？
4．51 单片机存储器结构的主要特点是什么？程序存储器和数据存储器有何不同？
5．51 单片机内部 RAM 可分为几个区？各区的主要作用是什么？

6．51 单片机的 4 个 I/O 端口在结构上有何异同？使用时应注意哪些事项？
7．为什么 51 单片机 I/O 端口输出控制信号一般选择为低电平有效？
8．为什么 51 单片机 P0 端口在输出高电平时要合理选择上拉电阻值？
9．为什么 51 单片机 I/O 端口在读取数据前应先写入"1"？
10．为什么说单片机具有较强的位处理能力？
11．指出 8051 单片机可进行位寻址的存储空间。
12．位地址 90H 和字节地址 90H 及 P1.0 有何异同？如何区别？
13．什么是时钟周期？什么是机器周期？什么是指令周期？当振荡频率为 12MHz 时，一个机器周期为多少微秒？
14．51 单片机有几种复位方法？复位后，CPU 从程序存储器的哪一个单元开始执行程序？
15．8051 单片机引脚 ALE 的作用是什么？当 8051 不外接 RAM 和 ROM 时，ALE 上输出的脉冲频率是多少？其作用是什么？
16．单片机最小系统组成包括哪些部分？各部分的功能是什么？

第 3 章　51 单片机指令系统及汇编语言程序设计

指令系统是单片机能够执行的全部命令的集合，是单片机系统功能和软件工作原理的具体体现。汇编语言则是以指令系统为主要语句的编程语言。通过本章的学习，读者不仅可以深入理解单片机的工作原理和汇编语言的编程方法，而且为学习后续的单片机 C 语言程序设计打下坚实的编程基础。本章主要介绍 51 系列单片机指令系统及汇编语言程序设计。

3.1　指令系统简介及寻址方式

指令是单片机（CPU）用来执行某种操作的命令，当指令和地址采用二进制代码表示时，称之为机器语言指令代码。CPU 直接识别的是用二进制代码表示的机器语言指令，但由于其使用不方便，指令系统一般是以助记符表示相应的机器语言指令，亦称汇编指令。每一种 CPU 都有其独立的指令系统，本节主要介绍 51 系列单片机指令系统的指令分类、指令格式、寻址空间及符号注释。

3.1.1　指令分类及格式

1. 指令分类

51 单片机指令系统共有 111 条指令，按指令存储在程序存储器中所占的字节数，可分为单字节指令、双字节指令和三字节指令；按指令执行的快慢程度可将指令分成单周期指令、双周期指令和四周期指令。

按指令实现的功能可分数据传送类指令、算术运算类指令、逻辑运算类指令、布尔变量操作类指令及控制程序转移类指令。

2. 指令格式

在用户程序中，51 单片机汇编指令格式由以下几个部分组成。

　　　　[标号：]　操作码助记符　[第一操作数]　[，第二操作数]　[；注释]

其中，操作码助记符描述指令要执行的操作；[ ]中的项表示为可选项，说明指令可分为双操作数指令、单操作数指令和无操作数指令。

在程序存储器中，单片机的指令格式（即机器码形态）为

　操作码（第一字节）[第一操作变量]（第二字节）[第二操作变量]（第三字节）

其中，[ ]中的项表示为可选项；（）中为说明。

在 51 单片机指令系统中，不同功能的指令，其操作数作用也不同。例如，传送类指令多为两个操作数，写在左面的称为目的操作数（表示操作结果需要存放的寄存器或存储器单元），写在右面的称为源操作数（指出操作数的来源）。

操作码与操作数之间必须用空格分隔，操作数与操作数之间必须用逗号","分隔。

3.1.2 寻址方式

指令一般是由操作码和操作数构成的,操作码指定操作类别,操作数是指令操作的对象,一般用于指定参与运算的数据形式或操作数所在单元的地址。

所谓寻址方式就是寻找或获得操作数的方式。一般来说,单片机中不论是源操作数还是目的操作数,都需要首先确定操作数的位置或地址,即寻址。

51 单片机因它特有的存储器地址空间,设计了 7 种寻址方式。掌握这些寻址方式,是学习指令系统的基础。在利用汇编指令编程时,灵活地运用寻址方式,可以提高程序效率。

1. 立即寻址

在立即寻址方式中,操作数直接出现在指令中。操作数前加"#"号表示,也称立即数。指令的操作数可以是 8 位或 16 位数据。

例如,将立即数传送给寄存器 R0、DPTR(16 位)的指令为

MOV　R0,#26H　　　　　　　；R0←26H,即把立即数 26H 直接送到 R0 中
MOV　DPTR,#2000H　　　　；DPTR←2000H,即把立即数 2000H 送到 DPTR 中

在立即寻址方式中,立即数作为指令的一部分同操作码一起放在程序存储器中,其机器码指令格式中占 1 个字节或 2 个字节。

2. 直接寻址

在直接寻址方式中,操作数所在的存储单元地址直接出现在指令中,称为直接单元地址(direct)。该寻址方式用于对内部存储单元的访问,包括内部 RAM 的低 128B(00H~7FH)和特殊功能寄存器(SFR)。

(1)内部 RAM 的低 128B 单元的直接寻址

对于内部 RAM 的低 128B(地址范围为 00H~7FH)存储单元的访问可以使用直接寻址。

例如,将内部 RAM 地址为 30H 的存储单元的数据传送给累加器 A 的指令为

MOV　A,30H　　　　　　　；把内部 RAM 地址为 30H 的存储单元的内容传送给 A

(2)特殊功能寄存器地址空间的直接寻址

直接寻址是唯一可寻址特殊功能寄存器(SFR)的寻址方式。

例如,将累加器 A 的数据传送给特殊功能寄存器 TCON 的指令为

MOV　TCON,ACC　　　　　；把 ACC 的内容传送给寄存器 TCON

ACC 表示累加器 A 的地址,TCON 和 ACC 对应的直接地址分别是 88H 和 E0H。

因此,指令 MOV　TCON,ACC 与 MOV　88H,E0H 是等价的。

3. 寄存器寻址

在寄存器寻址方式中,寄存器中的内容就是操作数。操作对象包括寄存器 Rn(n=0~7)、累加器 A、累加器 C 等,在目的操作数中还包括 DPTR。在机器码指令中,它们的具体寄存器名隐含在操作码中。

例如，将寄存器 R1 的数据传送给累加器 A 的指令为

MOV　A，R1　　　　　　；A←（R1），把寄存器 R1 中的内容送到累加器 A 中

4．寄存器间接寻址

在寄存器间接寻址方式中，指定寄存器中的内容是操作数的地址，该地址对应存储单元的内容才是操作数。可见，这种寻址方式中寄存器实际上是地址指针。寄存器名前用间址符"@"表示寄存器间接寻址。该方式主要用于编程时操作数单元地址不能确定，在程序执行时需要根据具体情况才能确定操作数地址的场合。

寄存器间接寻址方式可用于对片内 RAM 的寻址，对外部 RAM 进行读取操作时，则必须采用寄存器间接寻址方式。

例如，内部 RAM 的 30H 单元中数据为 20H，R0 中数据为 30H，则指令

MOV　A，@R0　　　；将 R0 所指 30H 单元中的数据 20H 送至 A 中，执行结果：（A）=20H

可以进行寄存器间接寻址的寄存器有 R0、R1（8 位）和 16 位间址寄存器 DPTR；堆栈指针 SP 也是 8 位间址寄存器，在堆栈操作中由系统自动隐含间接寻址。

访问内部数据存储器时，用当前工作寄存器 R0 和 R1 作间接寻址寄存器，即@R0、@R1，在堆栈操作中则用堆栈指针 SP 作隐含间接寻址寄存器。例如

MOV　A，@R1
POP　ACC　　　　　　；相当于 MOV　ACC，@SP（本指令不存在，只表述系统隐含间接寻址）

访问外部数据存储器时，对于前 256B 存储单元（0000H～00FFH）用 R0 和 R1 寄存器进行间址寻址。使用 16 位数据指针寄存器 DPTR 进行间址寻址时，可以访问全部 64KB（0000H～FFFFH）地址空间的任一单元。

例如，对外部 RAM 存储单元进行访问的指令为

MOVX　A，@R1
MOVX　@DPTR，A

5．变址寻址

变址寻址方式是以程序指针 PC 或数据指针 DPTR 为基址寄存器，以累加器 A 作为变址寄存器，两者内容相加（即基地址+偏移量）形成 16 位的操作数地址。变址寻址方式主要用于访问固化在程序存储器中的某个字节。

变址寻址方式有以下两类。

1）用程序指针 PC 作基地址，A 作变址（偏移量），形成操作数地址：@A+PC。

例如，执行指令

地址	目标代码	汇编指令
2100	7406	MOV　A，#06H
2102	83	MOVC　A，@A+PC
2103	00	NOP
2104	00	NOP
⋮	⋮	⋮
2109	32	DB　32H

当执行到 MOVC A，@A+PC 时，当前 PC=2103H，A=06H，因此@A+PC 指示的地址是 2109H，该指令的执行结果是（A）=32H。

2）用数据指针 DPTR 作基地址，A 作变址（偏移量），形成操作数地址：@A+DPTR。

例如，执行指令

    MOV A，#01H
    MOV DPTR，#TABLE
    MOVC A，@A+DPTR
 TABLE：DB   41H
    DB   42H

以上程序中，变址偏移量（A）=01H，基地址为表的首地址 TABLE，指令执行后将地址为 TABLE+01H 程序存储器单元的内容传送给 A，所以执行结果是（A）=42H。

6．相对寻址

相对寻址是以程序计数器 PC 的当前值作为基地址，与指令中的第二字节给出的相对偏移量 rel 进行相加，所得和为程序的转移地址。

这种寻址方式用在相对转移指令中。相对偏移量 rel 是一个用补码表示的 8 位有符号数，程序的转移范围在相对 PC 当前值的-128～+127B 之间。

例如，无条件转移相对寻址指令

SJMP 08H   ;双字节指令，相对偏移量 rel=08H

设 PC=2000H 为本指令的地址，则 PC 的当前值为 2002H，转移目标地址为

（2000H+02H）+08H=200AH

例如，条件转移相对寻址指令

JZ 30H   ;若（A）=0，程序跳转到 PC←（PC）+2+rel（30H）
        ;若（A）≠0，则程序顺序执行

这是一个零跳转指令，是双字节指令。

指令执行完后，PC 当前值为该指令首字节所在单元地址+2，所以

目的地址=当前 PC 的值+rel

在程序中，目的地址常以标号表示，在汇编时由汇编程序将标号汇编为相对偏移量，但标号的位置必须保证程序的转移范围在相对 PC 当前值的-128～+127B 之间。例如

JZ LOP   ;若（A）=0，跳转到标号 LOP 处执行，即 PC←（LOP=（（PC）+2+rel））

7．位寻址

51 单片机中有独立的性能优越的布尔处理器，包括位变量操作运算器、位累加器和位存储器，可对位地址空间的每个位进行位变量传送、状态控制、逻辑运算等操作。

位地址包括：内部 RAM 地址空间的可进行位寻址的 128 位和 SFR 中地址能被 8 整除的寄存器的所有位（11 个 8 位寄存器共 88 位）。位寻址给出的必须是直接地址。例如

MOV C，07H   ;C←（07H）

07H是内部RAM的位地址空间的1个位地址，该指令的功能是将07H内的操作数位送到累加器C中。若（07H）=1，则指令执行结果C=1。例如

SETB　EX0　　　　　；EX0←1

EX0是IE寄存器的第0位，相应位地址是A8H，指令的功能是将EX0位置"1"，指令执行的结果是EX0=1。

3.1.3　寻址空间及符号注释

1．寻址空间

由前述7种寻址方式可以看出，不同的寻址方式所寻址的存储空间是不同的。使用何种寻址方式不仅取决于寻址的形式，而且取决于寻址方式所对应的存储空间。

例如，位寻址的存储空间只能是片内RAM的20H～2FH字节地址中的所有位（位地址为00H～7FH）和部分SFR的位，绝不能是该范围之外的任何单元的任何位。

51单片机的7种操作数的寻址方式与所涉及的存储器空间的关系如下。

1）立即寻址。立即数在程序存储器ROM中。

2）直接寻址。操作数的地址在指令中，操作数在片内RAM低128B和专用寄存器SFR中。

3）寄存器寻址。操作数在工作寄存器R0～R7、A、B、Cy及DPTR中。

4）寄存器间接寻址。操作数的地址在寄存器中，操作数在片内RAM低128B（以@R0、@R1、SP（仅对PUSH、POP指令）的形式寻址）、片外RAM（以@R0、@R1、@DPTR的形式寻址）中。

5）基址加变址寻址。操作数在程序存储器ROM中。

6）相对寻址。操作数在程序存储器-128～+127B范围内。

7）位寻址。操作数为片内RAM的20H～2FH字节地址中的所有位（位地址为00H～7FH）和部分SFR的位。

2．常用指令中符号注释

在学习单片机指令系统的过程中，对指令功能的描述常用到下列符号。

1）#data：表示指令中的8位立即数（data），"#"表示后面的数据是立即数。

2）#data16：表示指令中的16位立即数。

3）direct：表示8位内部数据存储器单元的地址。它可以是内部RAM的单元地址0～127，或特殊功能寄存器的地址，如I/O端口、控制寄存器、状态寄存器等（128～255）。

4）Rn：$n=0～7$，表示当前选中的寄存器区的8个工作寄存器R0～R7。

5）Ri：$i=0$或1，表示当前选中的寄存器区中的2个寄存器R0、R1，可作地址指针（即间接寻址寄存器）。

6）Addr11：表示11位的目的地址。用于ACALL和AJMP指令，目的地址必须存放在与下一条指令第一个字节同一个2KB程序存储器地址空间之内。

7）Addr16：表示16位的目的地址。用于LCALL和LJMP指令，目的地址范围在整个64KB程序存储器地址空间之内。

8）rel：表示一个补码形式的 8 位带符号的偏移量。用于 SJMP 和所有的条件转移指令，偏移字节相对于下一条指令的第一个字节计算，在-128～+127 范围内取值。

9）DPTR：为数据指针，可用作 16 位的地址寄存器。

10）bit：内部 RAM 或专用寄存器中的直接寻址位。

11）/：位操作数的前缀，表示对该位操作数取反。

12）A：累加器 ACC。

13）B：专用寄存器，用于 MUL 和 DIV 指令。

14）C：进位/借位标志位，也可作为布尔处理机中的累加器。

15）@：间址寄存器或基址寄存器的前缀，如@Ri、@A+PC、@A+DPTR。

16）$：当前指令的首地址。

17）←：表示将箭头右边的内容传送至箭头的左边。

3.2 指令系统及应用示例

本节以指令的使用形式分别介绍各类指令的格式、功能、寻址方式及应用示例。

3.2.1 数据传送指令

1. 片内数据传送指令

1）以累加器 A 为目的操作数的指令有以下形式。

```
MOV   A, Rn           ；A←（Rn）  源操作数为寄存器寻址
MOV   A, @Ri          ；A←（(Ri)） 源操作数为寄存器间接寻址
MOV   A, direct       ；A←（direct）源操作数为直接寻址
MOV   A, #data        ；A←data   源操作数为立即寻址
```

2）以工作寄存器 Rn 为目的操作数的指令有以下形式。

```
MOV   Rn, A           ；Rn←（A）
MOV   Rn, direct      ；Rn←（direct）
MOV   Rn, #data       ；Rn←data
```

3）以直接地址为目的操作数的指令有以下形式。

```
MOV   direct, A
MOV   direct, Rn
MOV   direct, direct
MOV   direct, @Ri
MOV   direct, #data
```

4）以间接地址为目的操作数的指令有以下形式。

```
MOV   @Ri, A
MOV   @Ri, direct
MOV   @Ri, #data
```

以上 4 类指令涉及 A、#data、direct、Rn 和@Ri 共 5 个片内寻址的对象类别。其中，#data 为立即数寻址，只能作为源操作数且不具有存储单元性质，所以不能作为目的操作数；Rn 和@Ri 中寻址的对象之间也不能相互进行传送操作；除此之外的任意不同的两个对象之间都可以进行传送操作。片内传送指令主要用于参数设置、数据转存、端口读写等。

5）16 位数据传送指令有以下唯一形式。

MOV　　DPTR，#data16

该指令的功能：把 16 位立即数传送至 16 位数据指针寄存器 DPTR。

当要访问外部 RAM 或 I/O 端口时，该指令一般用于将外部 RAM 或 I/O 端口的地址赋给 DPTR。

2．片外数据存储器传送指令

片外数据存储器传送指令有以下形式。

MOVX　　A，@Ri　　　；A←（(Ri)）为寄存器间接寻址
MOVX　　A，@DPTR　　；A←（(DPTR)）为寄存器间接寻址
MOVX　　@Ri，A　　　；(Ri)←(A)
MOVX　　@DPTR，A　　；(DPTR)←(A)

单片机内部数据存储器与外部数据存储器是通过累加器 A 进行数据传送的。

外部数据存储器的 16 位地址只能通过 P0 端口和 P2 端口输出，低 8 位地址由 P0 端口送出，高 8 位地址由 P2 端口送出，在地址输出有效且低 8 位地址被锁存后，P0 端口作为数据总线进行数据传送。

CPU 对外部 RAM 的访问只能用寄存器间接寻址的方式。以 DPTR（16 位）作间接寻址时，寻址的范围达 64KB；以 Ri（8 位）作间接寻址时，仅能寻址低 256B 的范围。外部 RAM 只能和累加器 A 进行数据传送。

必须指出的是，51 单片机指令系统中没有设置访问外设的专用 I/O 指令，对于片外扩展的 I/O 端口与片外 RAM 是统一编址的，即 I/O 端口可看作独占片外 RAM 的一个地址单元，因此对片外 I/O 端口的访问均可使用这类指令。

3．程序存储器数据传送指令

程序存储器数据传送指令有以下两种形式。

MOVC　　A，@A+PC　　；A←（A+PC）即基址寄存器 PC 的当前值与变址寄存器 A 的值之和
　　　　　　　　　　　　作为操作数的地址（可在程序存储器中的当前指令下面的 256B 存储
　　　　　　　　　　　　单元内）
MOVC　　A，@A+DPTR　；A←（A+DPTR）即基址寄存器 DPTR 的值与变址寄存器 A 的值之和
　　　　　　　　　　　　作为操作数的地址（可在程序存储器的 64KB 的任何空间）

51 单片机指令系统中，这两条指令主要用于查表技术（PC 和 DPTR 与数据表的地址关联），在使用时应注意以下几点。

1）A 的内容为 8 位无符号数，即表格的变化范围为 256B。

2）PC 的内容为执行该指令时刻的当前值，因为本指令是单字节指令，PC 的内容为该指令首地址+1。

3）指令 MOVC　A，@A+PC 与指令 MOVC　A，@A+DPTR 的区别如下。

① 表格所在位置不同。前者表格中所有数据必须放在该指令之后的 256B 存储单元，而后者可以通过改变 DPTR 的内容将表格放到程序存储器 64KB 的任何地址开始的 256B 存储单元。

② 表格首址的指示不同。前者 PC 指示的表格首地址总与实际表格首地址有一定的差值（一般为 2），后者 DPTR 的值就是表格首地址，不存在偏差值。

4）表格数据只能供查表指令查找，不能作为指令执行，因此表格之前必须设有控制转移类指令，以避免 PC 指向表内地址。

4．数据交换指令

数据交换指令有以下形式。

1）字节交换指令。

```
XCH     A，Rn           ；A 的内容与 Rn 的内容交换
XCH     A，@Ri          ；A 的内容与（Ri）的内容交换
XCH     A，direct       ；A 的内容与 direct 的内容交换
```

2）低半字节交换指令。

```
XCHD    A，@Ri          ；A 的低四位与（Ri）的低四位交换
```

3）累加器 A 的高、低半字节交换指令。

```
SWAP    A               ；A 的低四位与高四位互换
```

由以上传送类指令可以看出：指令的功能主要由助记符和寻址方式来体现，只要掌握了助记符的含义和与之相对应的操作数的寻址方式，指令是很容易理解的。

5．堆栈操作指令

堆栈操作指令有以下形式。

```
PUSH    direct          ；SP←(SP)+1（先指针加 1）
                        ；(SP)←(direct)（再压栈）
POP     direct          ；(SP)←(direct)（先弹出）
                        ；SP←(SP)-1（再指针减 1）
```

在 51 单片机中，堆栈只能设定在片内 RAM 中，由 SP 指向栈顶单元。

PUSH 指令是入栈（或称压栈或进栈）指令，其功能是先将堆栈指针 SP 的内容加 1，然后将直接寻址 direct 单元中的数压入到 SP 所指示的单元中。

POP 是出栈（或称弹出）指令，其功能是先将堆栈指针 SP 所指示的单元内容弹出到直接寻址 direct 单元中，然后将 SP 的内容减 1，SP 始终指向栈顶。

使用堆栈时，一般须重新设定 SP 的初始值。因为系统复位或上电时，SP 的值为 07H，而 07H 是 CPU 的工作寄存器区的一个单元地址，为了不占用寄存器区的 07H 单元，一般应在需要使用堆栈前，由用户给 SP 设置初值（栈底）。但应注意不能超出堆栈的深度。一般，SP 的值可以设置为 1FH 以上的片内 RAM 单元。

堆栈常用于中断处理、子程序调用时程序断点和现场数据的临时存储单元。一般来说，

在用户子程序及中断服务程序开始部分，首先执行现场数据的入栈操作，保护现场数据；结束之前执行出栈操作，以用于恢复现场数据。程序断点（地址）的入栈和出栈操作是系统自动执行的，不需要用户程序处理。

【例3-1】设堆栈栈底为30H，将现场A和DPTR的内容压栈。已知（A）=12H，（DPTR）=3456H。

可由以下指令完成：

```
MOV    SP，#30H
PUSH   ACC
PUSH   DPL
PUSH   DPH
```

执行结果：（SP）=33H，片内RAM的31H、32H、33H单元的内容分别为12H、56H、34H。

【例3-2】将上题中已压栈的内容弹出至原处，即恢复现场数据。

可由以下指令完成：

```
POP    DPH
POP    DPL
POP    ACC
```

执行结果：SP=30H，A=12H，DPTR=3456H。

3.2.2 算术运算指令

算术运算类指令共有24条，包括加法、带进位加法、带借位减法、乘、除、加1、减1和十进制调整指令。其指令助记符分别为ADD、ADDC、SUBB、MUL、DIV、INC、DEC、和DA。

1．加减运算

1）不带进位的加法指令有以下形式。

```
ADD    A，#data      ；A←（A）+data
ADD    A，direct     ；A←（A）+（direct）
ADD    A，Rn         ；A←（A）+（Rn）
ADD    A，@Ri        ；A←（A）+（(Ri)）
```

2）带进位的加法指令有以下形式。

```
ADDC   A，Rn         ；A←（A）+（Rn）+Cy
ADDC   A，@Ri        ；A←（A）+（(Ri)）+Cy
ADDC   A，direct     ；A←（A）+（direct）+Cy
ADDC   A，#data      ；A←（A）+#data+Cy
```

3）带借位的减法指令有以下形式。

```
SUBB   A，Rn         ；A←（A）-（Rn）-Cy
SUBB   A，@Ri        ；A←（A）-（(Ri)）-Cy
SUBB   A，direct     ；A←（A）-（direct）-Cy
SUBB   A，#data      ；A←（A）-data-Cy
```

利用加减法指令可实现的主要功能如下。
1）对 8 位无符号二进制数进行加减运算。
2）借助溢出标志对有符号的二进制整数进行加减运算。
3）借助进位标志，可以实现多字节的加减运算。

2．乘法及除法指令

乘法指令有以下唯一形式。

MUL　　AB　　　　　　　　；A←A×B 低字节，B←A×B 高字节

该指令的功能：把累加器 A 和寄存器 B 中的两个 8 位无符号数相乘，乘积又送回 A、B 内，A 中存放低位字节，B 中存放高位字节。若乘积大于 255，即 B 中非 0，则溢出标志 OV=1，否则 OV=0。而 Cy 总为 0。

除法指令有以下唯一形式。

DIV　　AB　　　　　　　　；A←（A）/（B）（商），B←（A）/（B）（余数）

该指令的功能：把 A 中的 8 位无符号数除以 B 中的 8 位无符号数，商存放在 A 中，余数存放在 B 中。Cy 和 OV 均清 0。若除数为 0，执行该指令后结果不定，并将 OV 置 1。

3．加 1 及减 1 指令

加 1 指令有以下形式。

INC　　A　　　　　　　　　；A←（A）+1
INC　　Rn　　　　　　　　 ；Rn←（Rn）+1
INC　　direct　　　　　　　；（direct）←（direct）+1
INC　　@Ri　　　　　　　　；（Ri）←（（Ri））+1
INC　　DPTR　　　　　　　；DPTR←（DPTR）+1

减 1 指令有以下形式。

DEC　　A　　　　　　　　　；A←（A）-1
DEC　　Rn　　　　　　　　 ；Rn←（Rn）-1
DEC　　@Ri　　　　　　　　；（Ri）←（（Ri））-1
DEC　　direct　　　　　　　；（direct）←（direct）-1

加 1、减 1 指令主要用于调整寻址单元的数据进行加 1、减 1 操作，其结果仍存放在原数据单元。该指令常用于循环程序中对循环次数的控制。

4．十进制调整指令

DA　　A　　　　　　　　　；A←（A）（BCD 码调整）

该指令的功能：将存放于 A 中的两个 BCD 码（十进制数）的和进行十进制调整，使 A 中的结果为正确的 BCD 码数。

由于算术逻辑单元 ALU 只能作二进制运算，如果 BCD 码运算的结果超过 9，必须对结果进行修正。此时只须在加法指令之后紧跟一条这样的指令，即可根据标志位 Cy、AC 和累加器的内容对结果自动进行修正，使之成为正确的 BCD 码形式。

算术运算指令对程序状态字寄存器 PSW 中的 Cy、AC、OV 三个标志都有影响，可以根据运算的结果将它们置 1 或清除。

3.2.3 逻辑操作指令

逻辑操作指令共 24 条，包括双操作数的逻辑与、或、异或和单操作数的取反（即非逻辑）、清零和循环移位指令。所有指令均对 8 位二进制数按位进行逻辑运算。

1. 双操作数的逻辑运算指令（与、或、异或）

（1）逻辑"与"指令

逻辑"与"指令的操作码助记符为 ANL，指令有以下 6 种形式。

ANL A，Rn   ；A←(A)∧(Rn)
ANL A，@Ri   ；A←(A)∧((Ri))
ANL A，direct   ；A←(A)∧(direct)
ANL A，#data   ；A←(A)∧data
ANL direct，A   ；(direct)←(direct)∧(A)
ANL direct，#data   ；(direct)←(direct)∧data

该组指令的功能：将源操作数和目的操作数按对应位进行逻辑"与"运算，并将结果存入目的地址中。

与运算规则是：与"0"相与，本位为"0"（即屏蔽）；与"1"相与，本位不变。

（2）逻辑"或"指令

逻辑"或"指令的操作码助记符为 ORL，其源操作数和目的操作数的寻址方式与逻辑"与"指令一样。例如

ORL   A，Rn   ；A←(A)∨(Rn)

该组指令的功能：将源操作数和目的操作数按对应位进行逻辑"或"运算，并将结果存入目的地址。

或运算规则是：与"1"相或，本位为"1"；与"0"相或，本位不变。

（3）逻辑"异或"指令

逻辑"异或"指令的操作码助记符为 XRL，其源操作数和目的操作数的寻址方式与逻辑"与"指令一样。例如

XRL   A，@Ri   ；A←(A)⊕((Ri))

该组指令的功能：将源操作数和目的操作数按对应位进行逻辑"异或"运算，并将结果存入目的地址。

异或运算的运算规则是：与"1"异或，本位为非（即求反）；与"0"异或，本位不变。

2. 单操作数的逻辑运算指令（清零、取反）

累加器 A "清零" 指令

CLR   A   ；A←0

累加器 A "取反"指令

CPL　　A　　　　　　　　；A←($\overline{A}$)

3．循环移位指令

1）累加器 A 循环移位指令有以下形式。

RL　　A　　　　　　　　；A 的各位依次左移一位，A.0←A.7
RR　　A　　　　　　　　；A 的各位依次右移一位，A.7←A.0

该指令连续执行四次，与指令 SWAP　A 的执行结果相同。

左移相当于乘以 2，右移相当于除以 2 功能的实现，限于乘积不超限（A 的最高位 ACC.7 为 0 时）、相除无余数（A 的最低位 ACC.0 为 0 时）的情况。

2）带进位标志 Cy 的累加器 A 循环移位指令有以下形式。

RLC　　A　　　　　　　；A 的各位依次左移一位，Cy←A.7，A.0←Cy
RRC　　A　　　　　　　；A 的各位依次右移一位，Cy←A.0，A.7←Cy

3.2.4　位操作指令

位操作指令即对位单元的一位数据进行操作的指令。位指令包含 2 个对象类别 C（位累加器）、bit（包含位寻址区 00H～7FH 和 SFR 中能位寻址的位单元）。

在汇编指令中，位地址可用以下 4 种方式表示。

1）直接位地址方式。如 0E0H 为累加器 A 的 D0 位的位地址，标志位 F0 的位地址为 0D5H。

2）点操作符表示方式。用操作符"."将具有位操作功能单元的字节地址或寄存器名与所操作的位序号（0～7）分隔。例如，PSW.5，说明是程序状态字寄存器的第 5 位，即 F0。

3）位名称方式。对于可以位寻址的特殊功能寄存器，在指令中直接采用位定义名称。例如，EA 为中断允许寄存器的第 7 位。

4）用户定义名方式。如用伪指令"OUT　BIT　P1.0"定义后，允许在指令中用 OUT 代替 P1.0。

1．位传送指令

位传送指令有以下形式。

MOV　C，bit　　　　　　；Cy←（bit）
MOV　bit，C　　　　　　；（bit）←（Cy）

指令中其中一个操作数必须是进位标志 C，bit 可表示任何直接位地址。

【例 3-3】 将 ACC 中的最高位送入 P1.0 输出，可执行以下指令。

MOV　C，ACC.7
MOV　P1.0，C

2．位修改指令

1）位置位指令有以下形式。

SETB　　C　　　　　　　；Cy←1
SETB　　bit　　　　　　　；（bit）←1

2) 位清 0 指令有以下形式。

CLR　　C　　　　　　　　；Cy←0
CLR　　bit　　　　　　　 ；(bit)←0

采用这类指令可以对 C 和指定位置 1 或清零。

3) 位逻辑"非"指令有以下形式。

CPL　　C　　　　　　　　；Cy←($\overline{Cy}$)
CPL　　bit　　　　　　　 ；(bit)←($\overline{bit}$)

该组指令的功能：对进位标志 Cy 或直接寻址位 bit 的布尔值进行位逻辑"非"运算，结果送入 Cy 或 bit。

3. 位逻辑运算指令

1) 位逻辑"与"指令有以下形式。

ANL C, bit　　　　　　　；Cy←(Cy)∧(bit)
ANL C, /bit　　　　　　　；Cy←(Cy)∧($\overline{bit}$)

该组指令的功能：进位标志 Cy 与直接寻址位的布尔值进行位逻辑"与"运算，结果送入 Cy。

注意：bit 前的斜杠表示对 (bit) 求反，求反后再与 Cy 的内容进行逻辑操作，但并不改变 bit 原来的值。

2) 位逻辑"或"指令有以下形式。

ORL　　C, bit　　　　　　；Cy←(Cy)∨(bit)
ORL　　C, /bit　　　　　 ；Cy←(Cy)∨($\overline{bit}$)

该组指令的功能：进位标志 Cy 与直接寻址位的布尔值进行位逻辑"或"运算，结果送入 Cy。

【例 3-4】 由 P1.0、P1.1 输入两个位数据（"0"或"1"）存放在位地址 X、Y 中，使 Z 满足逻辑关系式：$Z = X\overline{Y} + \overline{X}$，然后，Z 经 P1.3 输出。

可执行以下指令。

X　　BIT　　20H.0
Y　　BIT　　20H.1
Z　　BIT　　20H.2
MOV　C, P1.0
MOV　X, C
MOV　C, P1.1
MOV　Y, C
MOV　C, X
ANL　C, /Y
ORL　C, /X
CPL　C
MOV　Z, C
MOV　P1.3, C

3.2.5 控制转移指令

程序一般是顺序执行的（由程序计数器 PC 自动递增实现），但有时因为操作的需要或比较复杂的程序，需要改变程序的执行顺序，即将程序跳转到某一指定的地址（即将该地址赋给 PC）后再执行，此时可以使用控制转移指令。

51 单片机的控制转移指令共 17 条，可分为三类，即无条件转移指令、条件转移指令及子程序调用与返回指令。以下介绍常用的指令。

1．无条件转移指令

不受任何条件限制的转移指令称为无条件转移指令。

1）长转移指令有以下唯一形式。

LJMP　　addr16

该指令的功能：把 16 位地址（addr16）送给 PC，从而实现程序转移。允许转移的目标地址在整个程序存储器空间。

在实际使用时，addr16 常用标号表示，该标号即为程序要转移的目标地址，在汇编时把该标号汇编为 16 位地址。

2）绝对转移指令有以下唯一形式。

AJMP　　addr11　　　　　　；PC10～0←addr10～0，PC15～11 不变

该指令的功能：把 PC 当前值（加 2 后的值）的高 5 位与指令中的 11 位地址拼接在一起，共同形成 16 位目标地址送给 PC，从而使程序转移。允许转移的目标地址在程序存储器现行地址的 2KB（即 2^{11}B）的空间内。

在实际使用时，addr11 常用标号表示，注意所引用的标号必须与该指令下面第一条指令处于同一个 2KB 范围内，否则会发生地址溢出错误。该标号即为程序要转移的目标地址，在汇编时把该标号汇编为 16 位地址。

3）相对转移指令（短转移指令）有以下唯一形式。

SJMP　　rel　　　　　　　；PC←（PC）+2+rel

该指令的功能：根据指令中给出的相对偏移量 rel（相当于当前 PC=（PC）+2），计算出程序将要转移的目标地址（PC）+2+rel，把该目标地址送给 PC。

注意：相对偏移量 rel 是一个用补码形式表示的有符号数，其范围为-128～+127，所以该指令控制程序转移的空间不能超出这个范围，故称短转移指令。

在实际使用时，rel 常用标号来表示，该标号即为程序要转移的目标地址。

在实际应用中常使用该指令完成程序"原地踏步"功能，等待中断事件的发生。可用以下指令实现。

LOOP：SJMP　LOOP

或

SJMP　　$　　　　　　　　；$表示当前指令的首地址

以上两条指令的执行结果是相同的。

4）间接长转移指令有以下唯一形式。

  JMP @A+DPTR   ；PC←（A）+（DPTR）

该指令也称散转指令，其功能是把累加器 A 中 8 位无符号数与数据指针 DPTR 的 16 位数相加，结果作为下一条指令地址送入 PC，指令执行后不改变 A 和 DPTR 中的内容，也不影响标志位。

该指令可根据 A 的内容进行跳转，而 A 的内容又可随意改变，故可形成程序分支。本指令跳转范围为 64KB。

例如，下面的程序段可根据累加器 A 的数值决定转移的目标地址，形成多分支散转结构。

```
            ...
            MOV     A，#DATA         ；数据 DATA 决定程序的转移目标
            MOV     DPTR，#TABLE     ；设置基址寄存器初值
            CLR     C                ；进位标志清零
            RLC     A                ；对（A）进行乘 2 操作
            JMP     @A+DPTR          ；PC←（A）+（DPTR）
            ...
    TABLE： AJMP    ROUT0            ；若（A）=0，转标号 ROUT0
            AJMP    ROUT1            ；若（A）=2，转标号 ROUT1
            AJMP    ROUT2            ；若（A）=4，转标号 ROUT2
            ...
```

注意，累加器 A 的内容一般都需要经过预先程序处理为偶数，以保证指令的可靠执行。

2．条件转移指令

条件转移指令主要用于单分支转移程序设计，根据指令中给定的判断条件决定程序是否转移。当条件满足时，就按指令给定的相对偏移量进行转移；否则，程序顺序执行。

51 单片机的条件转移指令中目标地址的形成属于相对寻址，其指令转移范围、偏移量的计算及目标地址标号的使用均同 SJMP 指令。

1）累加器判零转移指令有以下形式。

  JZ   rel   ；若（A）=0，则 PC←（PC）+2+rel（满足条件作相对转移）
               ；否则，PC←（PC）+2（顺序执行）
  JNZ rel   ；若（A）≠0，则 PC←（PC）+2+rel（满足条件作相对转移）
               ；否则，PC←（PC）+2（顺序执行）

这两条指令均为双字节指令，以累加器 A 的内容是否为 0 作为转移的条件。本指令执行前，累加器 A 应有确定的值。

2）位测试转移指令有以下形式。

  JC   rel   ；若 Cy=1，则 PC←（PC）+2+rel（满足条件作相对转移）
               ；否则，PC←（PC）+2（顺序执行）
  JNC rel   ；若 Cy=0，则 PC←（PC）+2+rel（满足条件作相对转移）
               ；否则，PC←（PC）+2（顺序执行）
  JB   bit，rel   ；若（bit）=1，则 PC←（PC）+3+rel（满足条件作相对转移）

		；否则，PC←(PC)+3（顺序执行）
JNB	bit，rel	；若（bit）=0，则PC←(PC)+3+rel（满足条件作相对转移）
		；否则，PC←(PC)+3（顺序执行）
JBC	bit，rel	；若（bit）=1，则PC←(PC)+3+rel 且 bit←0（满足条件作相对转移），否则，PC←(PC)+3（顺序执行）

JBC bit，rel 经常在查询方式处理中断时使用。

3）比较不相等转移指令有以下形式。

CJNE	A，#data，rel
CJNE	A，direct，rel
CJNE	Rn，#data，rel
CJNE	@Ri，data，rel

两数在比较时按减法操作并影响标志位 Cy，但指令的执行结果不影响任何一个操作数内容。该组指令为三字节指令，其功能是比较前面两个操作数（无符号数）的大小，若两数不相等为条件满足，则作相对转移，由偏移量 rel 指定地址；若两数相等为条件不满足，则顺序执行下一条指令。该组指令经常用于比较两数大小和循环程序设计中判断循环是否终止。

4）减1不为0转移指令有以下形式。

DJNZ	Rn，rel	；Rn←(Rn)-1
		；若（Rn）≠0，条件满足，转移，PC←(PC)+2+rel
		；否则，PC←(PC)+2
DJNZ	direct，rel	；(direct)←(direct)-1
		；若（direct）≠0，则PC←(PC)+3+rel
		；否则，PC←(PC)+3

该组指令中第一条指令为两字节指令，第二条指令为三字节指令。

该组指令常用于控制已知循环次数的循环过程。在应用程序中需要多次重复执行某程序段时，可指定任何一个工作寄存器 Rn 或 RAM 的 direct 单元为循环计数器，对计数器赋初值以后，每完成一次循环，执行该指令使计数器减1，直到计数器值为0时循环结束。

3．子程序调用与返回指令

在程序设计时，常常有一些程序段被多次反复执行。为了缩短程序，节省存储空间，把具有多处使用的且逻辑上相对独立的某些程序段编写成子程序。当某个程序（可以是主程序或子程序）需要引用该子程序时，可通过子程序调用指令转向该子程序执行。当子程序执行完毕，可通过子程序返回指令返回到子程序调用指令的下一条指令继续执行原来的程序。

子程序调用与返回指令有以下形式。

1）子程序绝对调用指令有以下形式。

ACALL	addr11	；PC←(PC)+2
		；SP←(SP)+1，SP←PC0~7
		；SP←(SP)+1，SP←PC8~15
		；PC←addr11

该指令和绝对转移指令非常相似，主要区别在于绝对调用指令在调用子程序执行结束后要返回。

53

2）子程序长调用指令有以下形式。

LCALL　　addr16　　　　　　　；PC←(PC)+3
　　　　　　　　　　　　　　　；SP←(SP)+1，SP←PC0~7
　　　　　　　　　　　　　　　；SP←(SP)+1，SP←PC8~15
　　　　　　　　　　　　　　　；PC←addr16

该指令和长转移指令非常相似，主要区别在于长调用指令在调用子程序的执行结束后要返回。

3）子程序调用返回指令有以下形式。

RET　　　　　　　　　　　　；PC8~15←((SP))，SP←(SP)-1
　　　　　　　　　　　　　　；PC0~7←((SP))，SP←(SP)-1

当程序执行到本指令时，自动从堆栈中取出断点地址送给 PC，程序返回断点（即调用指令（ACALL 或 LCALL）的下一条指令）处继续往下执行。

RET 指令为子程序的最后一条指令。

4）中断子程序返回指令格式为

RETI　　　　　　　　　　　；PC8~15←((SP))，SP←(SP)-1
　　　　　　　　　　　　　　；PC0~7←((SP))，SP←(SP)-1

该指令除具有 RET 指令的功能外，还在返回断点的同时释放中断逻辑以接受新的中断请求。中断服务程序（中断子程序）必须用 RETI 指令返回。

RETI 指令为中断子程序的最后一条指令。

5）空操作指令有以下形式。

NOP　　　　　　　　　　　；单周期指令，延时一个机器周期，本周期内仅 PC 自加 1

常用 NOP 指令实现等待或延时。

3.3　汇编语言程序设计

51 单片机汇编语言源程序是由汇编语句组成的。一般情况下，汇编语言语句可分为指令性语句（即汇编指令）和指示性语句（即伪指令）。

汇编语言源程序是用户编写的应用程序，必须将其翻译成机器语言的目标代码（亦称目标程序），计算机才能执行。

3.3.1　伪指令

1．指令性语句

指令性语句（汇编指令）是进行汇编语言程序设计的可执行语句，每条指令都产生相应的机器语言的目标代码。源程序的主要功能是由指令性语句（在程序运行时）去完成的。

2．指示性语句

指示性语句（伪指令）又称汇编控制指令。它是控制汇编（翻译）过程的一些命令，程序员通过伪指令要求汇编程序在进行汇编时执行的一些操作。因此，伪指令不产生机器语言的目标代码，是汇编语言程序中的不可执行语句。

伪指令主要用于指定源程序存放的起始地址、定义符号、指定暂存数据的存储区以及将数据存入存储器、结束汇编等。一旦源程序被汇编成目标程序后，伪指令就不再出现（即它并不生成目标程序），而仅仅在对源程序的汇编过程中起作用。因此，伪指令给程序员编制源程序带来较多的方便。

必须说明的是，汇编过程和程序的执行过程是两个不同的概念，汇编过程是将源程序翻译成机器语言的目标代码，此代码按照伪指令的安排被存入存储器中。程序的执行过程是由CPU从存储器中逐条取出目标代码并逐条执行，以完成程序设计的主要功能。

51单片机汇编语言中常用的伪指令如下。

（1）汇编起始地址伪指令ORG

ORG伪指令的格式如下。

ORG 16位地址

功能：规定紧跟在该伪指令后的源程序经汇编后产生的目标程序在程序存储器中存放的起始地址。例如

```
         ORG    3000H
START:   MOV    A，R1
         ...
```

汇编结果：ORG 3000H下面的程序或数据存放在存储器3000H开始的单元中，标号START为符号地址，其值为3000H。

（2）结束汇编伪指令END

END伪指令的格式如下。

END 或 END 标号

功能：汇编语言源程序的结束标志，即通知汇编程序不再继续往下汇编。

如果源程序是一段子程序，则END后不加标号。

如果是主程序，加标号时，所加标号应为主程序模块的第一条指令的符号地址，汇编后程序从标号处开始执行。若不加标号，汇编后程序从0000H单元开始执行。

（3）赋值伪指令EQU

EQU伪指令的格式如下。

标识符   EQU   数或汇编符号

功能：把数或汇编符号赋给标识符，且只能赋值一次。

注意，EQU与前面的标号之间不要使用冒号，而只用一个空格来进行分隔。

（4）定义字节伪指令DB

DB伪指令的格式如下。

[标号：] DB   项或项表

功能：将项或项表中的字节（8位）数据依次存入标号所指示的存储单元中。

注意：项与项之间用","分隔；字符型数据用" "括起来；数据可以采用二进制、十六进制及 ASCII 码等形式表示；省去标号不影响指令的功能；负数需要转换成补码表示；可以多次使用 DB 定义字节。

（5）定义字伪指令 DW

DW 伪指令的格式如下。

[标号：] DW 项或项表

功能：将项或项表中的字（16 位）数据依次存入标号所指示的存储单元中。

若要定义多个字，可以多次使用 DB 定义字节。

在查表指令应用时，注意 DB 与 DW 的区别和共性，虽然两者都行，但尽量按程序可读性来衡量使用。

（6）数据地址定义伪指令 DATA

DATA 伪指令的格式如下。

标识符　DATA　字节地址

（7）位单元定义伪指令 BIT

BIT 伪指令的格式如下。

标识符　BIT　位地址

功能：将位地址赋以标识符（注意不是标号）。

上述伪指令中，EQU、DATA、BIT 三者有相似之处，都是为增强程序可读性而设置的指令，要掌握其共性和区别。

（8）定义存储单元伪指令 DS

DS 伪指令的格式如下。

标号：　DS　数字

功能：从标号所指示的单元开始，根据数字的值保留一定数量的字节存储单元，留给以后存储数据用。例如：

SPACE：　DS　10　　　　　；表示从 SPACE 所在的程序存储单元开始保留 10 个存储单
　　　　　　　　　　　　；元，下一条指令将从 SPACE+10 处开始存放

3.3.2　汇编语言程序结构及应用

1. 程序设计步骤

汇编语言程序设计一般经过以下几个步骤。

1）分析问题，明确任务要求，明确要解决哪些问题。

2）确定算法，即根据实际问题和指令系统确定完成这一任务须经历的步骤。

3）根据所选择的算法，确定内存单元的分配；使用哪些存储器单元；使用哪些寄存器；程序运行中的中间数据及结果存放在哪些单元，以利于提高程序的效率和运行速度。然后制定出解决问题的步骤和顺序，画出程序的流程图（C 语言程序设计时无需指定具体单元）。

4）根据流程图，编写源程序。

5）上机对源程序进行汇编、调试。

2．程序设计技术

在进行汇编语言程序设计时，对于同一个问题，会有不同的编程方式，但应按照结构化程序设计的要求，即程序的基本结构应采用顺序、选择和循环三种基本结构，而实现基本结构的指令语句也会有多种不同的形式，因而在执行速度、所占内存空间、易读性和可维护性等方面有所不同。用汇编语言编写程序，对于初学者来说是会遇到困难的，程序设计者只有通过实践，不断积累经验，才能编写出较高质量的程序。

3．几种常见汇编语言程序设计结构

（1）顺序程序

顺序程序是按照程序编写的顺序逐条依次执行的，是程序的最基本的结构（功能完成前无控制转移指令）。

【例3-5】拼字：将外部数据存储器3000H和3001H的低4位取出拼成一个字，送至3002H单元中。

程序如下。

```
ORG     2000H
MOV     DPTR, #3000H    ; DPTR←外部数据存储器地址
MOVX    A, @DPTR        ; 取3000H单元数据送至A
ANL     A, #0FH         ; 屏蔽高4位
SWAP    A               ; 将A的低4位与高4位交换
MOV     R1, A           ; 暂存于R1
INC     DPTR            ; 指向下一单元
MOVX    A, @DPTR        ; 取3001H单元数据送至A
ANL     A, #0FH         ; 屏蔽高4位
ORL     A, R1           ; 拼成一个字节
INC     DPTR            ; 指向下一单元
MOVX    @DPTR, A        ; 拼字结果送至3002H单元
SJMP    $
END
```

1）本例中最后一条指令为原地踏步指令 SJMP　$。

2）在访问外部数据存储器前，必须先建立外部数据存储器地址指针（一般使用DPTR）。访问外部数据存储器的指令操作码助记符为MOVX。

（2）分支程序

分支程序是根据程序中给定的条件进行判断的，然后根据条件的"真"与"假"决定程序是否转移。分支程序主要分为单分支程序和多分支程序。单分支程序结构针对对立的条件（比如等于0和不等于0两种情况）分别处理，使用条件转移指令进行分支转移；多分支程序结构针对平行的条件（比如等于1、等于2、等于3等多种情况）分别处理，使用散转指令进行多分支程序设计。

【例3-6】 根据A中保存的某参数值（0，1，2…）执行不同的程序段进行处理，处理程序段分别为（ROUT0、ROUT1、ROUT2…）。

```
        ...
        MOV     A，#DATA        ；数据DATA为某参数值决定程序的转移目标即
                                ；处理方式
        MOV     DPTR，#TABLE    ；设置基址寄存器初值
        CLR     C               ；进位标志清零
        RLC     A               ；对（A）进行乘2操作
        JMP     @A+DPTR         ；PC←（A）+（DPTR）
        ...
TABLE： AJMP    ROUT0           ；若（A）=0，转标号ROUT0
        AJMP    ROUT1           ；若（A）=2，转标号ROUT1
        AJMP    ROUT2           ；若（A）=4，转标号ROUT2
        ...
```

（3）循环程序

在程序执行过程中，当需要多次反复执行某段程序时，可采用循环程序。循环程序可以简化程序的编制，大大缩减程序所占用的存储单元（尽管执行的时间不会减少），是程序设计中最常用的方法之一。循环程序分为无限循环和有限循环，而有限循环又分为两种，即单层有限循环和多层有限循环。单层有限循环主要用于处理需要多次重复执行的事务，主要使用CJNE、DJNZ指令完成循环判终；多层有限循环主要用于解决比较复杂的问题或是延时，多使用DJNZ完成循环次数，根据问题进行循环嵌套。

单层有限循环程序一般由3部分组成。

1）初始化。用于确定循环开始的初始化状态，如设置循环次数（计数器）、地址指针及其他变量的起始值等。

2）循环体。这是循环程序的主体，即循环处理需要重复执行的部分。

3）循环控制。修改计数器和指针，并判断循环是否结束（一般使用加1、减1指令配合CJNE、DJNZ指令完成）。

【例3-7】 较长时间的延时子程序，可以采用多重循环来实现。

利用CPU中每执行一条指令都有固定的时序这一特征，令其重复执行某些指令从而达到延时的目的。

子程序代码如下。

```
    源程序                  机器周期数
DELAY： MOV R7，#0FFH        1
LOOP1： MOV R6，#0FFH        1
LOOP2： NOP                  1
        NOP                  1
        DJNZ R6，LOOP2       2
        DJNZ R7，LOOP1       2
        RET                  2
```

以上程序中，内循环一次所需机器周期数=（1+1+2）个=4个，内循环共循环255次的机器周期数=4×255个=1020个。

外循环一次所需机器周期数=（4×255+1+2）个=1023 个，外循环共循环 255 次，所以该子程序总的机器周期数=（255×1023+1+2）个=260868 个。

因为一个机器周期为 12 个时钟周期，所以该子程序最长延时时间=260868×12/f_{osc}。

注意：用软件实现延时时，不允许有中断，否则会严重地影响定时的准确性。如果需要延时更长的时间，可采用更多重的循环，如延时 1min，可采用三重循环。

程序中所用标号 DELAY 为该子程序的入口地址，以便由主程序或其他子程序调用。最后一句 RET 指令，可实现子程序返回。

（4）子程序设计

子程序结构增强了程序的可读性；将一些常用功能的程序写成子程序形式，为编程人员进行程序开发提供了方便。

对子程序在执行过程中对于被主程序占用、影响的单元和对象要进行信息保存，子程序结束后要进行信息返回。

【例 3-8】 编写一段子程序，将 8 位二进制数转换为 BCD 码。

设要转换的二进制数在累加器 A 中，子程序的入口地址为 BCD1，转换结果存入 R0 所指示的 RAM 中。

子程序代码如下。

```
BCD1:   MOV B, #100
        DIV AB              ;A←百位数，B←余数
        MOV @R0, A          ;(R0)←百位数
        INC R0              ;R0←R0+1（地址加 1）
        MOV A, #10
        XCH A, B
        DIV AB              ;A←十位数，B←个位数
        SWAP A
        ADD A, B            ;十位数和个位数组合到 A
        MOV @R0, A          ;存入（R0）
        RET
```

（5）查表程序

查表是程序设计中使用的基本方法。只要适当地组织表格，就可以十分方便地利用表格进行多种代码转换和算术运算等。

【例 3-9】 利用表格计算内部 RAM 的 30H 单元中一位 BCD 数的平方值，并将结果存入 31H 单元。首先组织平方表，且把它作为程序的一部分。

程序代码如下。

```
        ORG 2000H
        MOV A, 30H              ;内部 RAM 30H 单元中的一位 BCD 数据送至 A
        MOV DPTR, #SQTAB
        MOVC A, @A+DPTR         ;查 SQTAB 表
        MOV 31H, A
        SJMP $
SQTAB:  DB 0, 1, 4, 9, 16, 25, 36, 49, 64, 81 ;建立数据表
```

1）本例因为将平方表作为程序的一部分，因此采用程序存储器访问指令 MOVC。
2）用 MOVC A，@A+DPTR 指令查表，在执行该指令前必须给基址寄存器即 DPTR 赋值。数据表可以安放在程序存储器 64KB 空间的任何地方。
3）查表所需的执行时间较少，但需较多的存储单元。

3.4 实训项目 3　单片机指令系统及汇编语言程序设计

1．目的

1）了解单片基本指令及基本寻址方法。
2）掌握汇编语言程序基本的分支程序及循环程序。

2．项目内容

1）用 Keil C 新建一个工程。
2）在工程内添加程序文件。
3）通过 Keil 的仿真功能观察程序运行过程及结果。

3．环境

在 PC 上安装 Keil 集成开发环境（开发环境的使用请参照第 4 章）。

4．实验步骤

1）打开 Keil C 开发环境，并新建工程 Project3。
2）在工程内新建一个源程序文件，输入下列代码后保存文件，文件名保存为 main.asm。

```
        ORG 0000H
INIT:   MOV R0, #20H
        MOV R1, #30H
        MOV @R0, #69H
        INC R0
        MOV @R0, #93H
        INC R0
        MOV @R0, #89H
        MOV @R1, #68H
        INC R1
        MOV @R1, #85H
        INC R1
        MOV @R1, #66H          ; 初始化各加数值
        CLR F0                 ; 清除 F0
BCDADD: MOV A, @R0
        MOV C, F0              ; F0 位值存入 CY
        ADDC A, @R1            ; 按字节相加，带进位的加法
        DA A                   ; 十进制调整
        MOV F0, C              ; F0 位值存入 CY
        MOV @R0, A             ; 和存回(R0)中
```

```
        DEC   R0                         ;调整数据指针
        DEC   R1
        CJNE  R0,#1FH,BCDADD             ;处理完所有字节
        MOV   C,F0
        SJMP  $
        END
```

3）对源程序文件编译连接。

4）利用 Keil 的仿真功能来观察程序运行过程中寄存器和内存单元的变化。

RAM 内容的查看方法如下。

寄存器窗口及工具栏如图 3-1 所示。单击工具栏按钮 ▦，在如图 3-2 所示的内部存储单元界面中的 "Address" 文本框中输入 "D:20h"，即可查看内部存储单元的数值。

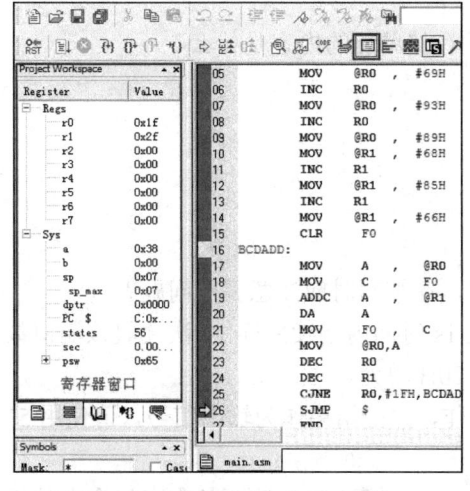

图 3-1 寄存器窗口及工具栏　　　　　　图 3-2 内部存储单元界面

5）运行程序，并思考下列问题。

① 该程序实现什么功能？

② 语句 CJNE R0,#1FH,BCDADD 的主要作用是什么？

③ ADDC 可否替换为 ADD？

④ 标志位 F0 在程序中起什么作用？

6）根据以上问题修改程序并运行，验证问题答案。

3.5 思考与练习

1. 51 单片机汇编指令格式是什么？如何通过汇编指令格式来判断指令字节数？
2. 51 单片机有哪几种寻址方式？其特征和对象分别是什么？列表说明。
3. 如何区分位寻址和字节寻址？在使用时有何不同？
4. 要访问专用寄存器和外部数据寄存器，应采用什么寻址方式？举例说明。
5. 什么是堆栈？其主要作用是什么？如何使用？
6. 编程将外部数据存储器 2000H～20FFH 单元清零。

7. 已知 A=83H，R0=17H，(17H)=34H，那么，执行完下列程序段后 A 中的内容是什么？

ORL A，#17H
ANL 17H，A
XRL A，@R0
CPL A

8. 已知单片机的 f_{osc}=6MHz，分别设计延时 0.1s、1s、1min 的子程序。

9. 51 单片机汇编语言中有哪些常用的伪指令？各起什么作用？

10. 比较下列各题中的两条指令是否相同，若不同，请指出其区别。

① MOV A，R1   MOV ACC，R1
② MOV A，P0   MOV A，80H
③ LOOP: SJMP LOOP;   SJMP $

11. 下列程序段汇编后，从 3000H 开始的各有关存储单元的内容是什么？

```
        ORG  3000H
TAB1    EQU  1234H
TAB2    EQU  5678H
        DB   65，13，"A"
        DW TAB1，TAB2，9ABCH
```

12. 为了提高汇编语言程序的可读性和编译效率，在编写时应注意哪些问题？

13. 有一输入设备，其端口地址为 20H，要求在 1s 时间内连续采样 10 次读取该端口数据，编程求其算术平均值，结果存放在内部 RAM 区 20H 单元。

14. 现需对 2 个外部的输入开关信号进行异或操作，并把结果作为输出信号，请使用 51 单片机完成控制要求。

15. 简单说明 MOVC A，@A+DPTR 和 MOVC A，@A+PC 这两条查表指令在使用上的区别。

第 4 章　C51 程序设计及应用

可以对 51 单片机进行编程的 C 语言，通称为 C51。

C51 不仅具有 C 语言结构清晰的优点，同时具有汇编语言的硬件操作能力，便于功能描述和实现、易于阅读、移植及实现模块化程序设计。C51 越来越受到广大单片机程序设计者的青睐。

本章从应用的角度详细介绍 C51 编程基础、程序设计、单片机集成开发环境 Keil 的使用及程序调试方法，并以单片机典型设计示例介绍 Proteus 电路设计及软、硬件仿真。

所使用的编程环境为 Keil C μVision V4，所使用的仿真软件实验平台为 Proteus 7.10，51 单片机型号为 80C51。

4.1　C51 简介

C51 是建立在 C 语言基础上并根据 51 单片机内核编程的需要进行扩展的。C 语言运行平台是 PC，C51 运行平台为 51 单片机。

4.1.1　C 语言的标识符和关键字

标识符是用来标识源程序中某个对象的名字的，这些对象可以是语句、数据类型、函数、变量、常量、数组等。一个标识符由字符串、数字和下画线等组成，第一个字符必须是字母或者下画线，C 编译程序识别大小写英文字母。

为便于阅读和理解程序，标识符应该以含义清晰的字符组合命名。

关键字则是编程语言保留的特殊标识符，有时又被称为保留字，它们具有固定名称和含义。ANSI C 标准规定的 C 语言关键字见表 4-1。

表 4-1　ANSI C 标准规定的 32 个 C 语言关键字

关键字	用途	说明
auto	存储类型说明	用以说明局部变量，缺省值为此
break	程序语句	退出最内层循环体
case	程序语句	Switch 语句中的选择项
char	数据类型说明	单字节整型数或字符型数据
donst	存储类型说明	在程序执行过程中不可更改的常量值
continue	程序语句	转向下一次循环
default	程序语句	Switch 语句中的失败选择项
do	程序语句	构成 do-while 循环结构
double	数据类型说明	双精度浮点数
else	程序语句	构成 if-else 选择结构

(续)

关键字	用途	说明
enum	数据类型说明	枚举
extern	存储类型说明	在其他程序模块中说明了的全局变量
float	数据类型说明	单精度浮点数
for	程序语句	构成 for 循环结构
goto	程序语句	构成 goto 转移结构
if	程序语句	构成 if-else 选择结构
int	数据类型说明	基本整型数
long	数据类型说明	长整型
register	存储类型说明	使用 CPU 内部寄存器的变量
return	函数返回语句	可以带参数，也可以无参数
short	数据类型说明	短整型数
signed	数据类型说明	有符号数，二进制数据的最高位为符号位
sizeof	运算符	计算表达式或数据类型的字节数
static	存储类型说明	静态变量
struct	数据类型说明	结构类型数据
switch	程序语句	构成 switch 选择结构
typedef	数据类型说明	重新进行数据类型定义
union	数据类型说明	联合类型数据
unsigned	数据类型说明	无符号数据
void	数据类型说明	无类型数据
volatile	数据类型说明	该变量在程序执行中可被隐含地改变
while	程序语句	构成 while 和 do-while 循环结构

4.1.2 C51 的扩展

C51 编译器兼容 ANSI C 标准，又扩展支持了 51 单片机（微处理器），其扩展内容如下。
1）存储区。
2）存储区类型。
3）存储模型。
4）存储类型说明符。
5）变量数据类型说明符。
6）位变量和位可寻址数据。
7）SFR。
8）指针。
9）函数属性。

C51 增加以下关键字对 51 单片机（微处理器）进行支持，见表 4-2。

表 4-2 C51 增加的关键字

关键字	说明
_at_	为变量定义存储空间绝对地址
alien	声明与 PL/M51 兼容的函数
bdata	可位寻址的内部 RAM
bit	位类型

(续)

关键字	说明
code	ROM
compact	使用外部分页 RAM 的存储模式
data	直接寻址的内部 RAM
idata	间接寻址的内部 RAM
interrupt	中断服务函数
large	使用外部 RAM 的存储模式
pdata	分页寻址的外部 RAM
priority	RTX51 的任务优先级
reentrant	可重入函数
sbit	声明可位寻址的特殊功能位
sfr	8 位的特殊功能寄存器
sfr16	16 位的特殊功能寄存器
small	内部 RAM 的存储模式
task	实时任务函数
using	选择工作寄存器组
xdata	外部 RAM

4.1.3 存储区及存储类型

51 单片机支持程序存储器和数据存储器分别独立编址。

存储器根据读写情况可以分为程序存储区（ROM）、快速读写存储器（内部 RAM）及随机读写存储器（外部 RAM）。

C51 编译器实现了 C 语言与 51 单片机内核的接口，即在 C51 程序中，任何类型数据（变量）必须以一定的存储类型方式定位在 51 单片机的某个存储区内，否则，变量没有相应的存储空间，便没有任何意义。

C51 存储器类型与 51 单片机存储空间的对应关系如图 4-1 所示。

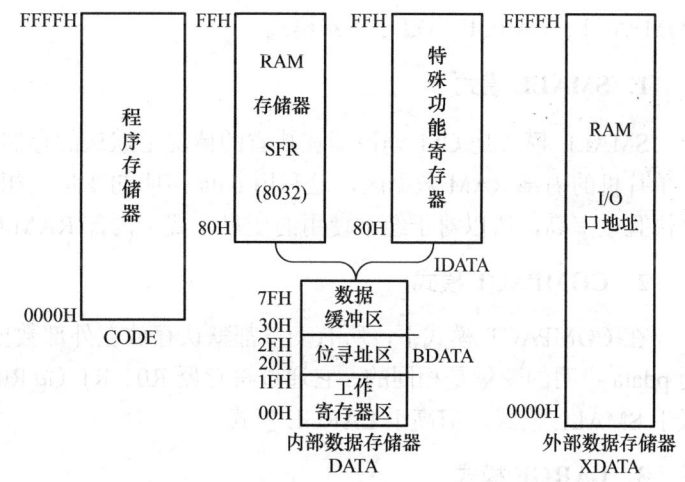

图 4-1 C51 存储器类型与 51 单片机存储空间

1. 程序存储器（code）

code 存储类型：在 8051 中程序存储器是只读存储器，其空间为 64KB，在 C51 中用 code 关键字来声明访问程序存储区中的变量。

2. 内部数据存储器

在 51 单片机中，内部数据存储器属于快速可读写存储器，与 51 兼容的扩展型单片机最多有 256B 内部数据存储区。其中，低 128 位（00H～7FH）可以直接寻址，高 128 位（80H～FFH）只能使用间接寻址。其存储类型有以下三种。

1）data 存储类型：声明的变量可以对内部 RAM 直接寻址 128B（00H～7FH）。在 DATA 空间中的低 32B 又可以分为 4 个寄存器组（同单片机结构）。

2）idata 存储类型：声明的变量可以对内部 RAM 间接寻址 256B（00H～FFH），访问速度与 data 类型相比略慢。

3）bdata 存储类型：声明的变量可以对内部 RAM 16B（20H～2FH）的 128 位进行位寻址，允许位与字节混合访问。

3．外部数据存储器

外部数据存储器又称随机读写存储器，访问存储空间为 64KB。其访问速度要比内部 RAM 慢。访问外部 RAM 的数据要使用指针进行间接访问。

在 C51 中通过使用关键字 xdata 和 pdata（存储类型标识符）声明的变量来访问外部存储空间中的数据。

1）使用 xdata 声明的变量可以访问外部存储器 64KB 的任何单元（0000H～FFFFH）。

2）使用 pdata 声明的变量可以访问外部存储器（一页）低 256B（不建议使用）。

4.1.4 存储模式

在 C51 中，存储器模式可以确定变量的存储类型。程序中可用编译器控制命令 SMALL、COMPACT、LARGE 指定存储器模式。

1．SMALL 模式

SMALL 模式是 C51 编译器在缺省的情况下默认的存储器类型。该模式中所有的变量位于单片机的内部 RAM 数据区，这和用 data 声明的变量是相同的。在本模式中，变量访问速度快且效率高，所以对于经常使用的变量应置于内部 RAM 中。

2．COMPACT 模式

在 COMPACT 模式下，所有变量都默认存放在外部数据区的一页（低 256B）中，这和用 pdata 声明的变量是相同的。它通过寄存器 R0、R1（@R0、@R1）间接寻址。此模式效率低于 SMALL 模式，但高于 LARGE 模式。

3．LARGE 模式

在 LARGE 模式下，所有变量都默认存放在外部数据存储区 64KB 范围内，这和用 xdata 声明的变量是相同的。该模式使用数据指针 DPTR 寻址。在此模式下访问存储区的效率要低于 SMALL 模式和 COMPACT 模式。

从以上可以看出，一般情况下应使用默认的 SMALL 模式。

4.1.5 数据类型及变量

C51 不仅支持所有的 C 语言标准数据类型，而且还对其进行了扩展，增加了专用于访问 8051 硬件的数据类型，使其对单片机的操作更加灵活。C51 数据类型见表 4-3。

表 4-3 C51 数据类型

数据类型	位	字节	取值范围
bit（C51）	1		0 或 1
char	8	1	−128～127
unsigned char（C51）	8	1	0～255
enum	8/16	1/2	−128～127 或 −32768～32767
short	16	2	−32768～32767
unsigned short	16	2	0～65535
int	16	2	−32768～32767
unsigned int	16	2	0～65535
long	32	4	−2147483648～2147483647
unsigned long	32	4	0～4294967295
float	32	4	±1.175494E−38～±3.402823E+38
sbit（C51）	1		0 或 1
sfr（C51）	8	1	0～255
sfr16（C51）	16	2	0～65535

由表 4-3 可以看出，bit、sbit、bdata、sfr、sfr16 是 C51 中特有的数据类型，unsigned char 是 C51 程序中常用的数据类型。

C51 程序中使用的常量和变量数据都必须明确数据类型，因此，程序中的任何变量必须先定义数据类型后才能使用。必须清楚地认识到，所谓变量，实际上就是存储器的某一指定数据存储单元，由于该单元可以被赋予相应数据类型的不同数值，所以称为变量。

1. bit 类型及变量

bit 用于声明位变量，其值为 1 或 0。编译器对于用 bit 类型声明的变量会自动分配到位于内部 RAM 的位寻址区。通过单片机存储结构可以看出，用户可用的可进行位寻址的区域只有内部 RAM 地址为 20H～2FH 的 16B 单元，对应的位地址为 00H～FFH，所以在一个程序中只能声明 16×8=128 个位变量。例如：

    bit bdata flag;   /*说明位变量 flag 定位在片内 RAM 位寻址区*/
    bit KeyPress;   /*说明位变量 KeyPress 定位在片内 RAM 位寻址区*/

但是位变量不能声明为指针类型或者数组，下列的变量声明都是非法的。

    bit *bit_t;
    bit bit_t[2];

bit 类型也可以作为一个函数的返回值类型。

2. sbit 类型及变量

sbit 类型用于声明可以进行位寻址的字节变量（8 位）中的某个位变量（注意与 bit 类型的区别），其值为 1 或 0。51 单片机内部 RAM 及 SFR 中，可以进行位寻址的字节单元包括：RAM 中 20H～2FH 的 16B 单元及 SFR 中地址能够被 8 整除的寄存器。例如，P0 口（字节地址为 80H），P0^0～P0^7（P0.0～P0.7）相应的位地址为 80H～87H。

例如，声明位变量

```
sbit    LED = P1^7;           /*声明字节地址 P1 中的第 7 位为 LED*/
sbit    LED = 0x87;           /*声明位地址 0x87 表示 LED 的位地址*/
char bdata bobject;           /*声明可位寻址的字节变量 bobject*/
sbit bobj3=bobject^3;         /*声明位变量 bobj3 为 bobject 的第 3 位*/
sbit CY=0xD0^7;               /*声明字节地址 0xD0（PSW）中的第 7 位为 CY*/
sbit CY=0xD7;                 /*声明位地址 0xD7 表示 CY 的位地址*/
```

3．bdata 类型及变量

bdata 用于声明可位寻址的字节变量（8 位）。同样，编译器对于用 bdata 声明的变量会自动分配到位于内部 RAM 的位寻址区。由于单片机内部的可进行位寻址的区域只有内部 RAM 地址为 20H～2FH 的 16B 单元，因此在程序中只能声明 16 个可位寻址的字节变量。如果已经声明了 16 个该类型的变量，就不能声明位变量，否则会提示超出位寻址地址空间。

例如：

```
bdata stat                    //声明可位寻址字节变量 stat
sbit    stat_1 = stat^1;      //声明字节变量 stat 的第 1 位为位变量 stat_1
```

4．sfr 类型及变量

sfr 类型用于声明单片机中的特殊功能寄存器（8 位），位于内部 RAM 地址为 80H～FFH 的 128B 存储单元。这些存储单元一般作为计时器、计数器、串口、并口和外围使用，在这 128B 中，有的区域未定义是不能使用的。

注意：sfr 类型的值只能是与单片机特殊功能寄存器对应的字节地址。

例如，定义 TMOD 位于 0x89，P0 位于 0x80，P1 位于 0x90，P2 位于 0xA0，P3 位于 0xB0。

```
sfr    TMOD = 0x89;           //声明 TMOD（定时器/计数器工作模式寄存器）其地址为 89H
sfr    P0 = 0x80;             //声明 P0 为特殊功能寄存器，地址为 80H
sfr    P1 = 0x90;             //声明 P1 为特殊功能寄存器，地址为 90H
sfr    P2 = 0xA0;             //声明 P2 为特殊功能寄存器，地址为 A0H
sfr    P3 = 0xB0;             //声明 P3 为特殊功能寄存器，地址为 B0H
```

例如，为使用 sbit 类型的变量访问 sfr 类型变量中的位，可声明如下。

```
sfr    PSW=0xD0;              //声明 PSW 为特殊功能寄存器，地址为 0xD0
sbit   CY=PSW^7;              //声明 CY 为 PSW 中的第 7 位
```

5．sfr16 类型及变量

sfr16 类型用于声明两个连续地址的特殊功能寄存器（可定义地址范围为 80H～FFH，即特殊功能寄存器 SFR 区）。例如，在 8052 中用两个连续地址 CCH 和 CDH 表示计时器/计数器 T2 的低字节和高字节计数单元，可用 sfr16 声明如下。

```
sfr16 T2 = 0xCC;              //声明 T2 为 16 位特殊功能寄存器，地址 0CCH 为低字节，0CDH 为高字节
T2 = 0x1234;                  //将 T2 载入 0x1234，低字节地址 0CCH 存放 0x34，高字节地址 0CDH 存放 0x12
```

6．char（字符型）及变量

char 类型用于声明长度是一个字节的字符变量，所能表示的数值范围是 $-128\sim+127$。

例如：

char data var;   //声明位于内部数据存储器 data 区的变量 var

7．unsigned char（无符号字符型）及变量

unsigned char 类型用于声明长度是一个字节的无符号字符变量，所能表示的数值范围是 0～255。例如：

unsigned char xdata exm;   //在外部 RAM 区声明一个无符号字符变量 exm

8．int（整型）及变量

int 类型用于声明长度是两个字节的整型变量，所能表示的数值范围是-32768～32767。例如：

int   count1;   //声明一个整型变量 count1（默认在内部数据存储区）

9．unsigned int（无符号整型）及变量

unsigned int 类型用于声明长度是两个字节的无符号整型变量，所能表示的数值范围是 0～65535。例如：

unsigned int count2;   //声明一个无符号整型变量 count2（默认在内部数据存储区）

4.2 C51 运算符及表达式

C51 在数据处理时可以兼容 C 语言的所有运算符。
由运算符和操作数组成的符号序列被称为表达式。在 C51 中，除了控制语句及输入输出操作外，其他所有的基本操作几乎都可以使用表达式来处理，这可以大大简化程序结构。

4.2.1 算术运算符与表达式

C51 算术运算符与表达式如下。
1）加法或取正运算符+。例如，2+3（=5），2.0+3（=5.0）。
2）减法或取负运算符-。例如，5-3（=2）。
3）乘法运算符*。例如，2*3（=6），2.0*3（=6.0）。
4）取整除法运算符/。例如，6/3（=2），7/3（=2），12/10（=1）。
5）取余除法运算符%，例如 7%3（=1），12%10（=2）
在使用算术运算符时注意如下几方面。
1）加、减、乘、除为双目运算符，它们要求有两个运算对象。
2）运算符%要求两侧的运算对象均为整型数据。
3）*、/、%为同级运算符，其优先级高于+、-。

4.2.2 关系运算符与表达式

关系表达式是由关系运算符连接表达式构成的。

1．关系运算符

关系运算符都是双目运算符，共有如下 6 种。

1）>（大于）。
2）<（小于）。
3）>=（大于或等于）。
4）<=（小于或等于）。
5）==（等于）。
6）!=（不等于）。

上述关系运算符前面 4 种的优先级高于后面的两种。关系运算符具有自左至右的结合性。

2．关系表达式

由关系运算符组成的表达式，称为关系表达式。关系运算符两边的运算对象，可以是 C 语言中任意合法的表达式。

例如，关系表达式 x>y（表示比较 x 是否大于 y）；关系表达式（x=5）<=y（表示首先将 5 赋给变量 x，然后比较 x 是否小于或等于 y）。

关系表达式的值是整数 0 或 1，其中 0 代表逻辑假；1 代表逻辑真。

在 C 语言中不存在专门的"逻辑值"，请读者务必注意。例如，关系表达式 7>4 的值为 1，7<4 的值为 0。而表达式 a=（7>4）表示把比较结果 1 赋给变量 a。

关系运算符、算术运算符和赋值运算符之间的优先级次序如下：

算术运算符优先级>关系运算符>赋值运算符。

例如：

```
int x=3，y=4，a;      //定义变量并赋值 x=3，y=4
a=x+1<=y-1;          //等价于 a =（(x+1) <=（y-1）），结果 a=0
```

关系表达式常用在条件语句和循环语句中。

4.2.3 逻辑运算符与表达式

逻辑表达式是由逻辑运算符连接而成的表达式。

1．逻辑运算符

C 语言中提供了以下 3 种逻辑运算符。

1）单目逻辑运算符!（逻辑非）。
2）双目逻辑运算符&&（逻辑与）。
3）双目逻辑运算符||（逻辑或）。

其中逻辑与&&的优先级大于逻辑或||，它们的优先级都小于逻辑非!。逻辑运算符具有自左至右的结合性。

逻辑运算符、赋值运算符、算术运算符、关系运算符之间优先级的次序由高到低为：

!（逻辑非运算符）>算术运算符>关系运算符>&&（逻辑与运算符）→||（逻辑或运算符）→赋值运算符。

2．逻辑表达式

由逻辑运算符组成的表达式称为逻辑表达式。逻辑运算符两边的运算对象可以是 C 语言中任意合法的表达式。

逻辑表达式的结果为 1（结果为"真"时）或 0（结果为"假"时）。

表达式 a 和表达式 b 进行逻辑运算时，其运算真值表见表 4-4。

表 4-4 逻辑运算的真值表

a	b	!a	!b	a&&b	a‖b
非 0	非 0	0	0	1	1
非 0	0	0	1	0	1
0	非 0	1	0	0	1
0	0	1	1	0	0

例如：

ch＞='A' && ch＜='Z'   //ch 是大写字母时，表达式值为 1，否则为 0
（year%4==0 && year%100!=0）‖ year%400==0   //在万年历中，如果 year 为闰年，表达式值为 1,
　　　　　　　　　　　　　　　　　　　　　　//否则为 0

4.2.4 赋值运算符与表达式

1．赋值运算符

=是赋值运算符（不同于数学中的等于符号），赋值运算符构成的赋值表达式格式如下。

〈变量名〉=表达式

1）赋值表达式的功能是把表达式的值赋给变量。

例如，a=3，表示把 3 赋给变量 a；P0=0xff，表示把 0FFH 赋给 P0 口。

2）赋值运算符为双目运算符，即"="两边的变量名和表达式均为操作数。一般情况下，变量的类型与表达式值的类型应一致。

3）运算符左边只能是变量名，而不能是表达式。

例如，a=a+3，表示把变量 a 的值加 3 后赋给 a。

2．复合赋值运算符

在赋值运算符"="前面加上双目运算符，如<<、>>、+、-、*、%、/等即构成如下复合赋值运算符。

1）+=：加法赋值运算符。

2）-=：减法赋值运算符。

3）*=：乘法赋值运算符。

4）/=：除法赋值运算符。

5）%=：求余赋值运算符。

6）>>=：右移位赋值运算符。

7）<<=：左移位赋值运算符。

8）&=：逻辑与赋值运算符。

9）|=：逻辑或赋值运算符。

10）^=：逻辑异或赋值运算符。

11）~=：逻辑非赋值运算符。

例如，b+ = 4 等价于 b = b + 4，a>>=4 等价于 a = a >> 4。

所有复合赋值运算符级别相同，且与赋值运算符为同一优先级，都具有右结合性（所谓右结合性，是指如果表达式中操作数两边都有相同的运算符，操作数首先和右边的运算符结合执行运算）。

4.2.5 自增/自减运算符与表达式

1. 自增/自减运算符组成的表达式

自增运算符"++"，自减运算符"－－"，它们组成的表达式如下。

表达式 1：

i++（或 i－－）

功能：程序中先使用 i 的值，然后，变量 i 的值增加（或减少）1，即 i = i + 1（或 i=i–1）。

表达式 2：

++i（或－－i）

功能：程序中变量 i 先增加（或减少）1，即 i=i+1（或 i=i–1），然后，再使用 i 的值。

2. 表达式应用

自增/自减运算符组成的表达式可以单独构成 C 语句（即在表达式后面加"；"），也可以作为其他表达式或语句的组成部分。

例如：

int a = 3，b;   //声明位于内部 RAM 区的整型变量 a 和 b，同时赋给 a 的值为 3
a++;   //a 的值为 4
b = a++;

执行后，则 b 的值为 4，a 的值为 5。

例如：

int a = 3，b;
++a;   //a 的值为 4
b = ++a;

执行后，则 b 的值为 5，a 的值为 5。

在使用自增/自减运算符时应注意以下两方面。

1）使用++i 或 i++单独构成语句时，其作用是等价的，均等同于 i=i+1。

2）运算对象只能是整型变量和实型变量。

4.2.6 位运算符与表达式

位运算是指进行二进制位的运算。在单片机控制系统中，位操作方式比算术方式使用更加频繁。例如，电动机的起动和停止可以使用位控制、将一个存储单元中的各二进制位左移或右移一位、某一位取反等。C 语言提供位运算的功能，因而与其他高级语言相比具有很大的优越性。

1．位运算符

位运算符包括按位取反、左移位、右移位、按位与、按位异或、按位或 6 种，见表 4-5。

表 4-5　位运算符

运算符	名称	使用格式
~	按位取反	~ 表达式
<<	左移位	表达式 1 << 表达式 2
>>	右移位	表达式 1 >> 表达式 2
&	按位与	表达式 1 & 表达式 2
^	按位异或	表达式 1 ^ 表达式 2
|	按位或	表达式 1 | 表达式 2

2．位逻辑运算符及表达式

位逻辑运算符包括按位取反、按位与、按位异或、按位或。按位逻辑运算真值表见表 4-6，其中 a 和 b 分别表示一个二进制位。

表 4-6　按位逻辑运算真值表

a	b	~ a	a & b	a ^ b	a | b
0	0	1	0	0	0
0	1	1	0	1	1
1	0	0	0	1	1
1	1	0	1	0	1

【例 4-1】 按位取反示例，求 ~ 15 的值。

```
unsigned   char   x= 0xf0;      //声明无符号字符变量 x，x 值为 0xf0（二进制数为 1111000）
                  x=~ x;        //x 取反后结果为 00001111
```

3．移位运算符

移位运算符是将一个数的二进制位向左或向右移若干位。

1）左移运算符的一般书写格式为

表达式 1　<<　表达式 2

左移运算符是将其操作对象向左移动指定的位数，每左移 1 位相当于乘以 2，移 n 位相当于乘以 2 的 n 次方。

一个二进制位在左移时右边补 0，移几位右边补几个 0。

其中，"表达式 1" 是被左移对象，"表达式 2" 给出左移的位数。

例如，将变量 a 的内容按位左移 2 位。

```
unsigned    char   a = 0x0f;        //声明无符号字符变量 a，a 值为 15（二进制数为 00001111）
a = a << 2;                         //a 左移 2 位后 a 的值为 00111100
```

2）右移运算符的一般书写格式为

表达式 1   >>   表达式 2

其中"表达式 1"是被右移对象，"表达式 2"给出右移的位数。

在进行右移时，右边移出的二进制位被舍弃。例如，表达式 a =（a >> 4）的结果就是将变量 a 右移 4 位后赋值给 a。

4.2.7　条件运算符与表达式

条件运算符格式为

表达式 1？表达式 2：表达式 3

其执行过程：首先判断表达式 1 的值是否为真，如果表达式 1 的值是真，就将表达式 2 的值作为整个条件表达式的值，如果表达式 1 的值为假，则将表达式 3 的值作为整个条件表达式的值。例如：

```
max =（a > b）? a : b;              /*当 a > b 成立时，max=a；当 a > b 不成立时，max=b*/
```

上述语句等价于如下条件语句。

```
if（a > b）
    max=a;
else
    max=b;
```

必须指出的是，以上所有表达式在程序中单独使用时必须以语句的形式出现，即在表达式后面加一个分号";"。

例如，赋值表达式"a=a+1"在程序中作为一条赋值语句时应写为"a=a+1;"；表达式"max =（a > b）? a : b"在程序中作为一条语句时应写为"max =（a > b）? a: b;"。

4.3　C51 控制语句

在 C 语言中，常用的语句有赋值语句、输入输出语句及控制语句等，分号是一条 C 语句的结束符。前面介绍的表达式作为程序中的语句时，必须以分号作为结束符。由于赋值等语句比较简单并且在前面程序中已反复使用，本节仅介绍在控制系统中使用频繁的 C51 控制语句。

4.3.1　条件语句

条件语句又称为分支语句，由关键字 if 构成，有以下三种基本形式。

1．单分支条件语句

单分支条件语句的格式如下。

if（条件表达式）语句

执行过程：如果括号里条件表达式的结果为真，则执行括号后的语句。例如：

int a=3，b；
if（a>5）
    a=a+1；
b=a；

因为表达式 a>5 的逻辑值为 0，所以不执行 a=a+1 语句，结果为 a=3，b=3。

2．两分支条件语句

两分支条件语句的格式如下。

if（条件表达式）语句 1
else　语句 2

执行过程：如果括号里条件表达式的结果为真，则执行语句 1，否则（也就是括号里的表达式为假）执行语句 2。例如：

int a=3，b；
if（a>5）a=a+1；
else a=a-1；

最后结果为：a=2。

3．多分支条件语句

多分支条件语句的格式如下。

if（条件表达式 1）语句 1
else if （条件表达式 2）语句 2
    else if （条件表达式 3）语句 3
       ⋮
      else if （条件表达式 m）语句 m
      else　语句 n

该条件语句常用来实现多条件分支，其实，它是由 if-else 语句嵌套而成的，在此种结构中，else 总是与最邻近的 if 相配对。例如：

int sum，count；
if（count<=100）
{
    sum=30；
}
else if（count<=200）
{
    sum=20；
}
else
{
    sum=10；
}

该程序段可以根据变量 count 的值对变量 sum 赋不同的值，当 count≤100 时，sum=30；当 100<count≤200 时，sum=20；当 count>200 时，sum=10。

必须指出的是，在进行程序设计时，经常要用到条件分支嵌套。所谓条件分支嵌套就是在选择语句的任一个分支中可以嵌套一个选择结构子语句。例如，单条件选择 if 语句内还可以使用 if 语句，这样就构成了 if 语句的嵌套。内嵌的 if 语句既可以嵌套在 if 子句中，也可以嵌套在 else 子句中，完整的嵌套格式为

```
if（表达式 1）
    if（表达式 2）     语句序列 1；
    else              语句序列 2；
else
    if（表达式 3）     语句序列 3；
    else              语句序列 4；
```

需要注意的是，以上 if-else 语句嵌套了两个子语句，但整条语句仍然是一条 C 语句。在编程时，可以根据实际情况使用上面格式中的一部分。

C 编译程序还支持 if 语句的多重嵌套。

4.3.2 switch/case 语句

switch/case 语句是一种多分支选择语句，其格式如下。

```
switch（表达式）
{
    case 常量表达式 1：{语句 1；} break；
    case 常量表达式 2：{语句 2；} break；
    ⋮
    case 常量表达式 m：{语句 m；} break；
    default：         {语句 n；} break；
}
```

执行过程：当 switch 后的表达式中的值与 case 后边的常量表达式中的值相等时，就执行 case 后相应的语句。每一个 case 后的常量表达式的值必须不同，否则就会出现自相矛盾的现象。当 switch 后的表达式的值与每个 case 后的常量表达式的值都不等时，执行 default 后的语句。注意，case 后的语句必须加 break，否则，程序则顺移到下一个 case 继续执行。

【例 4-2】 下列程序根据变量 n 的值，分别执行不同的语句。

```
int  a=1, n=1;                /*声明整型变量 a 和 n，假设 n=1*/
switch（n）
{
    case 0：a=a+0；break；      /*n=0，执行 a=a+0*/
    case 1：a=a+1；break；      /*n=1，执行 a=a+1*/
    case 2：a=a+2；break；      /*n=2，执行 a=a+2*/
    default：break；            /*n 为其他值时，直接退出*/
}
```

4.3.3 循环结构

1．while 语句

while 构成的循环结构的一般形式如下。

while（条件表达式）｛循环体;｝

执行过程：当条件表达式中的值为真即非 0 时，执行后边的循环体语句；然后再继续对 while 后的条件表达式进行判断，如果还为真，则再次执行后边的循环体语句；执行语句后再判断条件表达式，直到括号中的条件表达式为假时为止，如图 4-2 所示。

例如，下列程序当 a 的值小于 5 时，重复执行语句 a=a+1。

while（a<5）
  a=a+1;

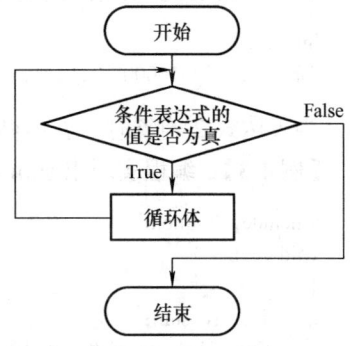

图 4-2　while 循环结构流程图

2．do-while 语句

do-while 构成的循环结构的一般形式如下。

do
 ｛循环体;｝
while（条件表达式）;

执行过程：先执行给定的循环体语句，然后再检查条件表达式的结果。当条件表达式的值为真时，则重复执行循环体语句，直到条件表达式的值为假时为止。因此，do-while 构成的循环结构中的循环体语句在任何条件下都至少会被执行一次。

例如，下列程序当 a 的值小于 5 时，重复执行语句 a=a+1。

do
｛
  a=a+1;
｝
while（a<5）;

3．for 语句

for 构成的循环结构的一般形式如下。

for （[表达式 1]; [表达式 2]; [表达式 3]）｛循环体;｝

for 语句使用说明如下。

1）一般情况下，表达式 1 用来设置循环初值，表达式 2 用来判断循环条件是否满足，表达式 3 用来修正循环条件，循环体是实现循环的语句。

2）for 语句的执行过程如下。

① 先求解表达式 1，表达式 1 只执行一次，一般是赋值语句，用于初始化变量。

② 求解表达式 2，若为假（0），则结束循环。

③ 当表达式 2 为真（非 0）时，执行循环体。

④ 执行表达式 3。

⑤ 转回②重复执行。

3）表达式 1、表达式 2、表达式 3 和循环体均可以缺省。例如：

```
int  i=1, sum=0;
for  （；i<=100；）              /*表达式 1 和表达式 3 均缺省*/
sum+=i++;
```

程序中常通过 for 语句实现延时，例如：

```
int  i；
for  （；i<=10000；i++）；       /*表达式 1 缺省，循环体为空语句"；"*/
```

当表达式 2 缺省时，表示循环条件为真。

【例 4-3】 编程实现求 sum=1+2+3+…+100 的值。

```
#include "stdio.h"
void main（）
{
    int  i, sum;
    for  （i=1, sum=0；i<=100；i++）
        sum+=i；
}
```

【例 4-4】 在 Proteus ISIS 下输入电路原理图如图 4-3 所示，要求按下 K_1 按钮开关时 LED 全亮，松开 K_1 按钮开关时 LED 全灭。

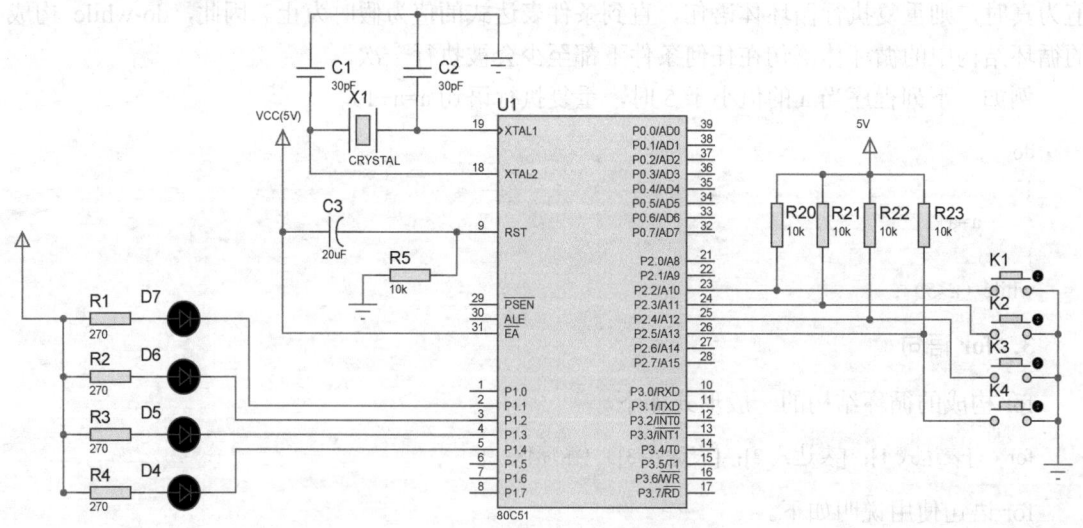

图 4-3 Proteus 仿真电路原理图

C51 程序如下。

```
#include<reg52.h>
sbit key1=P2^2;
```

```
void main（）
{
    for（ ； ； ）
    {   P2|=0x3c;
        if（!key1）
            P1&=0xe1;
        else
            P1|=0x1e;
    }
}
```

4．循环结构嵌套

一个循环体内包含另一个完整的循环结构，称为循环的嵌套。循环之中还可以套循环，称为多层循环。三种循环（while 循环、do-while 循环和 for 循环）可以互相嵌套。

例如，下列函数通过循环嵌套程序实现延时。

```
void  msec（unsigned   int   x）
{unsigned char  i;
 while（x- -）                    /*外循环*/
   {for（i=0；i<125；i++）         /*嵌套内循环*/
        {；}
   }
}
```

本函数通过形式参数整型变量 x 的值可以实现较长时间的延时。根据对底层汇编代码的分析，以变量 i 控制的内部 for 循环一次大约需要（延时）8μs，循环 125 次约延时 1ms。若传递给 x 的值为 1000，则该函数执行时间约为 1s，即产生约 1s 的延时。在程序设计时，要注意不同的编译器会产生不同的延时，可以改变内循环变量 i 细调延时时间、改变外部循环变量 x 粗调延时时间。

4.4 数组

数组是一种简单实用的数据结构。所谓数据结构，就是将多个变量（数据）人为地组成一定的结构，以便于处理大批量、有一定内在联系的数据。

在 C 语言中，为了确定各数据与数组中每一存储单元的对应关系，用一个统一的名字来表示数组，用下标来指出各变量的位置。因此，数组单元又称为带下标的变量。

数组可分为一维数组和二维数组，本节仅介绍 C51 中常用的一维数组的基本知识及应用。

4.4.1 一维数组的定义、引用及初始化

1．一维数组的定义

定义一维数组的格式如下。

类型标识符　数组名[常量表达式]，…；

例如，char ch[10];

1）它表示定义了一个字符型一维数组 ch。

2）数组名为 ch，它含有 10 个元素，即 10 个带下标的变量，下标从 0 开始，分别是 ch[0]、ch[1]、…、ch[9]。注意，不能使用 ch[10]。

3）类型标识符 char 规定数组中的每个元素都是字符型数据。

2．一维数组的引用

数组必须先定义，后引用。

引用时只能对数组元素引用，如 ch[0]，ch[i]，ch[i+1]等，而不能引用整个数组。

在引用时应注意以下几点。

1）由于数组元素本身等价于同一类型的一个变量，因此，对变量的任何操作都适用于数组元素。

2）在引用数组元素时，下标可以是整型常数或表达式，表达式内允许变量存在。在定义数组时下标不能使用变量。

3）引用数组元素时下标最大值不能出界。也就是说，若数组长度为 n，下标的最大值为 $n-1$；若出界，C 编译时并不给出错误提示信息，程序仍能运行，但破坏了数组以外其他变量的值，可能会造成严重的后果。因此，必须注意数组边界的检查。

3．一维数组的初始化

C 语言允许在定义数组时对各数组元素指定初始值，称为数组初始化。

下面给出数组初始化的几种形式。

例如，将括号内的整型数据 0，1，2，3，4 分别赋给整型数组元素 a[0]，a[1]，a[2]，a[3]，a[4]，可以写为下面的形式。

  int idata a[5]={0，1，2，3，4}；   /*声明片内 RAM 区的整型数组 a[5]，同时初始化数组元素*/

在定义数组时，若未对数组的全部元素赋初值，则数组的全部元素都被默认地赋值为 0。

4.4.2 一维数组应用示例

用单片机实现将 8 位开关的输入状态通过 8 位 LED（发光二极管）显示器显示。

1）输入原理图。在 Proteus ISIS 下输入原理图，其中 RESPACK-8 为 8 位排阻作为 P0 口上拉电阻，如图 4-4a 所示。

2）程序设计。首先单片机读入由 P0 口输入的 8 个开关量信息，则开关状态（闭合为低电平 0、断开为高电平 1）立即传送给 P2 口以控制 8 位 LED 显示器（二极管共阴极）。当 P2 口某位为高电平时，则与其连接的发光二极管点亮。P0 口开关量信息同时送入数组元素 a[i]存储，以便于系统根据需要进行数据处理。每次读入显示信息的时间间隔为 100ms，由函数 delay 完成延时功能。C51 控制程序如下。

  #include <reg51.h>
  #include <stdio.h>
  void delay（unsigned int）；   /*由于 delay 函数在 main 函数后，要先说明 delay 函数*/
  void main（）
  { unsigned char a[10];   /*声明片内 RAM 区的无符号字符型数组 a[10]*/

```
    unsigned char i;                    /*声明片内 RAM 区的无符号字符型变量 i*/
    while（1）
    {
        for（i=0； i<=9； i++）
        {
            a[i]=P2=P0；                 /*P0 口状态送入 P2 口，P2 口送入数组元素 a[i]存储*/
            delay（100）；                /*调用延时函数 delay*/
        }
    }
}
void delay（unsigned  int  x）          /*delay 函数实现延时功能，形式参数 x 控制延时时间*/
{unsigned   char j;
    while（x--）
    {
        for（j=0； j<125； j++）；        /*内循环*/
                                        /*利用循环程序的反复执行实现延时*/
    }
}
```

3）Proteus 仿真调试。仿真调试中，可以随时改变开关状态（这里为 00110101），与输出显示一致，如图 4-4b 所示。

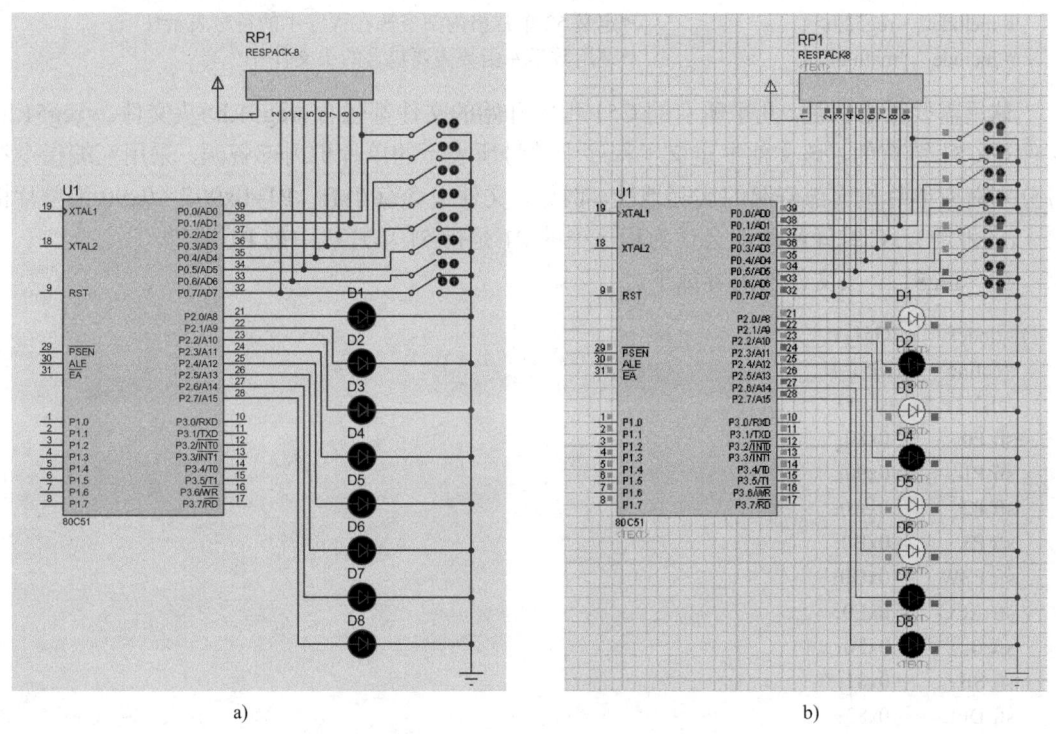

图 4-4 80C51 单片机开关控制指示灯电路

a)原理图　　b)仿真调试结果

4.5 函数

函数是 C 程序的基本单元，全部 C 程序都是由一个个函数组成的。

在结构化程序设计中，函数作为独立的模块存在，增加了程序的可读性，为解决复杂问题提供了方便。C51 中的函数包括主函数（main）、库函数、中断函数、自定义函数及再入函数。C 程序总是从主函数开始执行，然后调用其他函数，最终返回主函数结束。

4.5.1 库函数及文件包含

1. 库函数

C 语言提供了丰富的标准函数，即库函数。这类函数是由系统提供并定义好的，不必用户再去编写。用户只需要了解函数的功能，并学会在程序中正确地调用库函数。

对每一类库函数，在调用该类库函数前，用户在源程序的 include 命令中应该包含该类库函数的头文件名（一般安排在程序的开始）。文件通常还包括程序中使用的一些定义和声明，常用的头文件如下。

```
# include    <string.h>         /*调用字符串处理函数需要包含的头文件*/
# include    <intrins.h>        /*调用本征函数（如移位函数）需要包含的头文件*/
# include    "stdio.h"          /*调用输入输出函数需要包含的头文件*/
# include    <reg51.h>          /*定义 51 单片机内部资源在程序中的符号表示*/
# include    <reg52.h>          /*定义 52 单片机内部资源在程序中的符号表示*/
# include    "math.h"           /*调用数学库函数需要包含的头文件*/
```

这里需要指出的是，几乎所有的 C51 程序开始的文件都包含<reg51.h>头文件。<reg51.h>文件是 C51 特有的，该文件中定义了程序中符号所表示的单片机内部资源，采用汇编指令符号分别对应单片机内部资源的实际地址。例如，文件中含有"sfr P1=0x90"（0x90 为单片机 P1 口的地址），C 编译程序就会认为程序中的 P1 是指 51 单片机中的 P1 端口。

1）<reg51.h>头文件的内容如下。

```
#ifndef __REG51_H__
#define __REG51_H__
/*BYTE Register*/
sfr P0    = 0x80;
sfr P1    = 0x90;
sfr P2    = 0xA0;
sfr P3    = 0xB0;
sfr PSW   = 0xD0;
sfr ACC   = 0xE0;
sfr B     = 0xF0;
sfr SP    = 0x81;
sfr DPL   = 0x82;
sfr DPH   = 0x83;
sfr PCON  = 0x87;
sfr TCON  = 0x88;
sfr TMOD  = 0x89;
sfr TL0   = 0x8A;
sfr TL1   = 0x8B;
sfr TH0   = 0x8C;
```

```
sfr TH1    = 0x8D;
sfr IE     = 0xA8;
sfr IP     = 0xB8;
sfr SCON   = 0x98;
sfr SBUF   = 0x99;
/*BIT Register*/
/*PSW */
sbit CY    = 0xD7;
sbit AC    = 0xD6;
sbit F0    = 0xD5;
sbit RS1   = 0xD4;
sbit RS0   = 0xD3;
sbit OV    = 0xD2;
sbit P     = 0xD0;
/*TCON*/
sbit TF1   = 0x8F;
sbit TR1   = 0x8E;
sbit TF0   = 0x8D;
sbit TR0   = 0x8C;
sbit IE1   = 0x8B;
sbit IT1   = 0x8A;
sbit IE0   = 0x89;
sbit IT0   = 0x88;
/*IE */
sbit EA    = 0xAF;
sbit ES    = 0xAC;
sbit ET1   = 0xAB;
sbit EX1   = 0xAA;
sbit ET0   = 0xA9;
sbit EX0   = 0xA8;
/*IP */
sbit PS    = 0xBC;
sbit PT1   = 0xBB;
sbit PX1   = 0xBA;
sbit PT0   = 0xB9;
sbit PX0   = 0xB8;
/*P3*/
sbit RD    = 0xB7;
sbit WR    = 0xB6;
sbit T1    = 0xB5;
sbit T0    = 0xB4;
sbit INT1  = 0xB3;
sbit INT0  = 0xB2;
sbit TXD   = 0xB1;
sbit RXD   = 0xB0;
/*SCON*/
sbit SM0   = 0x9F;
```

```
sbit SM1  = 0x9E;
sbit SM2  = 0x9D;
sbit REN  = 0x9C;
sbit TB8  = 0x9B;
sbit RB8  = 0x9A;
sbit TI   = 0x99;
sbit RI   = 0x98;
#endif
```

如果程序开始没有"#include <reg51.h>",使用单片机内部资源时必须在程序中作上述声明。

2)<intrins.h>头文件中定义的部分函数如下。

内部函数	描述
crol	字符循环左移
cror	字符循环右移
irol	整数循环左移
iror	整数循环右移
lrol	长整数循环左移
lror	长整数循环右移
nop	空操作 8051 NOP 指令
testbit	测试并清零位 8051 JBC

2. 库函数的调用

函数的一般调用格式如下。

函数名(实际参数表)

对于有返回值的函数,函数调用必须在需要返回值的地方使用;对于无返回值的函数,应该直接调用。

4.5.2 C51 自定义函数及调用

1. C51 自定义函数

1)C51 具有自定义函数的功能,其自定义函数的语法格式如下。

返回值类型 函数名(形式参数表) [编译模式] [reentrant] [using n]
{
    函数体
}

2)格式说明如下。

① 当函数有返回值时,函数体内必须包含返回语句 return x。
② 当函数无返回值时,返回值类型应使用关键字 void 说明。
③ 形式参数要分别说明类型,对于无形式参数的函数,则可在括号内填入 void。
④ 其他参数可用默认值。

在 51 单片机内部的 data 空间中存在 4 组寄存器，其中每组由 8 个寄存器构成。这些寄存器组存在于 data 空间中的 0x00～0x1F,使用哪个寄存器组由程序状态字寄存器 PSW 决定。在 C51 中可以用 using　n 来指定所使用的寄存器组。

3）自定义函数的调用格式与库函数的调用格式相同。

函数名（实际参数表）

注意：调用时的实际参数必须与函数的形式参数在数据类型、个数及顺序上完全一致。

【例 4-5】 定义一个求和函数 sum，由主函数调用，其函数返回值赋给变量 res。

要求：sum 函数使用 data 空间的寄存器 3 组。

```
char sum（char data a，char data b）using 3 /*定义 sum 函数，形式参数为变量 a、b，using n=3*/
{
return a+b;
}
void main（void）                   /*主函数*/
{
char data res;
char data c_1;
char data c_2;
c_1=20;
c_2=21;
res=sum（c_1，c_2）;    /*在表达式中调用 sum 函数，实参数为 20、21，与形式参数类型一致。
                        20、21 分别对应传递给形式参数的变量 a、b，函数返回值赋给 res*/
while（1）;
}
```

2．C51 自定义函数的调用

按函数在程序中出现的位置来分，有 3 种函数调用方式。

（1）函数语句调用

函数语句调用是指被调函数作为一个独立的语句直接出现在主调函数中。例如：

max（a，b）;   /*调用有参函数 max*/
printstr（）;   /*调用无参函数 printstr*/

由函数语句直接调用的函数，一般不需要返回值。

（2）在函数表达式中调用

被调函数出现在主调函数中的表达式中，这种表达式称为函数表达式。在被调函数中，必须有一个函数返回值，返回主调函数以参加表达式的运算，例如：

c=5*max（a，b）;

（3）作为函数参数调用

被调函数作为另一个函数的参数被调用，而另一个函数则是被调函数的主调函数。例如：

main（）
{

max1（c，max（a，b））；
}

此语句出现在 main（）函数中，则函数调用关系为：首先，由 main 函数调用 max1 函数，而 max 函数作为 max1 函数的一个参数，由 max1 函数调用 max 函数，这种情况又称为嵌套调用。

（4）调用自定义函数时的注意事项

调用函数时，应注意以下几点。

1）被调函数必须是已存在的函数，可以是自定义函数，也可以是前面介绍的库函数。

2）在主调函数中，要先对被调函数作声明。如果被调函数在主调函数之前出现，则在主调函数中可以不对被调函数作声明。

3）如果被调函数的返回值为 int 类型，则不管被调函数的位置如何，均不需要在主调函数中说明。

关于函数声明的一般形式如下。

函数类型　函数名（参数类型 1，参数类型 2…）；

或

函数类型　函数名（参数类型 1，参数名 1，参数类型 2，参数名 2…）；

4）如果被调用函数的声明放在源文件的开头，则该声明对整个源文件都有效。

【例 4-6】编制程序，求两数的乘积。

```
float  mul（float  x，float  y）              /*函数及形参类型定义*/
{
    float  z;                                /*定义浮点变量*/
    z=x*y;                                   /*两数相乘*/
    return（z）;                             /*返回结果*/
}
main（）
{
    float  x，y，z；                         /*定义主函数内部的变量*/
    scanf（"%f，%f"，&x，&y）；              /*输入要进行相乘的两个数*/
    z=mul（x，y）；                          /*调用函数，进行两数的相乘*/
    printf（"The product is %f"，z）；       /*输出结果*/
}
```

（5）函数的返回值及其类型

函数的返回值通过函数体内的 return 语句实现。

return 语句的格式如下。

return　表达式；

或

return　（表达式）；

如果没有返回值，格式中的圆括号可以省略，即写为

　　return；

函数返回值的类型依赖于函数本身的类型，即函数类型决定返回值的类型。

【例 4-7】 定义函数，其返回值的类型为 bit。

```
bit   func（unsigned char n）              //声明函数的返回值为 bit 类型
{
    if（n&0x01）
        return 1；
    else
        return 0；
}
```

如果被调用函数中没有 return 语句，即不要求被调函数有返回值，为了明确表示"无返回值"，可用"void"定义无返回值函数，即在定义函数时在函数名前加 void 即可。例如：

```
void   printstar（）；               /*定义 printstr 为无返回值函数*/
{
    ...
}
```

3．中断函数

在 C51 中，中断服务程序是以中断函数的形式出现的。单片机中断源以对应中断号（范围是 0～31）的形式出现在 C51 中断函数的定义中。常用的中断号描述见表 4-7（关于单片机中断功能描述详见第 5 章）。

表 4-7　中断号描述表

中断号	中断说明	地址
0	外部中断 0	0x0003
1	定时器/计数器 0	0x000b
2	外部中断 1	0x0013
3	定时器/计数器 1	0x001b
4	串口中断	0x0023

定义中断函数的语法格式如下。

```
void   函数名（void）interrupt n [using m]
{
    函数体
}
```

其中，关键字 interrupt 定义该函数为中断服务函数，n 为中断号，m 为使用的寄存器组号。使用中断函数时应注意以下问题。

1）在中断函数中不能使用参数。

2）在中断函数中不能存在返回值。

3）中断函数是在中断源的中断请求后系统调用执行的。

4）中断函数的中断号数量在不同的单片机中不相同，具体情况请查看具体的处理器手册。

4．再入函数

C51 在调用函数时，函数的形式参数及函数内的局部变量将会动态地存储在固定的存储单元中，一旦函数在执行过程中被中断，若再次调用该函数，函数的形式参数及函数内的局部变量将会被覆盖，导致程序不能正常运行。为此，可在定义函数时用 reentrant 属性引入再入函数。

再入函数可以被递归调用，也可以被多个程序调用。

例如，声明再入函数 fun，其函数功能为实现两个参数的乘积。

```
int fun（int a，int b）reentrant
{
    int z;
    z=a*b;
    return z;
}
```

4.6　指针

指针可使 C 语言编程具有高度的灵活性和特别强的控制能力。

4.6.1　指针和指针变量

指针就是地址，是一种数据类型。

变量的指针就是变量的地址，存放地址的变量就是指针变量。经 C51 编译后，变量的地址是不变的量。而指针变量可根据需要存放不同变量的地址，它的值是可以改变的。

1．定义指针变量

定义指针变量的一般格式如下。

类型标识符　*　指针变量名

例如，定义两个指向整型变量的指针变量 p1、p2。

int　　*p1，*p2;

在定义指针变量时应注意以下两个方面。

1）p1 和 p2 前面的*，表示该变量（p1、p2）被定义为指针变量，不能理解为*p1 和*p2 是指针变量。

2）类型标识符规定了 p1、p2 只能指向该标识符所定义的变量，上面例子中的 p1、p2 所指向的变量只能是整型变量（int）。

2．指针变量的赋值

一般可用运算符"&"求变量的地址，用赋值语句使一个指针变量指向一个变量。

例如：

p1=&i；
p2=&j；

表示将变量 i 的地址赋给指针变量 p1，将变量 j 的地址赋给指针变量 p2。也就是说，p1、p2 分别指向了变量 i、j，如图 4-5 所示。

也可以在定义指针变量的同时对其赋值，例如：

int　i=3，j=4，*p1=&i，*p2=&j；

等价于

int　i，j，*p1，*p2；
i=3；　j=4；
p1=&i；　p2=&j；

注意：指针变量只能存放变量的地址。

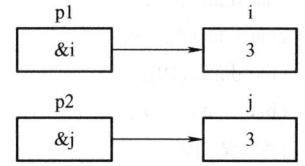

图 4-5　指针变量 p1、p2 指向整型变量 i、j

3．指针变量的引用

可以通过指针运算符"*"引用指针变量，指针运算符可以理解为"指向"的含义。

【例 4-8】　指针变量的应用。

```
# include    <stdio.h>
void main（void）
{
    int   a，b；
    int   *p1，*p2；            /*定义指针变量 p1、p2*/
    a=10，b=20；
    p1=&a，p2=&b；              /*变量 a、b 的地址分别赋给 p1、p2*/
    （*p1）++，（*p2）++；       /*通过 p1、p2 指向变量 a、b，实现变量 a、b 的数据自增 1*/
}
```

4.6.2　通用指针与存储区指针

在 C51 编译器中，指针可以分为两种类型：通用指针（以上所述均为通用指针）和指定存储区指针。

1）通用指针是指在定义指针变量时未说明其所在的存储空间。通用指针可以访问 51 单片机存储空间中与位置无关的任何变量。通用指针的使用方法和 ANSI C 中的使用方法相同。例如，下列程序定义指向外部 RAM 存储单元的通用指针 p1。

```
int main（void）
{
    char *p1；                  /*定义指向字符变量的指针变量 p1*/
    char data c1；
    char xdata c2；
    c1='a'；
    c2='b'；
    p1=&c2；                    /*p1 指向外部 RAM 的变量 c2*/
}
```

2)存储区指针是指在定义指针变量的同时说明其存储器类型。指定存储区指针在 C51 编译器编译时已获知其存储区域,在程序运行时系统直接获取指针;而通用指针是在程序运行时才能确定存储区域。因此,程序中使用指定存储区指针的执行速度要比通用指针快,尤其在实时控制系统中应尽量使用指定存储区的指针进行程序设计。

例如,下列程序定义了字符型存储区域指针,并使其指向相应存储区域的数组。

```
void  main （void）
{
        char data *pd_c;            /*定义指向字符变量（内部 RAM）的指针变量 pd_c*/
        char xdata *px_c;           /*定义指向字符变量（外部 RAM）的指针变量 px_c*/
        char data a[10];
        char xdata b[10];
        pd_c=&a[0];
        px_c=&b[0];
}
```

4.6.3 一维数组与指针

一维数组中,数组名可以表示第 1 个元素的地址,即该数组的起始地址。因此,可以用数组名通过指向运算符"*"引用数组元素。

指针变量是存放地址的变量,也可以将指针变量指向一维数组,通过指针变量引用数组元素。例如:

```
int    a[10], *p;              /*定义 a 数组和指针变量 p*/
p=a;                           /*a 数组首地址→p*/
```

以上语句定义了数组 a 和指针变量 p,p 为指向整型变量的指针变量,p=a 表示把数组的首地址（a 等价于&a[0]）赋予指针变量 p,称为 p 指向一维数组的元素 a[0]。

【例 4-9】 用不同的方法将数组 a 中的元素赋给 b 数组。

```
main（）
{ int   a[10]={0，1，2，3，4，5，6，7，8，9}，b[10], *p, i;
  p=a;
  for（i=0;  i<=9;  i++）
            b[i]=a[i];              /*通过 a[i]直接引用数组元素*/
  for（i=0;  i<=9;  i++）
            b[i]=*（a+i）           /*通过*（a+i）数组指针引用数组元素,a 是地址常量*/
  for（i=0;  i<=9;  i++）
            b[i]= *（p+i）;         /*通过*（p+i）数组指针引用数组元素,p 没有改变*/
  for（i=0;  i<=9;  i++）
            b[i]= p[i]）;           /*通过 p[i] 数组指针引用数组元素,以上 4 条语句是等价的*/
  for（i=0; i<=9;     ）
            b[i]=* p++;             /*通过*p 引用数组元素,移动指针（p++）指向下一元素*/
                                    /*指针变量 p 递增*/
}
}
```

4.6.4 指向数组的指针作为函数参数

数组名作为函数参数，实现函数间地址的传递。指向数组的指针也可以作为函数参数，数组名和指针都是地址。

必须强调的是，在实参向形参传递中，应保证实参和形参地址类型的一致性。如果实参为字符型数组名（地址），形参也必须定义为字符型数组（地址），并以数组名作为形参。

【例 4-10】 由 P0 口采样 10 个数据存放在数组 a 中，调用函数（选择法排序）实现 a 数组数据排序。

程序如下。

```
#define uchar unsinged char
sfr    P0 = 0x80;                    //声明 P0 为特殊功能寄存器，地址为 80H
void sort（uchar  x[ ], char  n）
{uchar  i, j, k, t;
  for （i=0;   i<n-1;   i++)
    { k=i;
      for （j=i+1;   j<n;   j++)
        if  （x[j]>x[k]) k=j;
        if  （k!=i)
          {t=x[i];    x[i]=x[k];    x[k]=t; }
    }
}
void main（）
{  uchar  a[10], *p=a, i, j;
  for  （i=0;   i<10;   i++)
    { *p++=P0;
      for（i=0; i<200; i++)
        for （j=0; j<255; j++）;
    }
    p=a;                             //恢复指针指向 a[0]
  sort（p, 10）;
}
```

程序分析如下。

1）在 main（）函数中，通过 sort（p，10）调用 sort 函数，实参为指向 char 型的指针变量 p 和整型数据 10。

2）被调函数 sort 中，x 为形参数组名，它必须与实参数组名类型一致。

3）调用 sort 函数时，通过指针变量 p 将实参数组的首地址传递给形参数组 x（不是值的单向传递），这两个数组共用一段存储单元，即实参数组名和形参数组名共同指向数组的第一个元素，如图 4-6 所示。

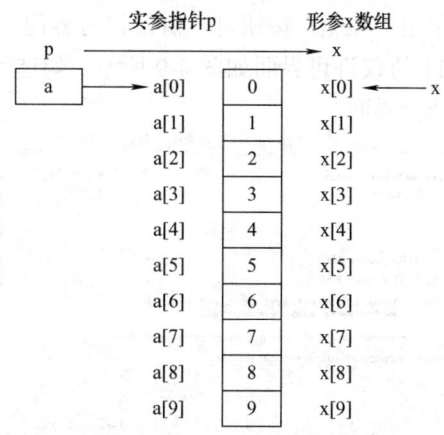

图 4-6 用指针变量作为函数参数进行数据传递

4）形参数组可以不指定长度，如形参数组的定义为 sort （char x[ ]）。实参数组与形参数组的长度可以不一致，形参数组的长度由实参数组决定。

5）虽然 sort 定义为无返回值函数，但在调用 sort 函数后，形参数组中各元素的值的任何变化，都会使实参中各元素的值也产生相同的变化。在返回主函数后，a 数组得到的是经 sort 函数处理过的结果。

6）主函数在调用 sort 时还可以以数组名作为实参，如 sort（a，10），其执行结果相同。

4.7 Keil 51 单片机集成开发环境

Keil 是美国 Keil Software 公司出品的 51 系列兼容单片机软件开发系统。Keil 提供了包括 C 编译器、宏汇编、连接器、库管理和一个功能强大的仿真调试器等在内的完整开发方案，通过一个集成开发环境 μVision 将这些部分组合在一起，统称为 Keil μVision（以下或简称 Keil）。

由于 Keil μVision 集成开发环境同时支持 51 单片机汇编语言和 C51 两种语言的编程，特别是对 C51 的完美支持，当前已经成为 51 单片机程序开发的首选平台。

4.7.1 单片机应用程序开发过程

单片机应用程序的开发过程如图 4-7 所示。

首先要在兼容 51 单片机的开发环境（如 Keil）下建立源代码文件（工程）。然后利用集成开发环境的编译器和连接器生成下载所需的目标文件，进行系统的仿真调试。仿真调试成功后将目标文件利用 ISP 或 IAP 下载到单片机（应用系统）ROM 中，然后反复调试运行直至成功。

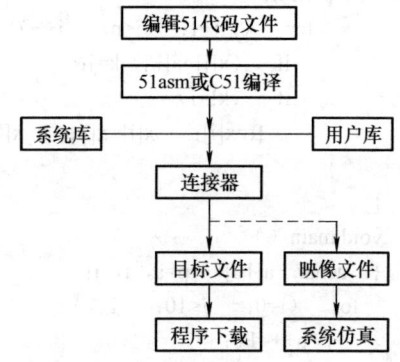

图 4-7 单片机应用程序的开发过程

4.7.2 Keil 开发环境的安装

本节以 Keil μVision4 为例，说明 Keil 在 Windows 7 下的安装过程。

1）打开 Keil 安装文件所在的文件夹，然后双击安装文件，弹出如图 4-8 所示的安装向导。单击"Next"按钮进入协议许可界面。

2）协议许可界面如图 4-9 所示，勾选复选框同意协议许可，单击"Next"按钮进入安装路径选择界面。

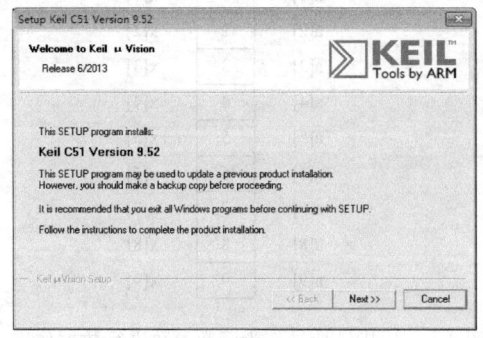

图 4-8 安装向导

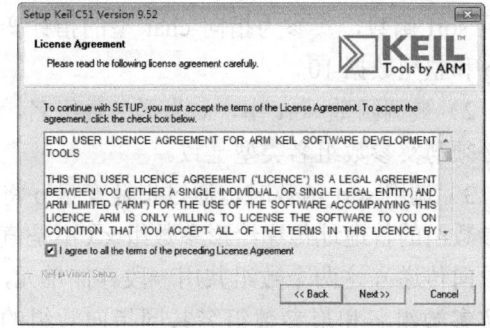

图 4-9 协议许可界面

3）安装路径选择界面如图 4-10 所示。可以直接在文本框中输入路径，也可以单击"Browse"按钮，通过资源管理器来选择安装路径。注意路径要选在盘符根目录下，并且不能更改安装文件夹的名称，如 D:\Keil；如果更改了安装文件夹的名称，可能会在编译工程时出现由于无法找到编译器而无法编译工程的情况。选择好路径之后，单击"Next"按钮进入用户信息填写界面。

4）用户信息填写界面如图 4-11 所示，输入正确的信息，电子邮箱一定要填写，否则"Next"按钮不可用，则无法安装正确填写之后，单击"Next"按钮进入软件安装状态界面。

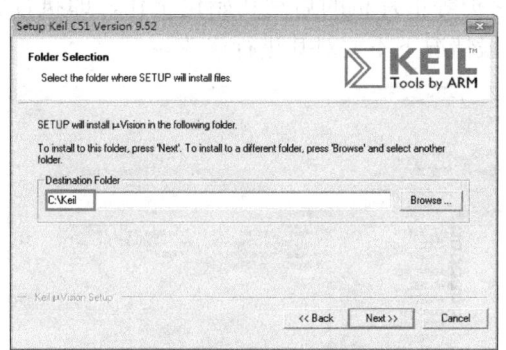

图 4-10　路径选择界面

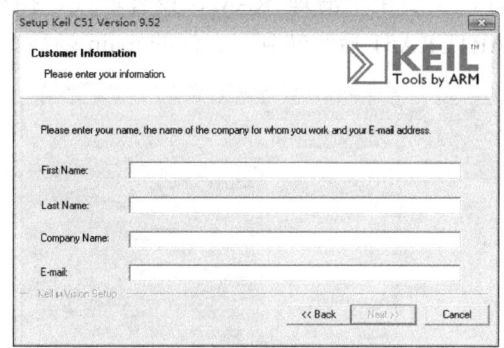

图 4-11　用户信息填写界面

5）软件安装状态界面如图 4-12 所示，安装程序开始释放文件到指定的目录下，并显示进度。当进度完成之后，单击"Next"按钮进入安装完成界面。

6）安装完成界面如图 4-13 所示，该界面显示软件安装完成，同时提供了两个复选框，分别是"显示版本说明"和"添加实例工程到工程列表"。将两个复选框勾选之后，单击"Finish"按钮完成软件安装，同时打开网页浏览器显示版本信息，并添加实例。

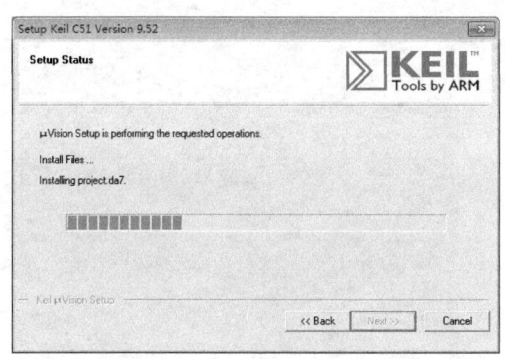

图 4-12　软件安装状态界面

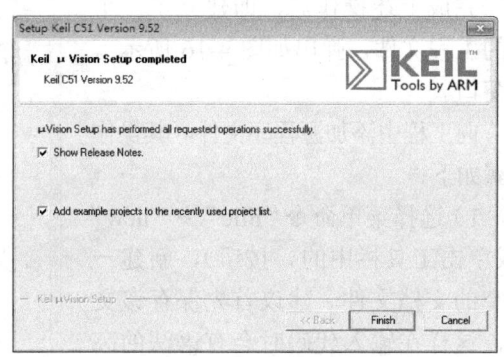

图 4-13　安装完成界面

4.7.3　Keil 工程的建立

本节介绍在 Keil 下编辑 51 单片机源程序的方法。

在启动 μVision 4 软件后，为单片机开发建立一个工程，其操作步骤如下。

1. 新建工程文件

在 μVision 4 启动后的工程窗口，单击"Project"菜单，选择"New μVision Project"命

令，如图 4-14 所示。在打开的新建工程对话框中输入工程文件名（如"pro3"），单击"保存"按钮。

2. 选择 CPU 类型

弹出如图 4-15 所示的 CPU 选择界面，选择 Atmel→AT89C51（典型的 51 单片机），在"Description"文本框中会显示该款单片机的简单描述，单击"OK"按钮，弹出对话框提示是否在工程中添加 STARTUP.A51，可以根据需要确定是否添加。STARTUP.A51 文件是启动文件，主要用于清理 RAM、设置堆栈、掉电保护等单片机的启动初始化工作，即执行完 STARTUP.A51 后跳转到.c 文件的 main 函数。一般情况下不要对其进行修改。

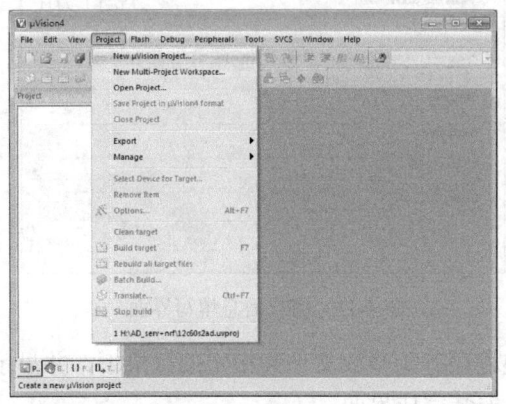
图 4-14　新建工程

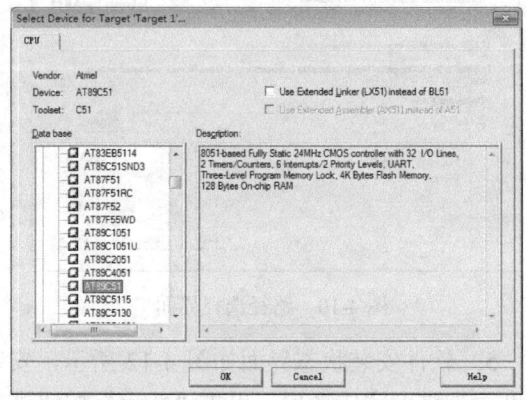
图 4-15　选择 CPU

3. 添加源程序文件到工程中

完成上述操作后，即建立了一个空的工程文件，弹出如图 4-16 所示工程窗口。

向工程中添加源程序文件，其操作步骤如下。

1）选择菜单命令"File"→"new"（或单击工具栏中的 按钮），新建一个空的文档文件。建议首先保存该文件，这样在输入代码时会有语法的高亮度指示。如果输入汇编语言程序，则保存为.asm 文件；如果输入 C51 程序，则保存为.c 文件。这里选择保存为 pro3.c。

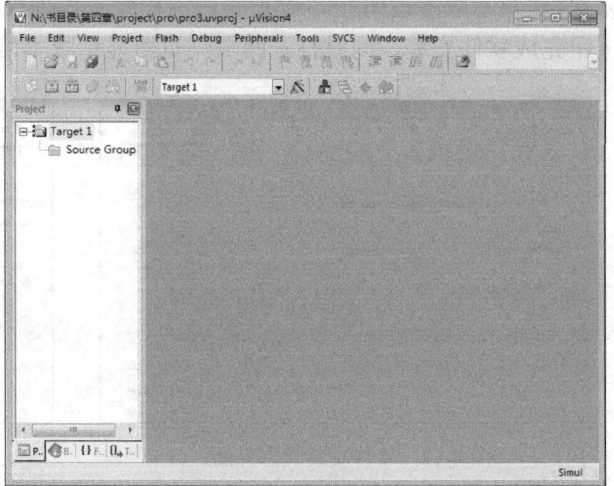
图 4-16　工程窗口

2）在工程窗口代码窗格中输入相应的 C 程序之后保存，创建 pro3.c 源程序文件。

3）在窗口左侧的工程窗格中将工程展开，在 Source Group1 上单击右键并选择"Add Existing Files to 'Source Group1'"命令，即可完成源程序文件的添加。

添加源程序文件后的工程窗口如图 4-17 所示。

94

4. 编译生成 HEX 文件

1)对工程(源程序)文件进行编译,可以单击工具栏中的编译按钮,在信息窗格会显示编译的提示信息,根据错误或者警告提示修改程序直至提示错误或者警告的数量为 0。

2)在工程窗格的 Target1 上单击右键,选择"Options for Target 'Target1'"命令,或者单击工具栏中的按钮,打开 HEX 文件生成设置对话框,如图 4-18 所示,单击"Output"标签,勾选"Create HEX File"复选框,然后再进行编译,在信息窗格就会提示已生成 HEX 文件。

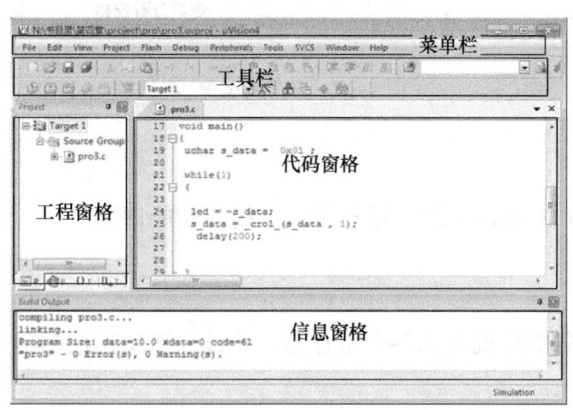
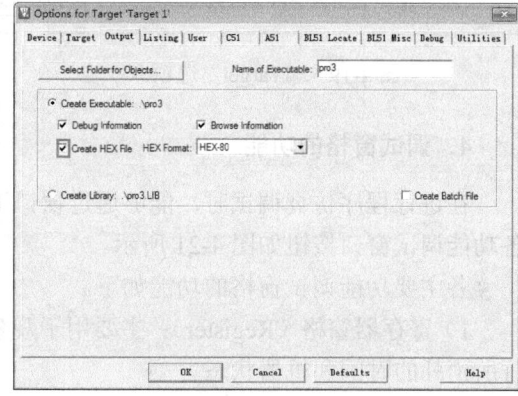

图 4-17 添加源程序文件后的工程窗口　　　图 4-18 HEX 文件生成设置对话框

4.7.4 Keil 调试功能

在源程序编译成功之后,可以对程序进行仿真功能验证及调试。Keil 内置的软件仿真模块,可实现对 51 单片机的内部资源及 I/O 口进行简单的仿真调试。

1. 设置调试环境

1)在图 4-18 所示的对话框中,单击"Target"标签,打开"Target"选项卡,如图 4-19 所示。在这里可以设置仿真频率、单片机的主频(Xtal 项设置为常用的 12MHz 或 24MHz)及编译程序时对内存的分配。

2)在"Debug"选项卡中选择"Use Simulator"单选按钮,即使用软件仿真器。

2. 仿真调试

在主界面的工具栏中单击按钮或者按<Ctrl + F5>组合键,可进入 Keil 的仿真调试窗口(再次操作可以退出关闭仿真调试窗口),如图 4-20 所示。

3. 仿真调试命令

仿真调试命令包括复位"全速运行(F5)""停止""单步跟踪(跟踪子程序)(F11)""单步跟踪(不跟踪子程序)(F10)""跳出子程序(Ctrl + F11)"和"运行到当前行(Ctrl + F10)"。同时可以在源代码窗格或者反汇编窗格中设置断点,进行程序的调试。

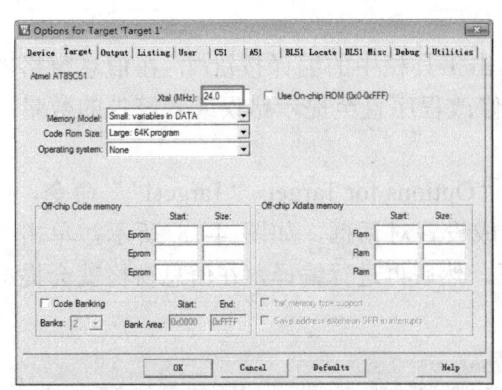
图 4-19 "Target"选项卡

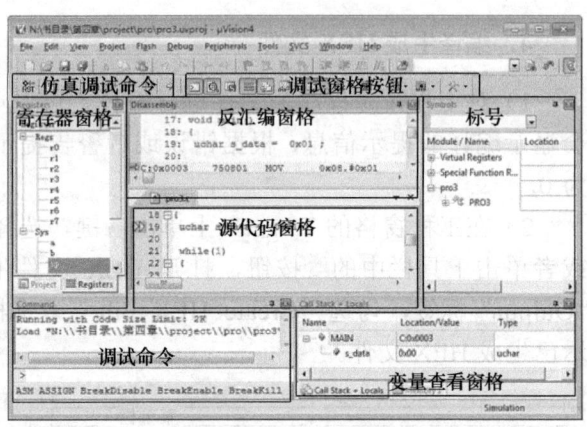
图 4-20 仿真调试窗口

4．调试窗格的功能

在进行程序仿真调试时，能够通过窗口上工具栏中的按钮打开或关闭各功能调试窗口。各功能调试窗口按钮如图 4-21 所示。

各主要功能调试窗格的功能如下。

1）寄存器窗格（Register）：主要用于观察单片机内部各个寄存器，并且能够反映程序运行所消耗的时间和机器状态。

2）反汇编窗格（Disassembly）：可以查看编译之后程序的反汇编情况，并能观察到程序的运行状态。也可在该窗格中设置断点或者删除断点，在需要设置断点的语句前双击或者单击鼠标右键并选择"Insert/Remove Breakpoint"命令，设置成功之后在相应的行之前出现一个红色的圆点。调试程序时，连续运行程序到断点语句时停止运行，以便观察各寄存器和变量的变化。

3）调用栈窗格（用于本地变量查看）（Call Stack + Local）：主要用于查看运行到程序段（函数）内部所对应变量的变化。该窗口自动将本程序段（函数）内用到的变量集中，以便观察其变化。

4）变量查看窗格（Watch）：如图 4-22 所示，主要用于查看变量变化，可以手动添加要观察的变量。添加变量的方法为：双击图中的"<Enter expression>"后，在相应的文本框内输入变量名称，后面会显示该变量的值和类型，并且能够在线修改变量的值。Keil 在调试时可以同时打开两个变量查看窗格。

另外还有源代码窗口，可以查看程序运行到哪一行，同样能够在该窗格中设置断点。

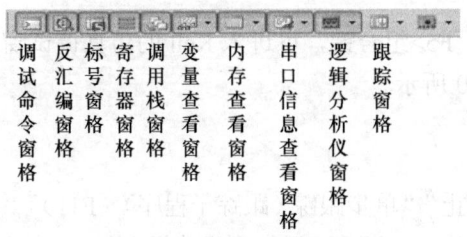
图 4-21 各调试窗格按钮

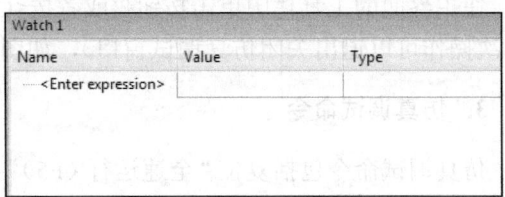
图 4-22 变量查看

6）内存查看窗格（Memory）：如图 4-23 所示，主要用于观察内存单元的变化，需要手动输入要查看的内存单元地址。在"Address"文本框内输入不同的前缀可查看不同存储区域的值（d：直接寻址片内存储区，c：程序存储区，i：片内间接寻址区，x：片外数据存储区）。双击相应单元的数据可以进行修改。

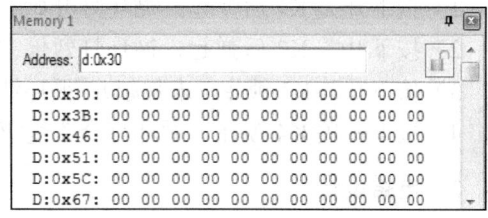

图 4-23　内存查看

5．I/O 端口及单片机资源窗格

在调试过程中，在"Peripherals"菜单中，可以根据需要打开 Keil 内置的 I/O 端口及单片机资源窗格，如图 4-24 所示。

在图 4-24 中，各种窗格的功能如下。

1）定时器窗格（Timer/Counter，0/1）：查看定时器的工作模式、计时器值及状态。
2）中断系统窗格（Interrupt System）：查看中断打开的状态及标志位的变化。
3）I/O 端口窗格（Parallel Port 0/1/2/3）：查看 P0～P3 端口的内部寄存器及引脚的状态。
4）串行口窗格（Serial Channel）：查看串行口的工作模式、波特率及控制字的状态。

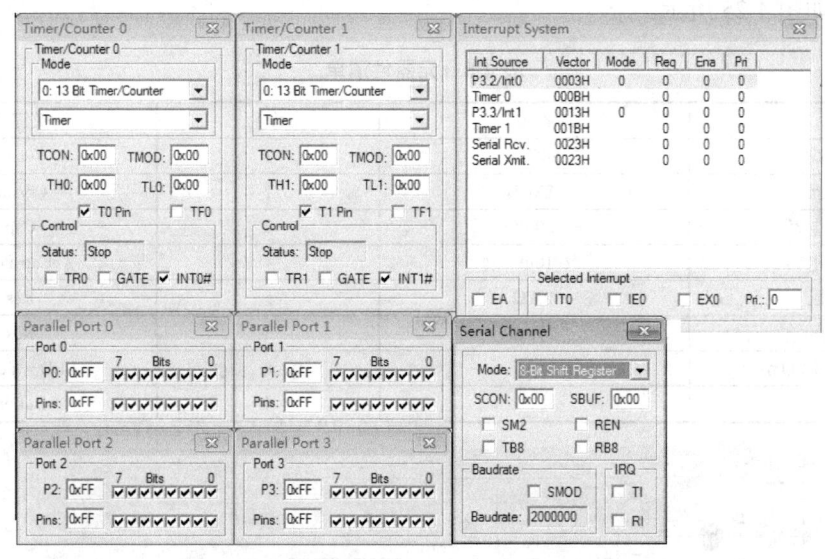

图 4-24　I/O 端口及单片机资源窗格

4.7.5　单片机 I/O 端口应用示例

单片机 I/O 端口是单片机与外部设备进行信息交换的唯一通道，任何单片机应用系统都离不开对 I/O 端口的读写操作。本小节在 Keil 及 Proteus 仿真环境下，通过单片机 I/O 端口的应用示例，介绍单片机软硬件设计步骤及应用系统的仿真调试。

1．设计要求

本例中键盘开关为常开开关，开关按下时接通，弹起时处于断开状态，要求如下。

1）按下开关 K1 后弹起，循环灯开始右移（或左移）依次点亮。
2）按下开关 K2 后弹起，循环灯暂停并保持当前状态。
3）按下开关 K3 锁住（未弹起），循环灯左移依次点亮（K3 弹起，循环灯右移依次点亮）。
4）按下开关 K4 锁住，循环灯全部熄灭。

2．电路设计

（1）设计技术

单片机电路设计的要点是对键盘的检测，通过键盘开关控制连接输入端口的电平是高电平"1"还是低电平"0"来完成开关状态的检测。由于 P0 端口的输出级为漏极状态，在使用时必须外接上拉电阻；而 P1～P3 端口则不需要上拉电阻。

（2）Proteus 电路设计

1）建立设计文件。打开 ISIS 7 Professional 窗口，选择"File"→"New Design"菜单命令，选择"Save Design"，输入文件名（xxx.DSN）后保存文件。

2）放置元器件。单击对象选择按钮 P，选择电路需要的元器件（见表 4-8）。在 ISIS 原理图编辑窗口放置元器件、电源"POWER"和地"GROUND"。

3）拖动鼠标对元器件连接布线，双击元器件进行元器件参数设置等操作。完成的键控流水灯电路如图 4-25 所示。

表 4-8　元器件清单

元器件名称	参数	数量	关键字
单片机	80C51	1	80c51
晶振	12MHz	1	Crystal
瓷片电容	30pF	2	Cap
电解电容	10μF	1	Cap-Pol
电阻	10kΩ	5	Res
电阻	270Ω	8	Res
LED-YELLOW		8	LED—Yellow
按钮开关		4	Button

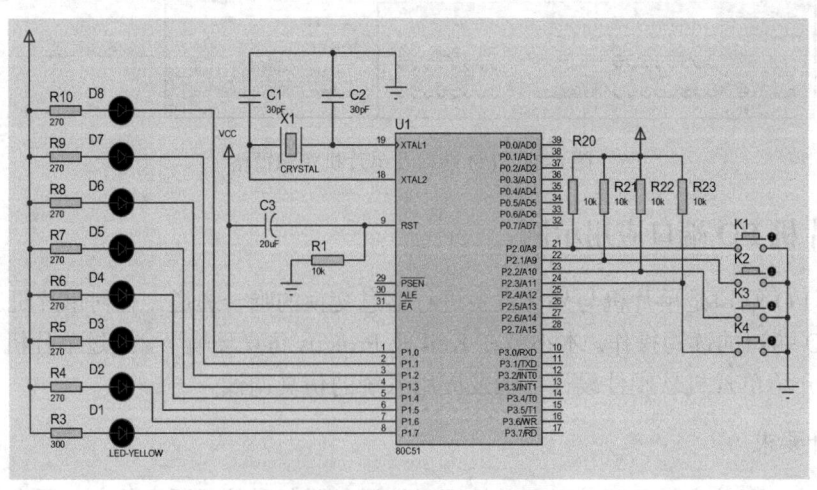

图 4-25　键控流水灯电路

3. 程序设计

键控流水灯程序设计的关键技术为键盘识别、循环和软件延时，下面分别给出 ASM 及 C51 的程序代码。

（1）ASM 程序

ASM 程序如下。

```
            ORG 0000H
START:
            MOV A, #0FEH           ；FEH 为点亮第一个发光二极管的代码
            JNB P2.0, LP           ；判断 K1 是否按下
            JNB P2.2, LPL
            JB P2.3, NEXT
            MOV P1, #0FFH
            SJMP START
NEXT:
            SJMP START
LP:         MOV P1, A              ；点亮 P1.0 位控制的发光二极管
            LCALL DELAY            ；调用延迟一段时间的子程序
            RR   A                 ；"0"右移一位
            JNB P2.1, START        ；判断 K2 是否按下
            JNB P2.2, START        ；判断 K3 是否按下
            JNB P2.3, START        ；判断 K4 是否按下
            SJMP    LP             ；不断循环

LPL:        MOV  P1, A             ；点亮 P1.0 位控制的发光二极管
            LCALL  DELAY           ；调用延迟一段时间的子程序
            RL   A                 ；"0"左移一位
            JNB P2.1, START
            JB P2.2, LP            ；判断 K3 是否锁定为低电平
            JNB P2.3, START
            SJMP    LPL            ；不断循环
DELAY:
            MOV    R0, #5FH        ；延时子程序入口
LP1:
            MOV    R1, #0FFH
LP2:
            NOP
            NOP
            NOP
            DJNZ  R1, LP2
            DJNZ  R0, LP1
            RET                    ；子程序返回
            END
```

Keil 环境编辑汇编源程序如图 4-26 所示。

（2）C51 程序

C51 程序如下。

```c
#include <intrins.h>
#include <reg51.h>
#define uchar unsigned char
void delay（uchar m）;                    //声明延时函数 delay
sbit i1=P2^0;
sbit i2=P2^1;
sbit i3=P2^2;
sbit i4=P2^3;
void main（）
{
  uchar  s_data =  0xFE;                 //FEH 为点亮第一个发光二极管的代码
  while（1）
 {if（i1==0）
      while（1）
    {  if（i3==0）
         {P1 =s_data;
          s_data = _crol_（s_data，1）;   //左移
          delay（2）;                     //调用延时函数，实参可以调整时间
}
          else
         {P1 =s_data;
          s_data = _cror_（s_data，1）;   //右移
           delay（2）;
}
         if（i2==0）break;
         if（i4==0）{P1=0XFF; break; }
     }
  }
}
void delay（uchar m）                     //延时函数
{
    uchar a，b，c;
    for（c=m; c>0; c- -）
      for（b=255; b>0; b- -）
        for（a=255; a>0; a- -）;          //三层循环
}
```

Keil 环境编辑 C51 源程序如图 4-27 所示。

4. Keil 工程建立及仿真

1）启动 Keil 程序，在 μVision4 窗口中，选择"Project"→"New μVision Project"菜单命令，在打开的新建工程对话框中输入工程文件名"IO1"，保存工程。

2）选择 CPU 类型。选择 AT89C51。

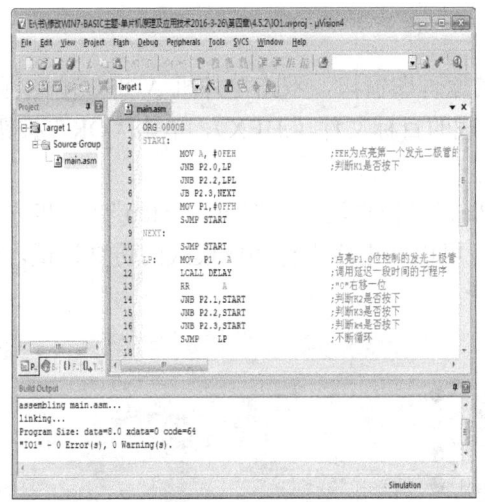
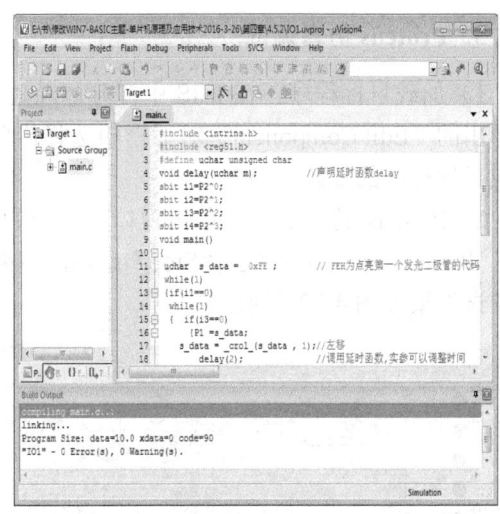

图 4-26　Keil 环境编辑汇编源程序　　　　图 4-27　Keil 环境编辑 C51 源程序

3）选择 "File"→"New" 菜单命令，在代码窗格中输入和编辑源程序，然后保存文件。如果输入汇编源程序，则保存为.asm 文件；如果输入 C51 程序，则保存为.c 文件。

4）添加源程序文件到工程中。将工程展开，在 "Source Group1" 上右击并选择 "Add Existing Files to 'Source Group1'" 命令后，选择保存的源程序文件（.c 或.asm 文件）即可完成源程序文件的添加。

5）设置环境。在工程窗口的 "Target1" 上右击并选择 "Options for Target 'Target1'" 命令后，在弹出的对话框中切换到 "Output" 选项卡，勾选 "Creat HEX File"（建立目标文件）复选框；切换到 "Debug" 选项卡，选择 "Use Simulator"（使用仿真调试）。

6）编译源程序。选择 "Project"→"Build target" 菜单命令，对源程序进行编译生成 HEX 目标文件。需要指出的是，在一个含有工程的文件夹中，可以同时存在汇编和 C51 甚至多个源程序文件。但在编译时，只对当前添加到工程中的源程序文件进行编译，产生的目标文件名为工程文件名（而不是源程序文件名）。

7）程序仿真。在工具栏中单击按钮  或者按<Ctrl + F5>组合键，进入 Keil 调试环境。Keil 环境下汇编程序和 C51 程序仿真调试结果分别如图 4-28 和图 4-29 所示。

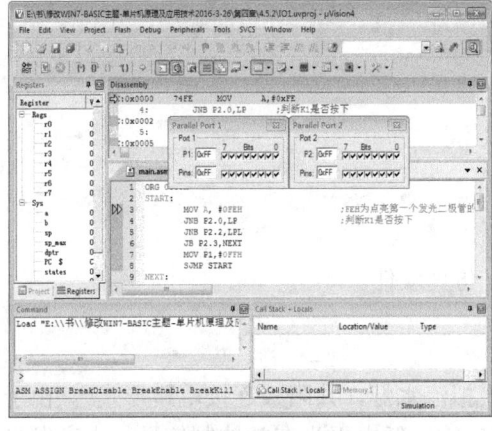
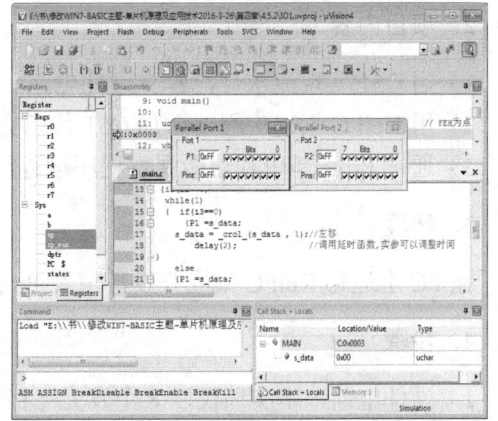

图 4-28　Keil 环境汇编程序仿真　　　　图 4-29　Keil 环境 C51 程序仿真

5. Proteus 仿真调试

1）加载目标程序。在 ISIS 中打开已经建立的原理图窗口，双击单片机 AT89C51 图标，在弹出的"Edit Component"对话框中选择需要加载的目标文件（.HEX），单击"OK"按钮，完成目标程序的加载。

2）Proteus 仿真调试。单击窗口左下角的"Play"（仿真运行）按钮、"Step"（单步）按钮、"Pause"（暂停）按钮、"Stop"（停止）按钮，可以对电路进行相应模式的仿真调试。仿真调试结果如图 4-30 所示。

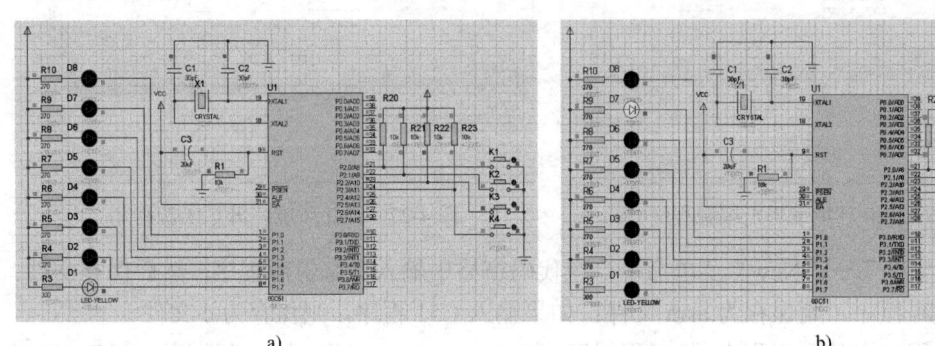

图 4-30 Proteus 仿真调试结果

a）左移位循环（K3 键按下）　　b）右移位循环（K3 键弹起）

4.8 实训项目 4　C51 实现流水灯

本实训项目要求用单片机实现 8 位流水灯左移循环点亮，进行软硬件设计及仿真调试。

1. 目的

1）掌握 C51 程序的基本结构及应用。
2）掌握 C51 函数定义、参数传递及调用。
3）掌握硬件电路的实现方法。

2. 项目内容

1）用 C51 实现流水灯，建立硬件电路。
2）用 Keil C 创建工程，添加 C51 代码文件。
3）通过 Proteus 仿真功能观察程序运行结果。

3. 环境

在 PC 上运行 Keil C 集成开发环境及 Proteus 仿真软件。

4. 步骤

1）硬件电路。本实训仅以 8 个发光二极管模拟流水灯（共阳极连接电路形式）。由于发光二极管驱动电流仅为 10mA 左右，以单片机端口输出低电平为有效控制信号（点亮发光二极管），其输出负载能力完全满足驱动要求（不需要接口驱动电路）。参考本章 4.7.5 节应用示例，在 Proteus 7 Professional 环境下输入流水灯仿真电路如图 4-31 所示。

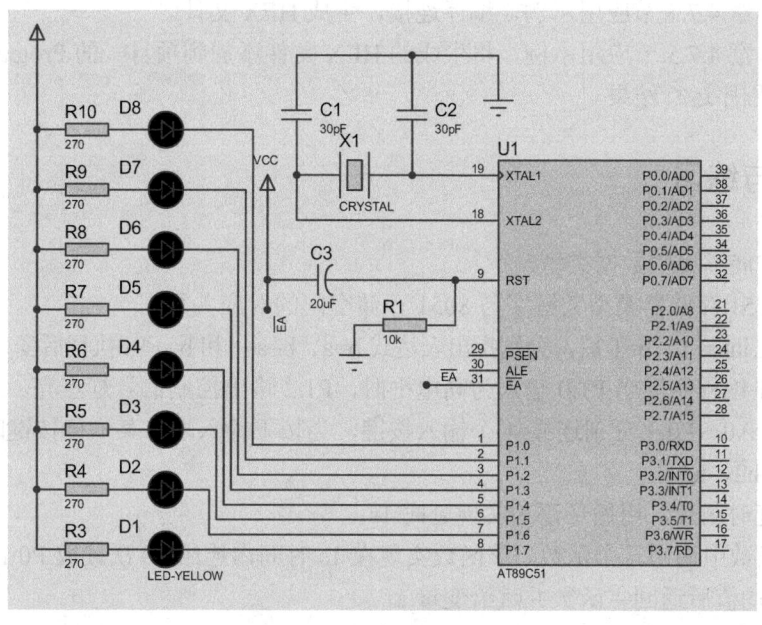

图 4-31　流水灯仿真电路

2）新建 Keil C 工程 Project 4，并编写如下 C51 程序，保存文件为 main.c，并将其添加到工程中。

参考程序代码如下。

```
#include <reg51.h>              //包含 51 头文件，头文件定义了 51 硬件资源
#include <intrins.h>            //该头文件定义了 51 常用的移位等函数
#define uchar unsigned char     //定义 unsigned char 类型用符号 uchar 替代
#define led   P1
void delay（uchar m）;          //声明延时函数
void main（）
{
  uchar s_data =  0xfe;
  while（1）
  {
     led = ~s_data;             //为 P1 赋初值
     s_data = _crol_（s_data，1）;  //调用字符循环左移函数，端口数据循环左移一位
     delay（200）;               //调用延时函数（子程序），实际参数 200
  }
}
void delay（uchar m）            //延时函数（形式参数 m，调用时 m=200）
{
   unsigned char a，b，c;
   for（c=m；c>0；c--）
      for（b=142；b>0；b--）
         for（a=20；a>0；a--）;
}
```

说明：由于程序中使用了字符循环左移函数（_crol_），因此在程序开始必须有文件包含语句 "#include <intrins.h>"。

3）参考本章 4.7.5 节应用示例，编译连接，生成 HEX 文件。

4）参考本章 4.7.5 节应用示例，将生成的 HEX 文件添加到项目一的 Proteus 工程内，仿真调试，观察程序运行结果。

4.9 思考与练习

1．C51 扩展了哪些数据类型？
2．简述 C51 存储器类型关键字与 8051 存储空间的对应关系。
3．在定义 int a=1，b=1 后，分别指出表达式 b=a、b=a++和 b=++a 执行后变量 a 和 b 的值。
4．用 C51 编程实现当 P1.0 输入为高电平时，P1.2 输出控制信号灯点亮。
5．设置 P0.0～P0.3 分别连接 4 个输入按键，当按下输入端口某一位按键时，分别调用函数 h0、h1、h2、h3。
6．编写延时函数，用循环语句实现延时 1s。
7．在主函数中调用一个函数，该函数实现在 1s 时间内连续 10 次读取 P0 口（8 位字节）数据，求取平均值后返回主函数并赋给变量 a。
8．编写函数 sum，求数组 a 中各元素的数据和。
要求在 main 函数中输入各数组元素的值，通过调用 sum 函数并输出返回的数据和。
9．C51 中断函数如何定义，在使用时应注意哪些问题？
10．用 C51 编写流水灯控制程序，要求由 8051 的 P1 口控制 8 个发光二极管（采用共阳极连接）依次轮流点亮，循环不止。
11．用 C51 编写外部中断 "0" 的中断函数，该中断函数的功能实现从 P1 口读入 8 位数据并存放在一个数组中，如果数据全为 0，则置 P2.1 输出 1，否则 P2.1 输出 0。
12．分别举例说明数组、指针、指针变量和地址的含义及在程序中的作用。
13．文件包含语句#include<reg51.h>和#include<intrins.h>的作用分别是什么？

第 5 章　51 单片机主要功能部件的结构及应用

本章重点介绍 51 单片机主要功能部件的结构及应用，包括中断系统、定时器/计数器及串行口等。

5.1　中断系统

计算机采用中断技术后，不仅可以实时处理控制现场的随机事件和突发事件，而且解决了 CPU 和外部设备之间的速度匹配问题，从而极大地提高了计算机的工作效率。

5.1.1　中断的概念

1. 中断及中断源

当 CPU 正在执行当前某一段程序时，如果外界或内部发生了紧急事件，要求 CPU 暂停正在运行的程序转而去处理这个紧急事件，待处理完后再回到原来被停止执行程序的间断点，继续执行原来的程序，这一过程称为中断。中断过程示意图如图 5-1 所示。

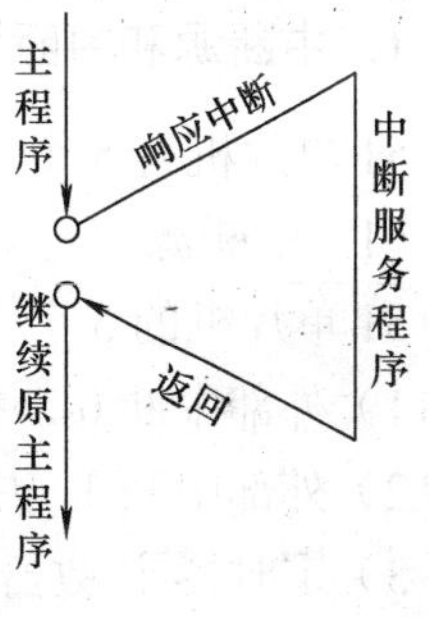

产生中断请求的事件或设备称为中断源，实现中断功能的硬件和软件系统称为中断系统。

具有中断的计算机系统的数据传送，是外设主动提出信息交换要求，CPU 在收到这个要求之前，执行本身的主程序，只有在收到外设的请求之后，才中断原来主程序的执行，转而去执行中断服务子程序。

2. 中断嵌套及优先级

图 5-1　中断过程示意图

51 系列单片机有多个中断源。当几个中断源同时向 CPU 请求中断，要求 CPU 响应的时候，CPU 应优先响应最需要紧急处理的中断请求。为此需要规定各个中断源的优先级，使 CPU 在多个中断源同时发出中断请求时能找到优先级最高的中断源，响应它的请求。在优先级高的中断请求处理完之后，再响应优先级低的中断请求。

当 CPU 正在处理一个优先级低的中断请求的时候，如果发生另一个优先级较高的中断请求，CPU 暂停正在处理的中断源的处理程序，转而处理优先级高的中断请求，待处理完之后，再回到原先的低级中断程序，这种高级中断源能中断低级中断源的中断处理称为中断嵌套。具有中断嵌套的系统称为多级中断系统。

51 单片机内部有 5 个中断源，提供两个中断优先级，能实现两级中断嵌套。每一个中断源的优先级都可以通过编程来设定。两级中断嵌套的流程如图 5-2 所示。

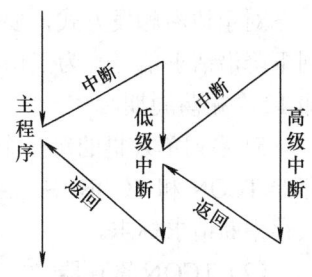

图 5-2　两级中断嵌套流程

5.1.2 51 单片机中断系统结构及中断控制

51 系列单片机的中断系统如图 5-3 所示。

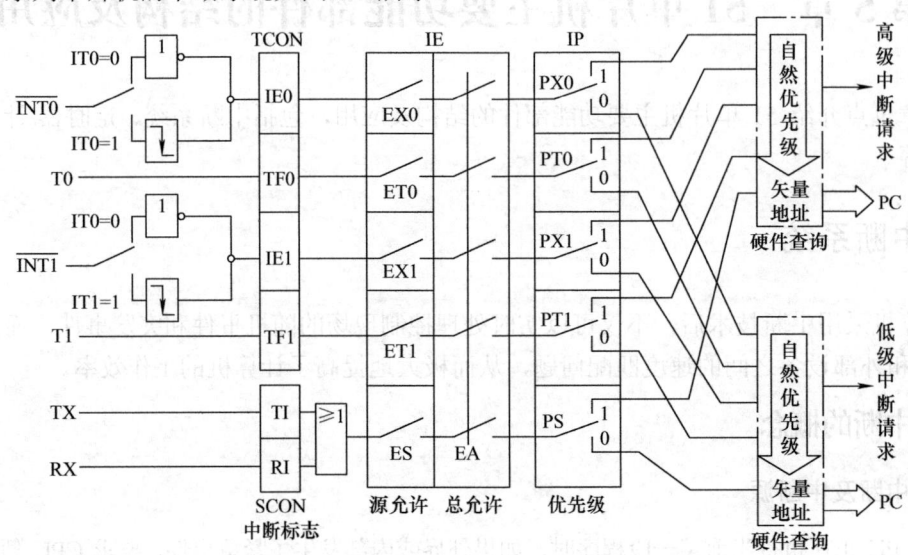

图 5-3 51 系列单片机的中断系统

1. 中断源和中断请求标志

51 单片机有 5 个中断源及其相应的控制寄存器。

（1）中断源

51 单片机的 5 个中断源如下。

1）外部中断 0，中断请求信号输入端是 $\overline{INT0}$。

2）外部中断 1，中断请求信号输入端是 $\overline{INT1}$。

3）定时器/计数器 0 溢出中断。

4）定时器/计数器 1 溢出中断。

5）串行口的发送和接收中断（TI 和 RI）。

外部中断请求 $\overline{INT0}$ 和 $\overline{INT1}$ 有两种触发方式，即电平触发方式和边沿触发方式。在每个机器周期的规定时刻（S5P2）检测 $\overline{INT0}$ 或 $\overline{INT1}$ 的信号。

对于电平触发方式，检测到低电平即为有效请求。

对于边沿触发方式，要检测两次，如果前一次为高电平，后一次为低电平，则表示检测到下降沿请求信号。为了保证检测可靠，低电平或高电平的宽度至少要保持一个机器周期，即 12 个振荡周期。

51 系列单片机的每一个中断源都有一个对应的中断请求标志位，它们设置在特殊功能寄存器 TCON 和 SCON 中。当这些中断源请求中断时，分别由 TCON 和 SCON 中的相应位来锁存中断请求标志。

（2）TCON 寄存器

TCON 是定时器/计数器 0 和 1（T0、T1）的控制寄存器，同时也用来锁存 T0、T1 的溢出中断请求标志和外部中断请求标志。TCON 寄存器中与中断有关的位如图 5-4 所示。

TCON	D7	D6	D5	D4	D3	D2	D1	D0
(88H)	TF1		TF0		IE1	IT1	IE0	IT0

图 5-4　TCON 寄存器中与中断有关的位

1）对外部中断 1 的控制。

IE1（TCON.3）：外部中断 $\overline{INT1}$ 请求标志位。当 CPU 检测到在 $\overline{INT1}$ 引脚（P3.3）上出现的外部中断信号（低电平或下降沿）时，由硬件置位 IE1=1，申请中断。CPU 响应中断后，IE1 位被硬件自动清 0（指边沿触发方式，电平触发方式时 IE1 不能由硬件清 0）。

IT1（TCON.2）：外部中断 $\overline{INT1}$ 触发方式控制位。由软件来置 1 或清 0，以确定外部中断 1 的触发类型。

当 IT1=0 时，外部中断 1 为电平触发方式，当 $\overline{INT1}$（P3.3）输入低电平时置位 IE1=1，申请中断。采用电平触发方式时，外部中断源（输入到 $\overline{INT1}$）必须保持低电平有效，直到该中断被 CPU 响应。同时，在该中断服务子程序执行完之前，外部中断源有效低电平必须被撤销，否则将产生另一次中断。

当 IT1=1 时，外部中断 1 为边沿触发方式（下降沿有效），CPU 在每个周期都采样 $\overline{INT1}$（P3.3）的输入电平。如果相继的两次采样中，前一个周期 $\overline{INT1}$ 为高电平，后一个周期 $\overline{INT1}$ 为低电平，则置 IE1=1，表示外部中断 1 正在向 CPU 提出中断请求，一直到该中断被 CPU 响应，IE1 才由硬件自动清 0。

2）对外部中断 0 的控制。

IE0（TCON.1）：外部中断 $\overline{INT0}$ 请求标志位。当引脚 $\overline{INT0}$（P3.2）上出现中断请求信号时，由硬件置位 IE0，向 CPU 申请中断。当 CPU 响应中断后，由硬件将 IE0 清 0（边沿触发方式）。

IT0（TCON.0）：外部中断 0（$\overline{INT0}$）触发方式控制位，由软件置位或复位。IT0=1，外部中断 0 为边沿触发方式（下降沿有效）；IT0=0，外部中断 0 为电平触发方式。

3）对定时器/计数器中断的控制。

TF0（TCON.5）：定时器/计数器 0（T0）的溢出中断请求标志。当 T0 计数产生溢出时，由硬件将 TF0 置 1。当 CPU 响应中断后，由硬件将 TF0 清 0。

TF1（TCO.7）：定时器/计数器 1（T1）的溢出中断请求标志。其功能和操作情况同 TF0。

（3）SCON 寄存器

SCON 为串行 N 口控制寄存器，其中的低两位用作串行口中断请求标志。SCON 的格式如图 5-5 所示。

SCON	D7	D6	D5	D4	D3	D2	D1	D0
(98H)							TI	RI

图 5-5　SCON 的格式

RI（SCON.0）：串行口接收中断请求标志。在串行口方式 0 中，每当接收到第 8 位数据时，由硬件置位 RI；在其他方式中，当接收到停止位的中间位置时置位 RI。

注意：当 CPU 执行串行口中断服务程序时 RI 不复位，必须由软件将 RI 清 0。

TI（SCON.1）：串行口发送中断请求标志。在方式 0 中，每当发送完 8 位数据时，由硬件置位 TI；在其他方式中，在停止位开始时置位。TI 也必须由软件复位。

需要指出的是,串行口的接收中断 RI 和发送中断 TI 是经逻辑"或"以后作为内部的一个中断源。

2. 中断允许控制

在 51 单片机中断系统中,中断的允许或禁止是由片内中断允许寄存器 IE 控制的,其格式如图 5-6 所示。

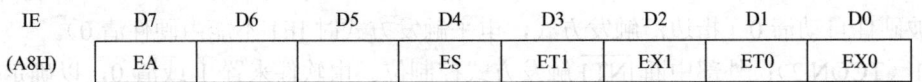

图 5-6　中断允许寄存器 IE 的格式

EA（IE.7）：CPU 中断允许标志。EA=0 时,CPU 屏蔽所有中断;EA=1 时,CPU 开放中断,但每个中断源的中断请求是允许还是被禁止,还由各自的允许位来确定。

ES（IE.4）：串行口中断允许位。ES=0,禁止串行口中断;ES=1 时,允许串行口中断。

ET1（IE.3）：定时器/计数器 T1 溢出中断允许位。ET1=1 时,允许 T1 中断;ET1=0 时,禁止 T1 中断。

EX1（IE.2）：外部中断 1 中断允许位。EX1=1 时,允许外部中断 1 中断;EX1=0 时,禁止外部中断 1 中断。

ET0（IE.1）：定时器/计数器 T0 溢出中断允许位,其功能同 ET1。

EX0（IE.0）：外部中断 0 中断允许位,功能同 EX1。

中断允许寄存器 IE 中各位的状态,可根据要求用软件置位或清零,从而实现对该中断源允许中断或禁止中断。当 CPU 复位时,IE 被清零。

3. 中断优先级控制

51 系列单片机的中断优先级是由中断优先级寄存器 IP 控制的。IP 的格式如图 5-7 所示。

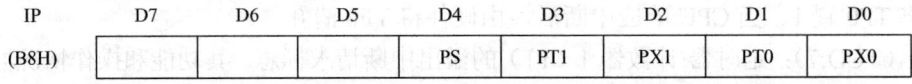

图 5-7　中断优先级寄存器 IP 的格式

PS（IP.4）：串行口中断优先级控制位。PS=1 时,串行口为高优先级中断;PS=0 时,串行口为低优先级中断。

PT1（IP.3）：T1 中断优先级控制位。PT1=1 时,T1 为高优先级中断;PT1=0 时,T1 为低优先级中断。

PX1（IP.2）：外部中断 1 中断优先级控制位。PX1=1 时,外部中断 1 为高优先级中断;PX1=0 时,外部中断 1 为低优先级中断。

PT0（IP.1）：T0 中断优先级控制位。PT0=1 时,T0 为高优先级中断;PT0=0 时,T0 为低优先级中断。

PX0（IP.0）：外部中断 0 中断优先级控制位。PX0=1 时,外部中断 0 为高优先级中断;PX0=0 时,外部中断 0 为低优先级中断。

中断优先级控制寄存器 IP 中的各个控制位，均可编程写入。单片机复位后，IP 中的各位都被清零。

51 单片机中的中断系统应遵循以下基本准则。

1）低优先级中断可被高优先级中断请求所中断，高优先级中断不能被低优先级中断请求所中断。

2）同级的中断请求不能打断已经执行的同级中断。

当多个同级中断源同时提出中断申请时，到底响应哪一个中断请求取决于内部规定的顺序。这个顺序又称为自然优先级。中断源自然优先级顺序见表 5-1。

表 5-1 中断源自然优先级顺序

中断源	自然优先级
外部中断 0	最高
定时器/计数器 0	↓
外部中断 1	
定时器/计数器 1	
串行口	最低

5.1.3 51 单片机中断响应过程

51 单片机的中断响应过程可分为中断响应、中断处理和中断返回 3 个阶段。

1. 中断响应

CPU 响应中断的条件主要有以下几点。

1）有中断源发出中断请求。

2）中断总允许为 EA=1，即 CPU 开中断。

3）请求中断的中断源的中断允许位为 1。

CPU 在每个机器周期的 S5P2 时刻采样各中断源的中断请求信号，并将它锁存在 TCON 或 SCON 中的相应位。在下一个机器周期对采样到的中断请求标志进行查询。如果查询到中断请求标志，则按优先级高低进行中断处理，中断系统将通过硬件自动将相应的中断矢量地址装入 PC，以便进入相应的中断服务程序。

从产生外部中断到开始执行中断程序至少需要 3 个完整的机器周期。

在下列任何一种情况存在时，中断请求将被封锁。

1）CPU 正在处理同级的或高一级的中断。

2）当前周期（即查询周期）不是执行当前指令的最后一个周期，即要保证把当前的一条指令执行完才会响应。

3）当前正在执行的指令是返回（RETI）指令或对 IE、IP 寄存器进行访问的指令，执行指令后至少再执行一条指令才会响应中断。

CPU 执行中断服务程序之前，自动将程序计数器 PC 的内容（断点地址）压入堆栈保护，然后将对应的中断矢量地址装入 PC，使程序转向该中断矢量地址单元，开始执行中断服务程序。5 个中断源的中断服务（处理）程序矢量地址见表 5-2。

表 5-2　5 个中断源的中断服务(处理)程序矢量地址

中断源	矢量地址
外部中断 0	0003H
定时器 0	000BH
外部中断 1	0013H
定时器 1	001BH
串行口	0023H

由于 5 个中断源的中断服务程序矢量地址之间的存储单元比较少，通常在中断矢量地址单元安排一条跳转指令，以转到真正的中断服务程序的起始地址。中断服务程序的最后一条指令必须是中断返回指令 RETI。

2．中断处理

CPU 从执行中断处理程序第一条指令开始到返回指令 RETI 为止，这个过程称为中断处理或中断服务（程序）。中断处理一般包括如下几部分。

（1）保护现场

如果主程序和中断处理程序都用到累加器、PSW 寄存器和其他专用寄存器，则在 CPU 进入中断处理程序后，就会破坏原来存在上述寄存器中的内容，因而中断处理程序首先应将它们的内容通过软件编程（入栈）保护起来，这个过程称为保护现场。

（2）处理中断源的请求

中断源提出中断申请，在 CPU 响应此中断请求后，该中断源的中断请求在中断返回之前应当撤除，以免引起重复中断，被再次响应。

1）硬件直接撤除。

对于边沿触发的外部中断，CPU 在响应中断后由硬件自动清除相应的中断请求标志 IE0 和 IE1。

对于电平触发的外部中断，CPU 在响应中断后其中断请求标志 IE0 和 IE1 是随外部引脚 $\overline{INT0}$ 和 $\overline{INT1}$ 的电平而变化的，CPU 无法直接控制，因此须在引脚处外加硬件（如触发器）使其及时撤销外部中断请求。

对于定时器溢出中断，CPU 在响应中断后就由硬件清除了相应的中断请求标志 TF0、TF1。

2）软件编程撤除。对于串行口中断，CPU 在响应中断后并不自动清除中断请求标志 RI 或 TI，因此必须在中断处理程序中用软件编程来清除。

（3）执行中断处理功能程序

中断处理的主要部分是根据中断源的需要，执行相应的中断处理功能程序。

（4）恢复现场

在中断处理功能程序结束、执行中断返回 RETI 指令之前应通过软件编程（出栈）恢复现场原来的内容。

3．中断返回

中断返回是指执行完中断处理程序的最后指令 RETI 之后，CPU 返回断点继续执行原来的程序，等待其他中断源的中断请求。

5.1.4 外部中断源扩展

前已述及，51 单片机仅有两个外部中断源 $\overline{INT0}$ 和 $\overline{INT1}$，但在实际的应用系统中，外部中断源往往比较多，下面讨论两种外部多中断源系统的设计方法。

使用中断加查询方式扩展外部中断源的一般硬件电路结构如图 5-8 所示。

在图 5-8 中，每个中断源分别通过一个非门（集电极开路门）输出后实现线与，构成或非逻辑电路，其输出作为外部中断 $\overline{INT0}$（或 $\overline{INT1}$）的请求信号。无论哪个外部装置提出中断请求（高电平或上升沿有效），都会使 $\overline{INT0}$（或 $\overline{INT1}$）端电平发生变化。CPU 响应中断后，在中断处理程序中首先查询相应 I/O 口引脚（这里为 P1.4~P1.7）的逻辑电平，然后判断是哪个外部装置的请求中断，进而转入相应的中断处理程序。

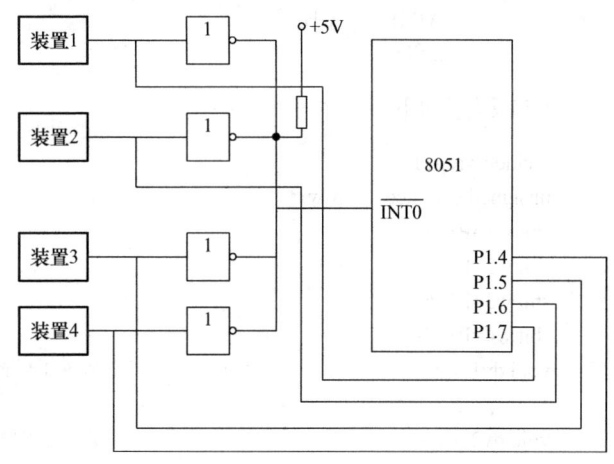

图 5-8 中断加查询方式扩展外部中断源

这 4 个中断源的优先级由软件设置，中断优先级按装置 1~4 由高到低的顺序排列。
ASM 程序如下。

```
            ORG     0000H
            AJMP    MAIN
            ORG     0003H
            AJMP    INT0
MAIN:       CLR     IT0
            SETB    EX0
            SETB    EA
            AJMP    $
INT0:       PUSH    PSW             ;外部中断 0 中断服务程序
            PUSH    ACC
            JB      P1.7，DV1
            JB      P1.6，DV2
            JB      P1.5，DV3
            JB      P1.4，DV4
GB:         POP     ACC
            POP     PSW
            RETI
DV1:                                ;装置 1 中断服务程序
            ...
            AJMP    GB
DV2:                                ;装置 2 中断服务程序
            ...
            AJMP    GB
```

```
        DV3:                          ；装置 3 中断服务程序
            ...
                AJMP    GB
        DV4:                          ；装置 4 中断服务程序
            ...
                AJMP    GB
                END
```

C51 程序如下。

```
include <reg51.h>
unsigned char acc_t, psw_t
sbit w1=P1^4;
sbit w2=P1^5;
sbit w3=P1^6;
sbit w4=P1^7;
void dv1（）                       //装置 1 中断服务程序
    {..........; }
void dv2（）                       //装置 2 中断服务程序
    {..........; }
void dv3（）                       //装置 3 中断服务程序
    {..........; }
void dv4（）                       //装置 4 中断服务程序
    {..........; }
void main（）
    {IT0=0;
     EX0=1;
     EA=1;
     while（1）;
    }
void int0（） interrupt 0          //外部中断 0 中断服务程序
    {acc_t=ACC;                    //保护现场
     psw_t=PSW;
     if（w4==1）dv1（）;
     if（w3==1）dv2（）;
     if（w2==1）dv3（）;
     if（w1==1）dv4（）;
     ACC= acc_t;                   //恢复现场
     PSW = psw_t;
    }
```

  多中断源查询方式具有较强的抗干扰能力。如果干扰信号引起中断请求，则进入中断程序依次查询一遍，找不到相应的中断源后又返回主程序。

  使用此方法扩展外部中断源时应注意以下两点。

  1）装置 1~4 的 4 个中断输入均为高电平有效，外部中断 0 采用电平触发方式。

  2）当要扩展的外部中断源数目较多时，需要一定的查询时间。如果在时间上不能满足系统要求，可采用硬件优先权编码器实现硬件排队电路。

5.1.5 中断系统应用

【**例 5-1**】 设计一个程序,能够实时显示 $\overline{INT0}$ 引脚上出现的负跳变信号的累计数(设此数小于等于 255)。

分析:可以利用中断系统解此题。设计主程序为显示程序,实时显示某寄存器(例如 R7)中的内容。利用 $\overline{INT0}$ 引脚上出现的负跳变作为中断请求信号,每中断一次,R7 的内容加 1。

汇编语言程序代码如下。

```
            ORG     0000H
            AJMP    MAIN            ;转主程序
            ORG     0003H
            AJMP    IP0             ;转中断服务程序
            ORG     0030H
MAIN:       MOV     SP,#60H         ;设堆栈指针
            SETB    IT0             ;设 INT0 为边沿触发方式
            SETB    EA              ;CPU 开中断
            SETB    EX0             ;允许 INT0 中断
            MOV     R7,#00H         ;计数器赋初值
LP:         ACALL   DISP            ;调用显示子程序-略
            AJMP    LP
IP0:        INC     R7              ;中断处理程序,计数器加 1(0~255)
            RETI                    ;中断返回
```

C51 程序如下。

```c
#include<reg51.h>
#include<stdio.h>
unsigned int COUNT=0;               /*定义全局变量 COUNT(0~65535)*/
void main()
{
    SCON=0x52;                      /*初始化串口,以便能调用 printf 函数*/
    IE=0x81;                        /*启用 CPU 和外部 0 中断*/
    TMOD=0x07;                      /*设置计数器 0 工作在方式 3,为计数方式*/
                                    /*计数器的启停仅由 TR0 控制*/
    TCON=0x01;                      /*INT0 设置为负边沿触发*/
    while(1)
    {
        printf("Pulses=%u\n",COUNT); /*输出计数结果*/
    }
}

void ex_int0(void) interrupt 0      /*定义外部中断 0 的中断函数*/
{
    COUNT++;                        /*完成计数功能*/
}
```

【例 5-2】 单片机连续读取 P1.0 的状态，该状态由 P1.7 的指示灯显示。当 P1.0 为高电平时，指示灯亮；当 P1.0 为低电平时，指示灯不亮。要求用中断控制该输入/输出过程，每请求中断一次，完成一个读写过程。用外部中断 0 实现该功能的电路如图 5-9 所示。

汇编语言程序代码如下。

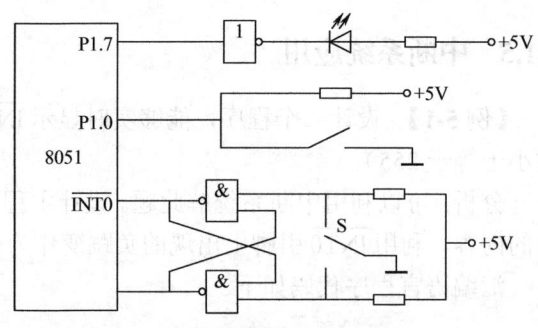

图 5-9 外部中断 0 电路实现

```
            ORG     0000H
            AJMP    MAIN            ;转到主程序
            ORG     0003H           ;外部中断 0 矢量地址
            AJMP    INT-0           ;转往中断服务子程序
            ORG     0050H           ;主程序
MAIN:       SETB    IT0             ;选择边沿触发方式
            SETB    EX0             ;允许 INT0 中断
            SETB    EA              ;CPU 开中断
HERE:       SJMP    HERE            ;主程序踏步等待中断
            ORG     0200H           ;中断程序入口
INT-0:      MOV     A, #0FFH
            MOV     P1, A           ;设 P1 口各位为 1（输入状态）
            MOV     A, P1           ;读 P1 口开关状态
            RR      A               ;送 P1.0 到 P1.7
            MOV     P1, A           ;驱动二极管发光
            RETI                    ;中断返回
            END
```

C51 程序如下。

```c
#include<reg51.h>
sbit P1_0=P1^0;
sbit P1_7=P1^7;
void main（）
{
    IE=0x81;            /*CPU 开中断和外部中断 0 允许*/
    TCON=0x01;          /*INT0 设置为负边沿触发*/
    while （1）；
}

void ex_int0（void）interrupt 0
{
    if （P1_0==1）      /*当 P1.0 为高电平时，指示灯亮；当 P1.0 为低电平时，指示灯不亮*/
        P1_7=1;
    else
        P1_7=0;
}
```

5.2　51单片机定时器/计数器

51单片机内部一般有两个16位定时器/计数器。可以通过编程设置其工作状态和方式，并且还可作为串口的波特率发生器。

本节主要介绍MCS-51单片机内部定时器/计数器的结构、工作原理和应用。

5.2.1　定时器/计数器概述

定时器/计数器都是以加法的形式进行计数的，每一个脉冲计数值加1。当它作为计数器使用时，主要用来对外部事件计数；当它作为定时器使用时，将单片机内部固定频率的机器周期（12个时钟周期）作为计数单位，在计数到确定的数值时，完成定时功能。

定时器/计数器的内部结构框图如图5-10所示。

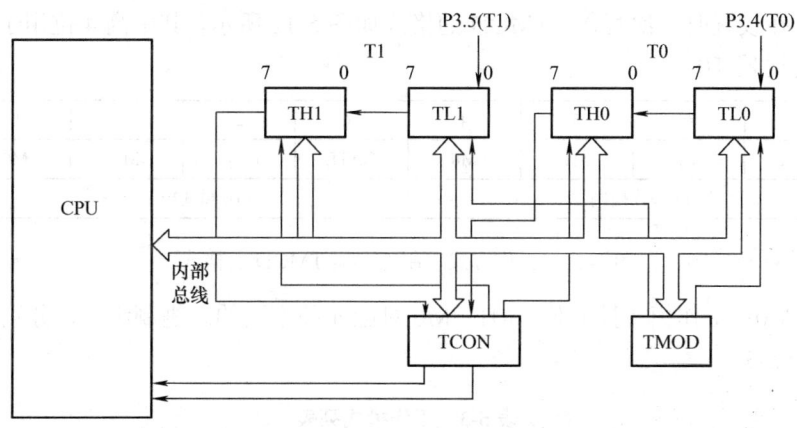

图5-10　定时器/计数器内部结构框图

定时器T1由TH1、TL1两个8位寄存器组成；定时器T0由TH0、TL0两个8位寄存器组成。TH1和TL1、TH0和TL0分别构成两个16位加法计数器，通过操作两个特殊功能寄存器TMOD和TCON的各位状态来改变T0/T1的工作状态（定时和计数）及工作方式。TMOD和TCON的内容由软件写入。当T0或T1加1溢出后，计满溢出信号使TCON中的TF0或TF1置1，作为定时器/计数器的溢出标志位。

当加法计数器的初值被设置后，用指令置位定时器T0（或T1）的运行控制位（TR0/TR1），定时器就会在下一条指令的第一个机器周期的S1P1时刻按设定的方式自动进行工作。

当T0、T1用作对外部事件计数时，外部脉冲输入端分别是P3.4（T0）和P3.5（T1）。在这种情况下，当CPU检测到输入端的电平由高跳变到低时，计数器就加1。加1操作发生在检测到这种跳变后的一个机器周期的S3P1，因此需要两个机器周期来识别一个从"1"到"0"的跳变，故最高计数频率为晶振频率的$1/(2\times 12)$。这就要求输入信号的电平跳变后至少应在一个机器周期内保持不变，以保证给定的电平再次变化前至少被采样一次。

当T0（或T1）用作定时器时，输入的时钟脉冲是由晶体振荡器的输出经12分频后得到的，所以定时器可看作是对单片机机器周期的计数器，因此它的计数频率为晶振频率的1/12。如晶振频率为12MHz，则定时器每接收一个计数脉冲的时间间隔为1μs。

这里需要注意的是，加法计数器是在加 1 计满溢出时才置位溢出标志位，所以在给计数器赋初值时不能直接输入所需的计数值，而应输入计数器计数的最大值与这一计数值的差值。设最大值为 M，计数值为 N，初值为 X，则 X 的计算方法如下。

计数工作方式时的初值：$X=M-N$

定时工作方式时的初值：$X=M-$定时时间$/T$

$$T=(1/晶振频率)\times 12$$

5.2.2 定时器/计数器的控制

1. 工作方式控制寄存器 TMOD

定时器/计数器有 4 种工作模式，由用户编程对 TMOD 设置，选择所需要的工作方式。

TMOD 属于特殊功能寄存器，其地址为单片机内部 RAM 区的字节地址 89H。该寄存器不能位寻址，在设置时一次写入。TMOD 的格式如图 5-11 所示，其中高 4 位用于定时器 T1，低 4 位用于定时器 T0。

7	6	5	4	3	2	1	0
GATE	C/$\overline{\text{T}}$	M1	M0	GATE	C/$\overline{\text{T}}$	M1	M0
T1 模式控制位				T0 模式控制位			

图 5-11 工作方式控制寄存器 TMOD 的格式

1）M1、M0：工作模式控制位。M1、M0 对应 4 种不同的二进制组合，分别对应 4 种工作模式，见表 5-3。

表 5-3 工作模式列表

M1 M0	模式	说 明
0 0	0	13 位定时（计数）器，TH 高 8 位和 TL 的低 5 位
0 1	1	16 位定时器/计数器
1 0	2	自动重装入初值的 8 位定时器/计数器
1 1	3	T0 分成两个独立的 8 位计数器，T1 没有模式 3

2）C/$\overline{\text{T}}$：定时器方式和计数器方式选择控制位。当 C/$\overline{\text{T}}$=1 时，定时器/计数器工作在计数器方式；当 C/$\overline{\text{T}}$=0 时，定时器/计数器工作在定时器方式。

3）GATE：定时器/计数器运行控制位（门控位）。当 GATE=1 时，只有 $\overline{\text{INT0}}$（P3.2）（或 $\overline{\text{INT1}}$（P3.3））引脚为高电平且 TR0（或 TR1）置 1 时，相应的 T0 或 T1 才能选通工作，此时可用于测量在 $\overline{\text{INT0}}$（或 $\overline{\text{INT1}}$）端出现的正脉冲的宽度。当 GATE=0 时，只要 TR0（或 TR1）置 1，T0（或 T1）就被选通，而不管 $\overline{\text{INT0}}$（或 $\overline{\text{INT1}}$）的电平是高还是低。

2. 定时器控制寄存器 TCON

定时器控制寄存器 TCON 除可字节寻址外，还可以位寻址。TCON 的字节地址为 88H，位地址为 88H～8FH，其格式如图 5-12 所示。

TF0、TF1 分别是 T0、T1 的溢出标志位，加 1 计满溢出时置 1，并申请中断，在中断响应后自动清 0；若采用软件查询的方法利用软件判断 TF0 或者 TF1 是否为 1，则计数器溢出后，要通过软件清除 TF0 或者 TF1。

TCON	8FH							88H
（88H）	MSB	6	5	4	3	2	1	LSB
	TF1	TR1	TF0	TR0	IE1	IT1	IE0	IT0

图 5-12 定时器控制寄存器 TCON 的格式

TR1、TR0 分别为 T0、T1 的运行控制位，通过软件置 1 后，定时器/计数器才开始工作，在系统复位时清 0。

TCON 的其余四位与中断有关，在上一节已介绍。

5.2.3 定时器/计数器的工作模式

定时器/计数器 T0 和 T1 有四种工作模式，即模式 0、模式 1、模式 2、模式 3。在模式 0、模式 1 和模式 2 下，T0 和 T1 的工作情况完全相同。

1. 工作模式 0

TMOD 的 M0M1 设置为 00 时，定时/计数器工作在模式 0，由定时器/计数器（T0 或 T1）的高 8 位和低 5 位组成 13 位计数器。其逻辑结构框图如图 5-13 所示。其中，TL0 的高 3 位未用，其余位为整个 13 位的低 5 位，TH0 占高 8 位。当 TL0 的低 5 位溢出时，向 TH0 进位；TH0 溢出时，置位 TF0，并申请中断。如：T0 是否溢出可查询 TF0 是否被置位来确定。

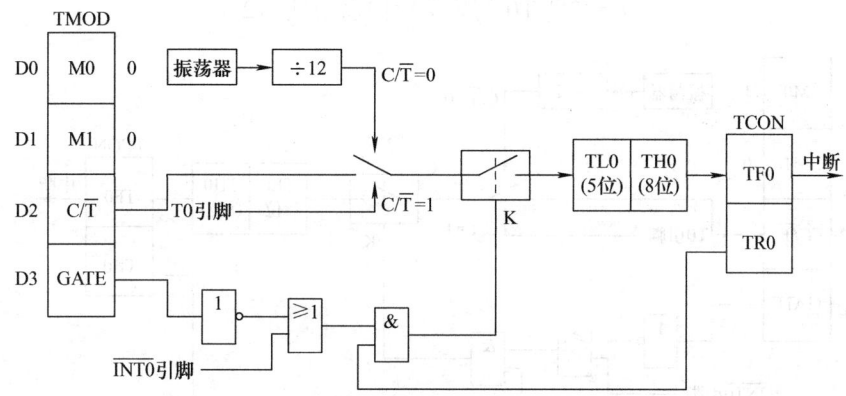

图 5-13 定时器/计数器 T0 工作模式 0 逻辑结构框图

在图 5-13 中，当 C/$\overline{T}$=0 时，振荡器 12 分频输出端，T0 对机器周期计数，即定时器工作方式。其定时时间为

$$t = (2^{13} - T0 \text{ 初始值}) \times \text{振荡周期} \times 12$$

当 C/$\overline{T}$=1 时，选择时钟输入为引脚 T0（P3.4），外部计数脉冲由引脚 T0（P3.4）输入，当外部信号电平发生由 1 到 0 跳变时（下降沿），计数器加 1。这时，T0 成为外部事件计数器，即计数器工作方式。

考虑到与早期单片机的兼容性，以及计算初值的方法比较麻烦，因此一般不经常使用模式 0。

【例5-3】 定时器初值计算。

设置定时 1ms，晶振为 6MHz，则初值计算方法为

$$2^{13}-1000/2=7692（1E0CH）=0001\ 1110\ 0000\ 1100$$

将第 0～4 位 01100 送入 TL0，将第 5～12 位 11110000 送入 TH0。
初值在程序中也可直接计算给出。
T0 初始化程序如下。
汇编语言程序如下。

```
MOV    TMOD, #00H
MOV    TH0, （8192 – 500）/ 32      ;计算初值高 8 位赋 TH0, /：汇编语言除法运算符
MOV    TL0, （8192 – 500）MOD 32    ;计算初值低位赋 TL0, MOD：汇编语言除法求余运算符
```

C51 程序如下。

```
TMOD = 0x00;
TH0 = (8192 – 500)/ 32;
TL0 = (8192 – 500)% 32;
```

2．工作模式 1

TMOD 的 M0M1 设置为 01 时，定时器/计数器工作在模式 1，该模式对应的是一个 16 位的定时器/计数器，如图 5-14 所示。当 T0 工作在模式 1 时，两个 8 位寄存器 TH0 和 TL0 组成 16 位计数器，其结构和操作方式与模式 0 基本一样。当工作在定时器方式时，定时时间为

$$t = (2^{16}-T0\ 初始值)\times 振荡周期\times 12$$

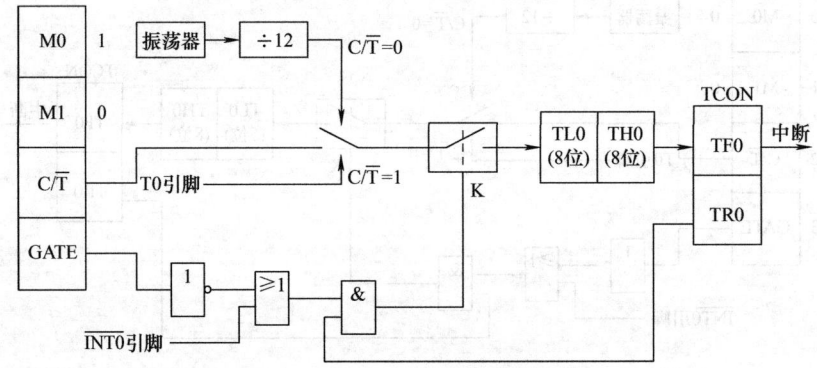

图 5-14　定时器/计数器 T0 工作模式 1 逻辑结构框图

当工作在计数器方式时，计数最大长度为 $2^{16}=65536$ 个外部脉冲。

【例5-4】 定时器初值计算。

如要定时 1ms，晶振为 12MHz，则初值计算方法为

$$2^{16}-1000=64536（FC18H）$$

T0 初始化程序（汇编语言程序）如下。

```
MOV    TMOD, #01H
MOV    TH0, （65536 – 1000）/ 256
```

MOV　TL0,（65536 – 1000）MOD 256

T0 初始化程序（C51 程序）如下。

TMOD = 0x01;
TH0 = (65536 – 1000)/ 256;
TL0 = (65536 – 1000)% 256;

3．工作模式 2

TMOD 的 M0M1 设置为 10 时，定时/计数器工作在模式 2。模式 2 把 TL0（或 TL1）设置成一个可以自动重装载的 8 位定时器/计数器，如图 5-15 所示。

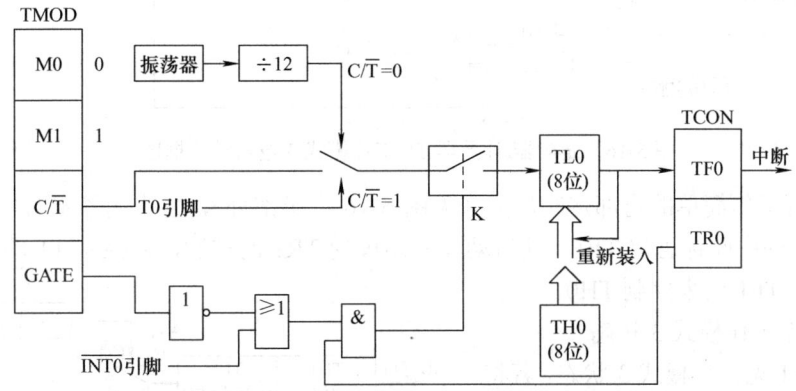

图 5-15　定时器/计数器 T0 工作模式 2 逻辑结构框图

在工作模式 2 时，当 TL0 计数溢出时，不仅对溢出中断标志位 TF0 置 1，而且还自动把 TH0 中的内容重新装载到 TL0 中。TH0 保存自动重载的计数初值，TL0 作为 8 位计数器。

在程序初始化时，TL0 和 TH0 由软件赋予相同的初值。一旦 TL0 计数溢出，便置位 TF0，并将 TH0 中的初值再自动装入 TL0，继续计数，循环重复。当工作在定时器方式时，定时时间为

$$t = (2^8 - TH0 初值) \times 振荡周期 \times 12$$

当工作在计数器方式时，最大计数长度为 2^8=256 个外部脉冲。

该工作模式可省去用户软件中重新装入常数的指令，因此定时时间比较精准，因此适合做串行口波特率发生器（T1）或者脉冲信号发生器。

例如，如要定时 100μs，晶振为 6MHz。则初值计算方法为 2^8-50=206（CEH）。

4．工作模式 3

TMOD 的 M0M1 设置为 11 时，定时器/计数器工作在模式 3。

T0 和 T1 在工作模式 3 时结构大不相同，如果 T1 设置为模式 3，则停止计数，保持原计数值。

（1）T0 工作在模式 3

若将 T0 设置为模式 3，TL0 和 TH0 被分成为两个相互独立的 8 位计数器。定时器/计数器 T0 工作模式 3 逻辑结构框图如图 5-16 所示。

在图 5-16 中，TL0 用原 T0 的各控制位、引脚和中断源，即 C/T̄、GATE、TR0、TF0 和 T0（P3.4）引脚，INT0（P3.2）引脚。TL0 除仅用 8 位寄存器外，其功能和操作与模式 0（13

位)、模式 1(16 位)完全相同。或者说,TL0 操作方式和模式 2 基本一样,但不能自动重载初值,必须由软件赋初值。TL0 也可工作在定时器方式或计数器方式。

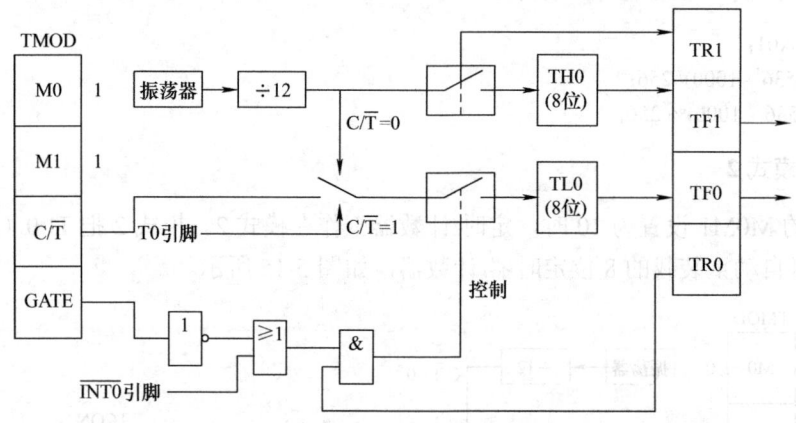

图 5-16 定时器/计数器 T0 工作模式 3 逻辑结构框图

TH0 只可用作简单的内部定时功能(见图 5-16 上半部分),它占用了定时器 T1 的控制位 TR1 和 T1 的中断标志位 TF1,其启动和关闭仅受 TR1 的控制,原控制 T1 的控制位 TR1 和中断标志位 TF1 用来控制 TH0。

(2)T1 无工作模式 3 状态

定时器 T1 无工作模式 3 状态,若将 T1 设置为模式 3,就会使 T1 立即停止计数,即保持原有的计数值,作用相当于使 TR1=0,封锁与门,断开计数开关。

(3)波特率发生器

在定时器 T0 工作在模式 3 时,T1 仍可设置为模式 0~2,如图 5-17 所示。由于 TR1 和 TF1 被 T0 占用,计数器开关已被接通,此时,仅用 T1 控制位 C/T̄ 切换其定时器或计数器工作方式就可使 T1 运行。寄存器(8 位、13 位、16 位)溢出时,只能将输出送入串行口或用于不需要中断的场合。一般情况下,当定

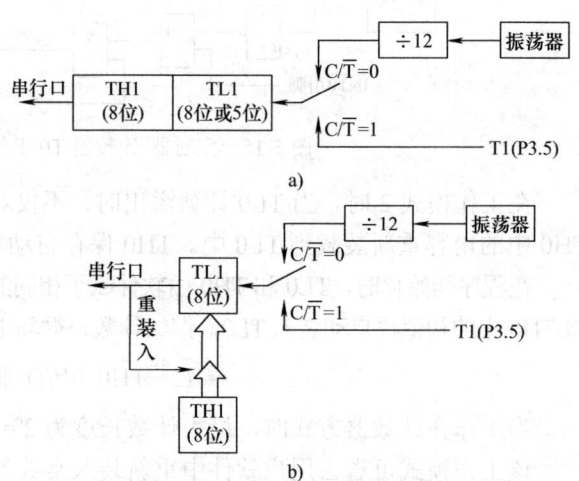

图 5-17 T0 模式 3 下的 T1 逻辑结构框图
a)T1 模式 1(或模式 0)　　b)T1 模式 2

时器 T1 用作串行口波特率发生器时,定时器 T0 才设置为工作模式 3。此时,通常把定时器 T1 设置为模式 2,用作波特率发生器,如图 5-17b 所示。

5.2.4 定时器/计数器的应用示例及仿真

1. 定时器延时控制(方波发生器)

(1)设计要求

单片机晶振为 12MHz,利用定时器使 P1.0 连续输出周期为 2 s 的方波,控制一个发光二极管(闪烁)每 1s 改变一次状态(分别使用查询和中断控制方式实现)。

（2）硬件电路

在 Proteus ISIS 下输入原理图（含虚拟示波器），如图 5-18 所示。

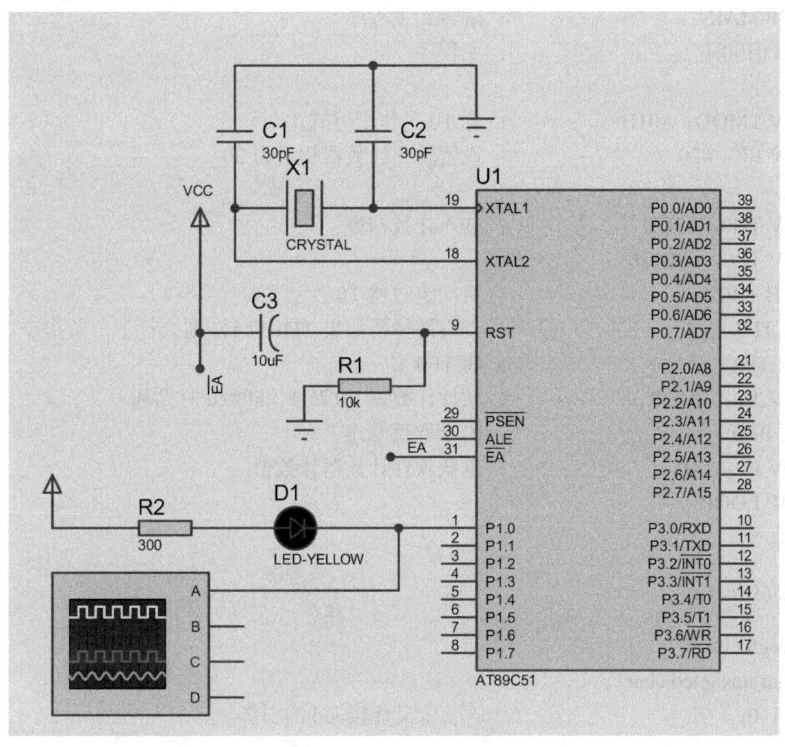

图 5-18 硬件仿真原理图

（3）分析

利用 T0 产生 1s 的定时程序，循环控制。

由于定时器最长定时时间是有限的，因定时时间较长，采用哪一种工作模式较合适，可以比较一下。

模式 0 最长可定时 8.19216.ms。

模式 1 最长可定时 65.5036ms。

模式 2 最长可定时 256μs。

根据题中要求，可选模式 1，为实现 1s 的延时，可以设置定时器 T0 定时时间为 50 ms，通过程序设置一个软件计数器，对定时器溢出（TF0）次数计数（20 次），或者每隔 50ms 中断一次，中断 20 次为 1s。

设初值为 X，则有

$$(2^{16} - X) \times \frac{12}{12 \times 10^6} = 50 \times 10^{-3}$$

可求得 $X = 65536 - 10^3 \times 50 = 15536 =$（3CB0H）

因此，（TL0）=0B0H，（TH0）=3CH。

（4）程序设计

1）采用查询 T0 的 TF0 方法。

ASM 程序如下。

```
ORG     0000H
    LJMP MAIN               ;跳转到主程序
    ORG 0100H               ;主程序
MAIN:
    MOV TMOD,#01H           ;置 T0 工作于方式 1
    MOV R0,#20              ;设置软件计数器初值为 20
LOOP:
    MOV TH0,#3CH            ;装入计数初值
    MOV TL0,#0B0H
    SETB TR0                ;启动定时器 T0
    JNB TF0,$               ;查询等待,如果 TF0 为 1,则执行下一条指令
    CLR TF0                 ;清 TF0
    DJNZ R0,LOOP            ;软件计数器 R0 减 1,R0≠0 时循环
    CPL P1.0                ;P1.0 取反输出
    MOV R0,#10              ;重载软件计数器计数值
    SJMP LOOP
    END
```

C51 程序如下。

```c
#include <reg51.h>
#define uchar unsigned char
sbit led = P1^0;                        //定义连接 led 的引脚
void Init (void)
{
    TMOD = 0x01;                        //设置 T0 为方式 1
    TH0 = (65536-50000)/ 256;           //对于 16 位计数器 0-50000=15536,免于计算直接装入初值
    TL0 = (65536-50000)% 256;           //装入初值(15536 mod256)
    TR0 = 1;
    led = 1;
}

void main(void)
{
    uchar i = 0;
    Init ();
    while (1)
    {
        TH0 = (65536-50000) / 256;      //重新装入初值
        TL0 = (65536-50000) % 256;
        while (!TF0);                   //等待 T0 溢出
        TF0 = 0;                        //清除溢出标志位
        i ++;                           //软件计数加 1
        if (i == 20)
        {
            led = ~led;                 //P1.0 取反输出
```

```
            i = 0;                    //软件计数器清 0
        }
    }
}
```

2）采用中断的方法。

ASM 程序如下。

```
        ORG 0000H
        LJMP MAIN
        ORG 000BH              ;T0 中断入口地址
        LJMP INT_T0
        ORG 0030H
MAIN：
        MOV TMOD，#01H         ;置 T0 方式 1
        MOV TH0，#3CH          ;装入计数初值
        MOV TL0，#0B0H
        MOV R0，#20            ;软件计数器置初值
        SETB ET0               ;T0 开中断
        SETB EA                ;CPU 开中断
        SETB TR0               ;启动 T0
        SJMP $                 ;等待中断
INT_T0：
        PUSH ACC               ;保护现场
        PUSH PSW
        MOV TH0，#3CH          ;装入计数初值
        MOV TL0，#0B0H         ;装入计数值
        DJNZ R0，INTEND        ;软件计数器减 1
        CPL P1.0               ;P1.0 取反输出
        MOV R0，#20
INTEND：
        POP PSW                ;恢复现场
        POP ACC
        RETI
        END
```

C51 程序如下。

```c
#include <reg51.h>
#define uchar unsigned char
sbit led = P1^0;
uchar i = 0;
void Init Timer0（void）
{
    TMOD = 0x01;                   //置 T0 方式 1
    TH0 =（65536-50000)/ 256;      //装入计数初值
    TL0 =（65536-50000)% 256;
    ET0 = 1;                       //开 T0 中断
```

```
        EA = 1;                            //开 CPU 总中断
        TR0 = 1;                           //启动 T0，开始计数
    }
    void main（void）
    {
        Init Timer0（）;
        while（1）;
    }
    void Timer0Int（void）interrupt 1 using 1    //T0 中断服务程序 using 1 代表使用通用寄存器组 1
    {
        TH0 =0-50000 / 256;                //重载计数初值
        TL0 = 0-50000 % 256;
        i++;
        if（i == 20）
        {
            led = ~led;                    //P1.0 取反输出
            i = 0;
        }
    }
```

（5）仿真调试

在 Proteus 下仿真运行调试，发光二极管闪烁，打开虚拟示波器，方波周期为 2s，如图 5-19 所示。

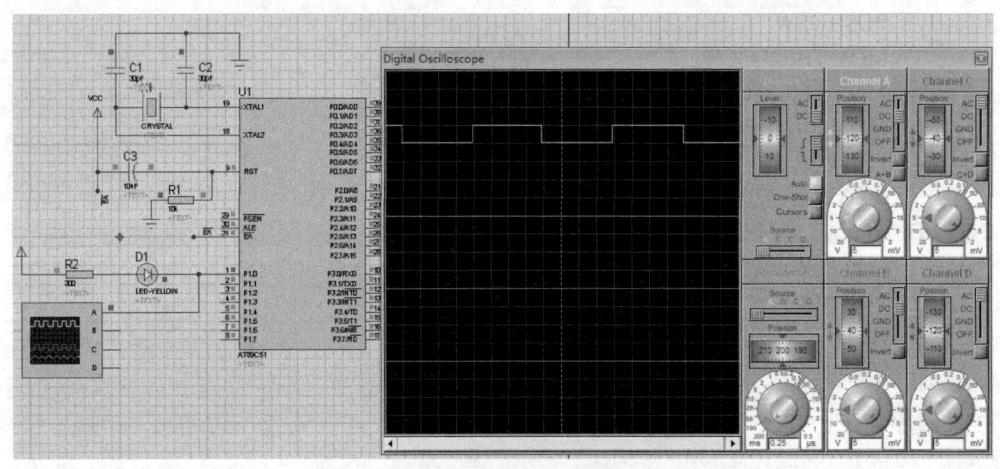

图 5-19　仿真调试结果

2. 定时器实现测量脉冲宽度及仿真

（1）设计要求

利用 T0 门控制位测试 $\overline{INT0}$（P3.2）引脚上出现的正脉冲的宽度，并以机器周期数的形式显示在显示器上。

（2）硬件电路

将需要测量的正脉冲信号转换为 51 单片机电平（高电平 5V，低电平 0V），直接接在 P3.2

引脚即可。为简化起见，图中使用的 LED 数码管为 4 位二进制码 0000～1111 输入，则对应显示十六进制 0～F，只能用于 Proteus 仿真（在实际电路中应选择带有硬件译码的数码管）。数码管分别由 P1 和 P2 口输出控制显示，如图 5-20 所示。设单片机时钟频率为 12MHz（定时器计数 1 次计时 1μs）。

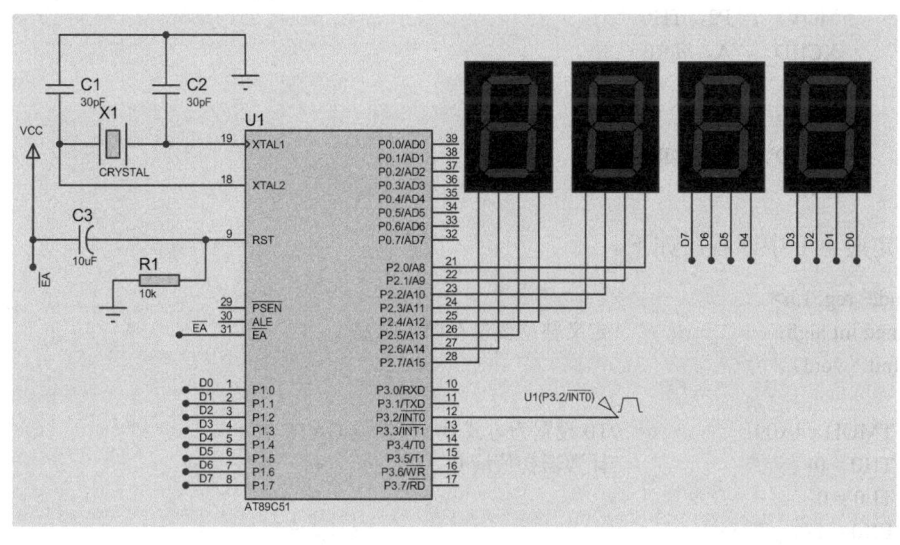

图 5-20 硬件仿真原理图

（3）分析

根据要求，可这样设计程序：将 T0 设定为定时器模式 1，GATE 程控为 1，置 TR0 为 1。一旦 $\overline{INT0}$ 引脚出现高电平即开始计数，直到出现低电平时读取 T0 计数值，将 TL0 送 P1、TH0 送 P2 显示，测试过程的脉冲示意图如图 5-21 所示。

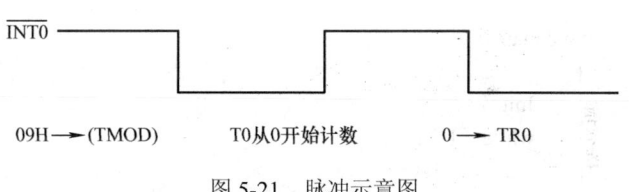

图 5-21 脉冲示意图

（4）程序设计

ASM 程序如下。

```
        ORG    0000H
START:  MOV    TMOD, #09H   ; T0 工作于工作模式 1，GATE 置位
        MOV    TL0, #00H
        MOV    TH0, #00H
WAIT1:  JB     P3.2, WAIT1  ; 等待 INT0 由高变低
        SETB   TR0          ; 启动定时
WAIT2:  JNB    P3.2, WAIT2  ; 等待 INT0 由低变高
WAIT3:  JB     P3.2, WAIT3  ; 等待 INT0 由高变低
        CLR    TR0          ; 停止计数
        MOV    R0, #30H     ; 显示缓冲区首址送 R0
        MOV    A, TL0
        MOV    P1, TL0      ; 机器周期的存放为低位占低地址
        XCHD   A, @R0       ; 高位占高地址
```

```
        INC    R0
        SWAP   A
        XCHD   A, @R0
        INC    R0
        MOV    A, TH0
        MOV    P2, TH0
        XCHD   A, @R0
        INC    R0
        SWAP   A
        XCHD   A, @R0
        END
```

C51 定时器 0 中断程序如下。

```c
#include<reg51.h>
unsigned int high;              //定义整型变量存储正脉宽
void Init（void）
{
    TMOD = 0x09;                //T0 设置为方式 0，门控位 GATE 置 1
    TH0 = 0;                    //计数器初值清 0
    TL0 = 0;
    EX0 = 1;
    IT0 = 1;
    TR0 = 1;
    EA = 1;
}

void main（）
{
    Init（）;
    while（1）;
}

void ext0（void）interrupt 0 using 1
{
    high = TH0*256 + TL0;       //获取正脉宽初值，可以根据单片机晶振频率计算宽度
    P1=TL0;
    P2=TH0;
    TH0 = 0;
    TL0 = 0;
}
```

注意：受定时器模式 1 的 16 位计数长度的限制，被测脉冲高电平宽度必须小于 65536 个机器周期。

（5）仿真调试

在 Proteus 下仿真调试，设置方波信号 U1=100Hz（周期为 0.01s），数码管显示 1388H，即脉宽十进制数为 5000μs=5ms，仿真调试结果如图 5-22a 所示。在仿真调试（Debug）时打开寄存器及存储器窗口，T0 和存储单元 30H～33H 均显示 1388，显示结果如图 5-22b 所示。

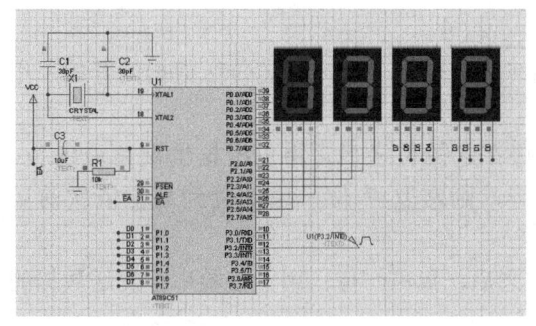 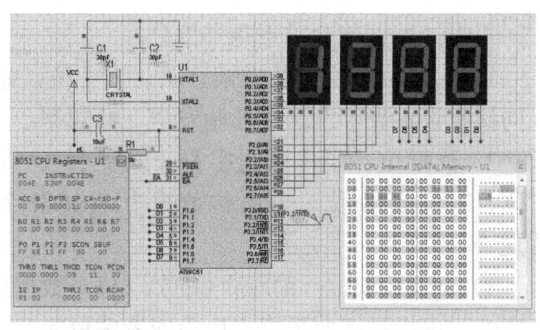

图 5-22 仿真调试结果

a)仿真运行　　b)Debug 调试

5.3 串行口

在单片机应用系统中，单片机经常需要和单片机、PC 或外部设备进行数据通信。计算机与外界的信息交换称为通信。CPU 与外部设备的基本通信方式有并行通信和串行通信两种。51 单片机具有功能很强的可编程全双工串行通信接口。

本节介绍串行通信的基本概念、51 单片机串行口的结构、控制方法、工作方式及应用，以及常用的串行通信总线标准接口及芯片。

5.3.1 串行通信的基本概念

在计算机系统中，串行通信是指计算机主机与外设之间以及主机系统与主机系统之间数据的串行传送。要学习 MCS-51 的串行接口，必须先弄清与串行通信有关的一些概念。串行通信有异步通信和同步通信两种基本通信方式。

1. 异步通信和同步通信

（1）异步通信

在异步通信中，数据通常以字符（或字节）为单位组成数据帧传送，如图 5-23 所示。

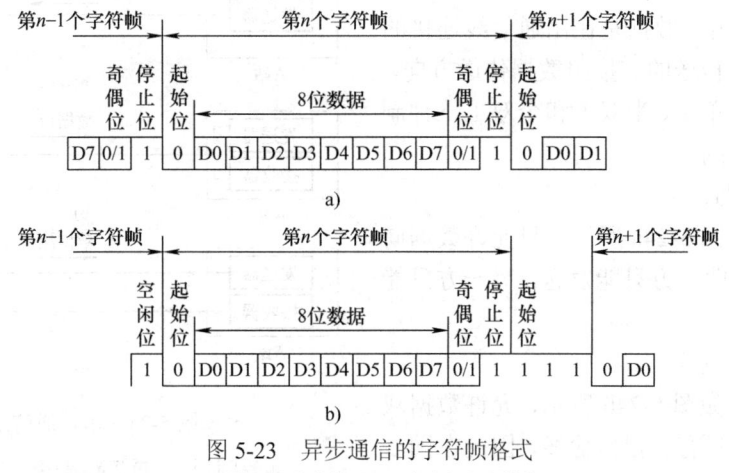

图 5-23 异步通信的字符帧格式

a)无空闲位字符帧　　b)有空闲位字符帧

每一帧数据包含以下几个部分。

1) 起始位。位于数据帧开头，占一位，始终为低电平（0），标志传送数据的开始，用于向接收设备表示发送端开始发送一帧数据。

2) 数据位。要传送的字符（或字节），紧跟在起始位之后，用户根据情况可取 5 位、6 位、7 位或 8 位。若所传数据为 ASCⅡ字符，则常取 7 位。由低位到高位依次前后传送。

3) 奇偶校验位（简称奇偶位）。位于数据位之后，仅占一位，用于校验串行发送数据的正确性，可根据需要采用奇校验或者偶校验。

4) 停止位。位于数据帧末尾，占一位、一位半（这里的一位对应于一定的发送时间，故有半位）或两位，为高电平（1），用于向接收端表示一帧数据已发送完毕。

在串行通信中，有时为了使收发双方有一定的操作间隙，可以根据需要在相邻数据帧之间插入若干空闲位。空闲位和停止位一样也是高电平，表示线路处于等待状态。存在空闲位是异步通信的特征之一。

有了以上数据帧的格式规定，发送端和接收端就可以连续协调地传送数据，也就是说，接收端会知道发送端何时开始发送和何时结束发送。发送端和接收端可以有各自的时钟来控制数据的发送和接收，这两个时钟源彼此独立，可以互不同步。

异步通信传送数据的速率受到限制，一般在 50~9600bit/s 之间。但异步通信不需要传送同步脉冲，字符帧的长度不受限制，对硬件要求较低，因而在数据传送量不很大、要求传送速率不高的远距离通信场合得到了广泛应用。

（2）同步通信

在同步通信中，每个数据块传送开始时，采用一个或两个同步字符作为起始标志，数据在同步字符之后，传送的数据块长度不受限制。同步通信数据传输速率高于异步通信，通常可达 56000bit/s。但同步通信要求采用准确的时钟来实现发送端与接收端之间的严格同步，为了保证数据传输正确无误，发送方除了发送数据外，还要同时把时钟传送到接收端。同步通信常用于传送数据量大、传送速率要求较高的场合。

2. 串行通信的制式

在串行通信中，数据是在由通信线连接的两个工作站之间传送的。按照数据传送方向，串行通信可分为单工、半双工和全双工三种制式，如图 5-24 所示。

（1）单工制式

单工制式如图 5-24a 所示，只允许数据向一个方向传送，即一方只能发送，另一方只能接收。

（2）半双工制式

半双工制式如图 5-24b 所示，允许数据双向传送，但由于只有一根传输线，因此在同一时刻只能一方发送，另一方接收。

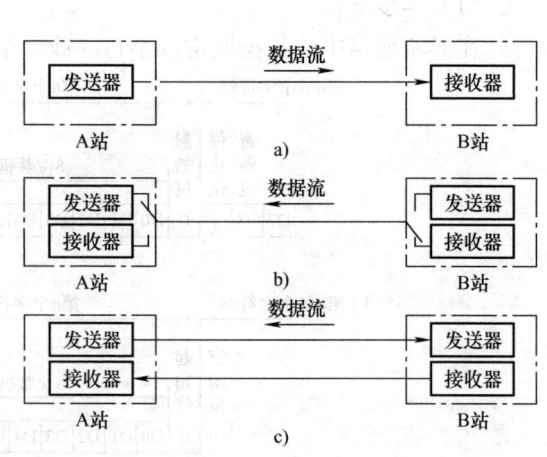

图 5-24 串行通信制式

a)单工制式　b)半双工制式　c)全双工制式

（3）全双工制式

全双工制式如图 5-24c 所示，允许数据同时双向传送，由于有两根传输线，在 A 站将数据发送到 B 站的同时，也允许 B 站将数据发送到 A 站。

3．波特率和发送/接收时钟

（1）波特率

串行通信的数据是按位进行传送的，每秒钟传送的二进制数码的位数称为波特率（也称比特数），单位是 bit/s，即 bps（bit per second，位每秒）。波特率是串行通信的重要指标，用于衡量数据传输的速率。标准波特率的系列为 110bit/s、300bit/s、600bit/s、1200bit/s、1800bit/s、2400bit/s、4800bit/s、9600bit/s 和 19200bit/s。

每位的传送时间为波特率的倒数，即 T_d=1/波特率。例如，波特率为 110bit/s 的通信系统，其每位的传送时间应为

$$T_d=1/110s\approx0.0091s=9.1ms$$

接收端和发送端的波特率分别设置时，必须保持相同。

（2）发送/接收时钟

二进制数据序列在串行传送过程中以数字信号波形的形式出现。无论发送或是接收，都必须有时钟信号对传送的数据进行定位。

在发送数据时，发送器在发送时钟的下降沿将移位寄存器中的数据串行移位输出；在接收数据时，接收器在接收时钟的上升沿对数据位采样。

为保证数据传送的准确无误，发送/接收时钟频率应大于或等于波特率，两者的关系为

$$发送/接收时钟频率=n\times 波特率$$

上式中，n 称为波特率因子，n=1、16 或 64。对于同步传送方式，必须取 n=1；对于异步传送方式，通常取 n=16。

数据传输时，每一位的传送时间 T_d 与发送/接收时钟周期 T_c 之间的关系为

$$T_d=n\times T_c$$

4．奇偶校验

当串行通信用于远距离传送时，容易受到噪声干扰。为保证通信质量，需要对传送的数据进行校验。对于异步通信，常用的校验方法是奇偶校验法。

采用奇偶校验法，发送时在每个字符（或字节）之后附加一位校验位，这个校验位可以是"0"或"1"，以便使校验位和所发送的字符（或字节）中"1"的个数为奇数——称为奇校验，或为偶数——称为偶校验。接收时，检查所接收的字符（或字节）连同奇偶校验位中"1"的个数是否符合规定。若不符合，就证明传送数据受到干扰发生了变化，CPU 可进行相应处理。

奇偶校验是对一个字符（或字节）校验一次，只能提供最低级的错误检测，通常只用于异步通信。

5.3.2　51 单片机串行口

51 单片机内部有一个全双工串行异步通信接口，通过软件编程，它可以作 UART（通

用异步接收和发送器）用，构成双机或多机通信系统，也可以外接移位寄存器后扩展为并行 I/O 口。

1. 串行口结构

51 单片机通过引脚 RXD（P3.0）和引脚 TXD（P3.1）与外界进行通信。其内部结构框图如图 5-25 所示。

由图 5-25 可见，串行口内部有两个物理上相互独立的数据缓冲器 SBUF，一个用于发送数据，另一个用于接收数据。但发送缓冲器只能写入数据，不能读出数据，而接收缓冲器只能读出数据，不能写入数据，所以两个缓冲器共用一个地址（99H）。

发送数据时，执行一条将数据写入 SBUF 的传送指令（例如，MOV SBUF，A），即可将要发送的数据按事先设置的方式和波特率从引脚 TXD 串行输出。一个数据发送完毕

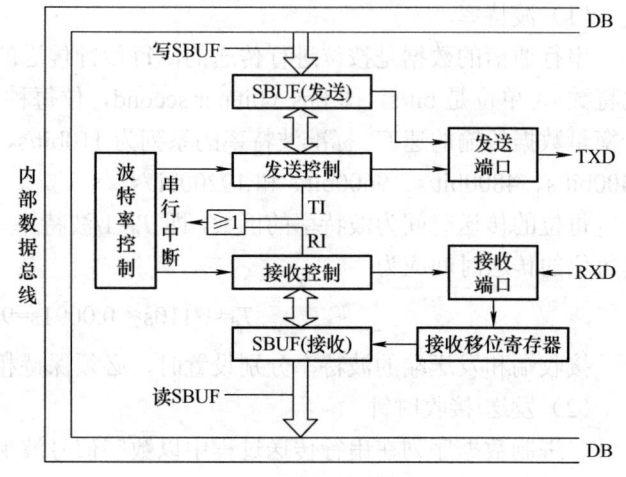

图 5-25　串行口结构框图

后，串行口产生中断标志位，向 CPU 申请中断，请求发送下一个数据。

接收数据时，当检测到 RXD 引脚上出现一帧数据的起始位后，便一位一位地将接下来的数据接收并保存到 SBUF 中，然后产生中断标志位，向 CPU 申请中断，请求 CPU 接收这一数据。CPU 响应中断后，执行一条读 SBUF 指令（例如 MOV A，SBUF）就可将接收到的数据送入某个寄存器或存储单元。为避免前后两帧数据重叠，接收器是双缓冲的。

2. 串行口控制

51 单片机的串行口是可编程接口，通过对两个特殊功能寄存器 SCON 和 PCON 进行编程，可控制串行口的工作方式和波特率。

（1）串行口控制寄存器 SCON

SCON 是 51 单片机的一个特殊功能寄存器，串行数据通信的方式选择、接收和发送控制以及串行口的状态标志都由专用寄存器 SCON 控制和指示。SCON 用于控制串行口的工作方式，同时包含要发送或接收到的第 9 位数据位以及串行口中断标志位。该寄存器的字节地址为 98H，可进行位寻址。其各位的定义如图 5-26 所示。

SM0、SM1：串行口工作方式选择位。用于设定串行口的工作方式，两个选择位对应 4 种工作方式，见表 5-4，其中 f_{osc} 是振荡器频率。

位序号	D7	D6	D5	D4	D3	D2	D1	D0
位符号	SM0	SM1	SM2	REN	TB8	RB8	TI	RI

图 5-26　串行口控制寄存器 SCON 各位的定义

SM2：多机通信控制位。方式 2 和方式 3 可用于多机通信，在这两种方式中，若 SM2=1，则允许多机通信，只有当接收到的第 9 位数据 RB8=1 时，才置位 RI；当收到的 RB8=0 时，不置位 RI（不申请中断）。若 SM2=0，则不论收到的第 9 位数据 RB8 是 0 还是 1，都置位

RI，接收到的数据装入 SBUF。在方式 1 中，若 SM2=1，只有当接收到的停止位为 1 时才能置位 RI。在方式 0 中，必须使 SM2=0。

表 5-4 串行口的工作方式

SM0	SM1	工作方式	功能	波特率
0	0	方式 0	同步移位寄存器	$f_{osc}/12$
0	1	方式 1	10 位异步收发	波特率可变
1	0	方式 2	11 位异步收发	$f_{osc}/32$ 或 $f_{osc}/64$
1	1	方式 3	11 位异步收发	波特率可变

REN：允许接收控制位。若 REN=1，则允许串行口接收数据；若 REN=0，则禁止串行口接收数据。

TB8：方式 2 和方式 3 中发送数据的第 9 位。在许多通信协议中，该位可用作奇偶校验位；在多机通信中，该位用作发送地址帧或数据帧的标志位。在方式 0 或方式 1 中，该位不用。

RB8：方式 2 和方式 3 中接收数据的第 9 位。在方式 2 和方式 3 中，将接收到的数据的第 9 位放入该位。在方式 1 中，若 SM2=0，则 RB8 是接收到的停止位。在方式 0 中，该位不用。

TI：发送中断标志位。在方式 0 串行发送第 8 位结束时或在其他方式开始串行发送停止位时由硬件置位，在开始发送前必须由软件清零（因串行口中断被响应后，TI 不会被自动清零）。

RI：接收中断标志位。在方式 0 接收到第 8 位结束时或在其他方式下接收到停止位后，RI 由硬件置位。RI 也必须由软件清零。

（2）电源控制寄存器 PCON

PCON 中只有最高位 SMOD 与串行口工作有关，该位用于控制串行口工作于方式 1、2、3 时的波特率。当 SMOD=1 时，波特率加倍。PCON 的字节地址为 87H，没有位寻址功能。单片机复位时，SMOD=0。

3．串行口的工作方式

51 单片机的串行口有方式 0、方式 1、方式 2 和方式 3 四种工作方式，用户可根据实际需要进行选用。方式 0 主要用于扩展并行输入/输出口，方式 1、方式 2 和方式 3 主要用于串行通信。

（1）方式 0

该方式为同步移位寄存器输入/输出方式，常用于扩展并行 I/O 口。串行数据通过 RXD 输入或输出，同时通过 TXD 输出同步移位脉冲，作为外部设备的同步信号。该方式收/发的数据帧格式如图 5-27a 所示，一帧数据为 8 位，低位在前，高位在后，无起始位、奇偶校验位及停止位，波特率固定为 $f_{osc}/12$。

1）发送过程。当 CPU 执行一条将数据写入发送缓冲器 SBUF 的指令后，串行口把 SBUF 中的 8 位数据从 RXD 端一位一位地输出。数据发送完毕后由硬件将 TI 置位，发送下一个数据之前应先用软件将 TI 清零。

2）接收过程。用软件使 REN=1（同时 RI=0）就会启动一次接收过程。外部数据一位一位地从 RXD 引脚输入接收 SBUF 中，接收完 8 位数据后由硬件置位 RI，接收下一个数据之前应先用软件将 RI 清零。

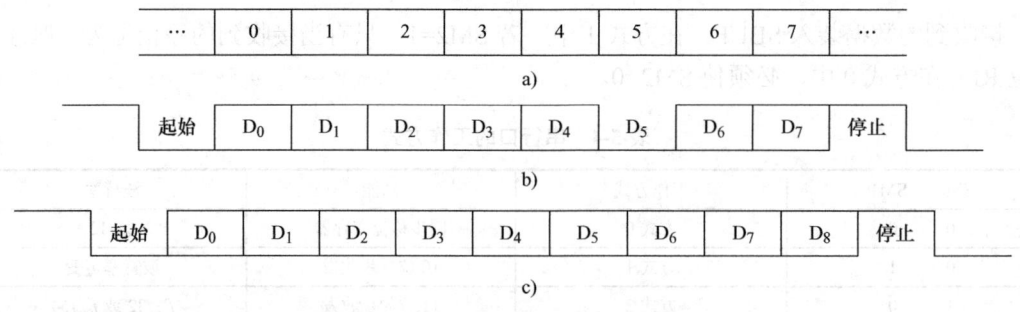

图 5-27 串行口 4 种工作方式的数据帧格式

a)方式 0 数据帧格式　　b)方式 1 数据帧格式　　c)方式 2 和方式 3 数据帧格式

(2) 方式 1

方式 1 为波特率可变的 10 位异步通信方式，由 TXD 端发送数据，RXD 端接收数据。收发一帧数据的格式为 1 位起始位、8 位数据位、1 位停止位，共 10 位，如图 5-27b 所示。在接收时，停止位进入 RB8。

1) 发送过程。当 CPU 执行一条将数据写入 SBUF 的指令时，就启动发送过程。当发送完一帧数据时，由硬件将发送中断标志位 TI 置位。

2) 接收过程。当用软件使 REN=1 时，接收器开始对 RXD 引脚进行采样，采样脉冲频率是所选波特率的 16 倍。当检测到 RXD 引脚上出现从 1 到 0 的跳变时，就启动接收器接收数据。一帧数据接收完毕必须同时满足以下两个条件：① RI=0；② SM2=0 或接收到的停止位为 1，这次接收才真正有效，将 8 位数据送入 SBUF，停止位送 RB8，置位 RI。否则，这次接收到的数据将因不能装入 SBUF 而丢失。

(3) 方式 2 和方式 3

这两种方式都是 11 位异步通信，操作方式完全一样，只有波特率不同，适用于多机通信。在方式 2 或方式 3 下，数据由 TXD 端发送，RXD 端接收。

收发的一帧数据为 11 位，包括 1 位起始位（低电平）、8 位数据位、1 位可编程的第 9 位（D8：用于奇偶校验或地址/数据选择，发送时为 TB8，接收时送入 RB8）、1 位停止位（高电平），如图 5-27c 所示。

1) 发送过程。发送前，先根据通信协议由软件设置 TB8，然后执行一条将发送数据写入 SBUF 的指令，即可启动发送过程。串行口能自动把 TB8 取出并装入到第 9 位数据位（D8）的位置。发送完一帧数据时，由硬件置位 TI。

2) 接收过程。当用软件使 REN=1 时，允许接收。接收器开始采样 RXD 引脚上的信号，检测和接收数据的方法与方式 1 相似。当接收到第 9 位数据送入接收移位寄存器后，若同时满足以下两个条件：① RI=0；② SM2=0 或接收到的第 9 位数据为 1（SM2=1），则这次接收有效，8 位数据装入 SBUF，第 9 位数据装入 RB8，并由硬件置位 RI。否则，接收的这一帧数据将丢失。

4．波特率设置

串行口的波特率因串行口的工作方式不同而不同，在实际应用中，应根据所选通信设备、传输距离、传输线状况和调制解调器型号等因素正确地选用和设置波特率。

（1）方式 0 的波特率

在方式 0 下，串行口的波特率是固定的，即

$$波特率 = f_{osc}/12$$

（2）方式 2 的波特率

在方式 2 下，串行口的波特率可由 PCON 中的 SMOD 位控制：若 SMOD=0，则所选波特率为 $f_{osc}/64$；若 SMOD=1，则波特率为 $f_{osc}/32$。即

$$波特率 = \frac{2^{SMOD}}{64} \times f_{osc}$$

（3）方式 1 和方式 3 的波特率

在这两种方式下，串行口波特率由定时器 T1 的溢出率和 SMOD 值同时决定。相应计算公式为

$$波特率 = 2^{SMOD} \times T1\ 溢出率/32$$

确定波特率的关键是计算出定时器 T1 的溢出率。

51 单片机定时器的定时时间 T_c 的计算公式为

$$T_c = (2^n - N) \times 12 / f_{osc}$$

式中，T_c 为定时器溢出周期；n 为定时器位数；N 为时间常数；f_{osc} 为振荡频率。

定时器 T1 的溢出率计算公式为

$$T1\ 溢出率 = 1/T_c = f_{osc}/[12(2^n - N)]$$

因此，方式 1 和方式 3 的波特率计算公式为

$$波特率 = 2^{SMOD} \times T1\ 溢出率/32 = 2^{SMOD} \times f_{osc}/[32 \times 12(2^n - N)]$$

定时器 T1 作为波特率发生器，可工作于模式 0、模式 1 和模式 2。其中，模式 2 在 T1 溢出后可自动装入时间常数，避免了重装参数，因而在实际应用中除非波特率很低，一般都采用模式 2。

【例 5-5】 8051 单片机的时钟振荡频率为 12MHz，串行通信波特率为 4800bit/s，串行口为工作方式 1，选定时器工作模式 2，求时间常数并编制串行口初始化程序。

设 SMOD=1，则 T1 的时间常数为

$$N = 2^8 - 2^1 \times 12 \times 10^6 / (32 \times 12 \times 4800) \approx 243 = F3H$$

定时器 T1 和串行口的初始化程序如下：

```
TMOD=0x20;          /*设 T1 为模式 2 定时*/
TH1=0xF3;           /*置时间常数*/
TL1=0xF3;
TR1=1;              /*启动 T1*/
PCON=0x80;          /*SMOD=1*/
SCON=0x40;          /*置串行口为方式 1*/
```

需要指出的是，在波特率设置中，SMOD 位数值的选择影响着波特率的准确度。下面以例 5-5 中所用数据来说明。

1)若 SMOD=1,由上面计算已得,T1 时间常数 N=243,按此值可算得 T1 实际产生的波特率及其误差率为:

$$波特率 = 2^{SMOD} \times f_{osc} / [32 \times 12 (2^8-N)]$$
$$= \{2^1 \times 12 \times 10^6 / [32 \times 12 \times (256-243)]\} \text{bit/s}$$
$$\approx 4807.69 \text{ bit/s}$$

$$波特率误差率 = (4807.69 - 4800)/4800 = 0.16\%$$

2)若 SMOD=0,则 T1 的时间常数为:

$$N = 2^8 - 2^0 \times 12 \times 10^6 / (32 \times 12 \times 4800) \approx 249.49 \approx 249$$

由此值可算出 T1 实际产生的波特率及其误差率为:

$$波特率 = \{2^0 \times 12 \times 10^6 / [32 \times 12 \times (256-249)]\} \text{bit/s} \approx 4464.29 \text{bit/s}$$

$$波特率误差率 = (4464.29 - 4800)/4800 = -6.99\%$$

由此可见,虽然 SMOD 可任意选择,但在某些情况下它会影响波特率的误差率,所以选择 SMOD 的值时最好先计算一下,选择使波特率误差小的值。

为避免烦杂的计算,表 5-5 列出了单片机串行口常用的波特率及其设置方法。

表 5-5 常用波特率及其设置

串行口工作方式	波特率/(bit/s)	f_{osc}/MHz	定时器 T1			
			SMOD	C/$\overline{\text{T}}$	模式	定时器初值
方式 0	1M	12	×	×	×	×
方式 2	375K	12	1	×	×	×
	187.5K	12	0	×	×	×
方式 1 和方式 3	62.5K	12	1	0	2	FFH
	19.2K	11.059	1	0	2	FDH
	9.6K	11.059	0	0	2	FDH
	4.8K	11.059	0	0	2	FAH
	2.4K	11.059	0	0	2	F4H
	1.2K	11.059	0	0	2	E8H
	137.5	11.059	0	0	2	1DH
	110	12	0	0	1	FEEBH
	19.2K	6	1	0	2	FEH
	9.6K	6	1	0	2	FDH
	4.8K	6	0	0	2	FDH
	2.4K	6	0	0	2	FAH
	1.2K	6	0	0	2	F3H
	0.6K	6	0	0	2	E6H
	110	6	0	0	2	72H
	55	6	0	0	1	FEEBH

5.3.3 串行口的应用

学习 51 单片机串行口,要特别注意编制通信软件的方法和技巧。下面以串行口工作方式为主线介绍串行口的应用。

1．串行口方式 0 的应用

串行口方式 0 为同步操作，外接串行输入-并行输出（简称串入-并出）或并行输入-串行输出（简称并入-串出）器件，可实现 I/O 的扩展。I/O 口扩展有两种不同用途：一是利用串行口扩展并行输出口，此时须外接串行输入-并行输出的同步移位寄存器，如 74LS164 或 CD4094；另一种是利用串行口扩展并行输入口，此时须外接并行输入-串行输出的同步移位寄存器，如 74LS165/74HC165 或 CD4014。

【例 5-6】用 8051 串行口外接一片 CD4094 扩展 8 位并行输出口，并行口的每一位都接一个发光二极管，要求发光二极管从右到左以一定速度轮流点亮，并不断循环。设发光二极管为共阴极接法，将 8051 串行口扩展为 8 位并行输出口如图 5-28 所示。

CD4094 是一种 8 位串行输入（SI 端）-并行输出的同步移位寄存器，CLK 为同步脉冲输入端，STB 为控制端。若 STB=0，允许串行数据从 SI 端输入芯片，同时 8 位并行数据输出端（Q1～Q8）关闭；若 STB=1，允许 8 位数据（Q1～Q8）并行输出，同时 SI 输入端关闭。

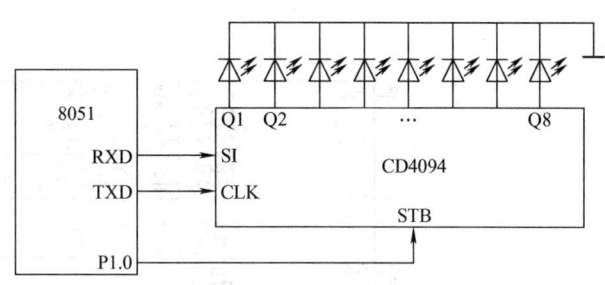

图 5-28　将 8051 串行口扩展为 8 位并行输出口

设串行口采用中断方式发送，发光二极管的点亮时间通过延时子程序 delay() 实现。

C51 程序代码如下。

```
#include <reg52.h>
#include <intrins.h>
#define uint unsigned int
#define uchar unsigned char
uchar dat;
sbit STB=P1^0;                        //STB 控制端
void delay（uint x）
{
    uchar k;
    while（x- -）
        for（k=0；k<250；k++）；
}
void main（void）
{
    SCON=0x00;                        //串口工作方式 0；
    dat=0x01;
    STB=0;
    SBUF=dat;
    while（1）；
}
void recv（）interrupt 4
{
```

```
        STB=1;
        delay（100）;
        TI=0;
        dat=_crol_（1，dat）;
        STB=0;
        SBUF=dat;
    }
```

【例5-7】用8051单片机的串行口外接一片74HC164，扩展为8位并行输出口。输入数据由8个开关提供并由P1口输入，该数据通过单片机串口输出给74HC164，利用74HC164串进并出，为单片机扩展实现8位并行输出口，Proteus仿真电路原理图如图5-29所示。

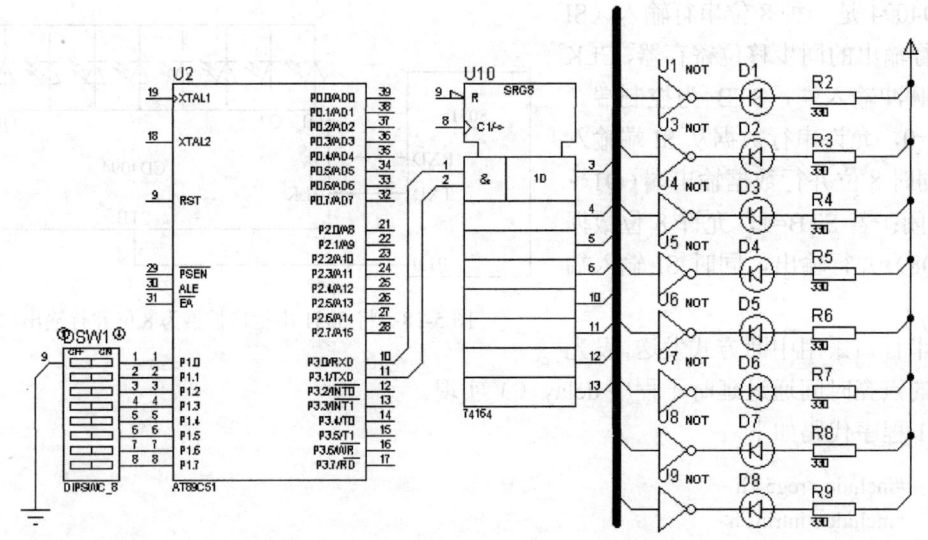

图 5-29　将8051串行口扩展为8位并行输出口

74HC164是8位边沿触发式移位寄存器，串行输入数据，然后并行输出。数据通过两个输入端（DSA为引脚1、DSB为引脚2）之一串行输入。任一输入端可以用作高电平使能端，控制另一输入端的数据输入。两个输入端或者连接在一起，或者把不用的输入端接高电平，一定不要悬空。时钟（CP）每次由低变高时，数据右移一位，输入到Q0（引脚3），Q0是两个数据输入端（DSA和DSB）的逻辑与，它在上升时钟沿之前保持一个建立时间的长度。

主复位（MR）输入端上的一个低电平将使其他所有输入端都无效，同时非同步地清除寄存器，强制所有的输出为低电平。

C51程序代码如下。

```
#include<reg52.h>
#include<string.h>
#define uchar unsigned char
#define uint  unsigned int

void delay（void）
{
```

```
        unsigned char m, n;
            for (m=0; m<200; m++)
                for (n=0; n<50; n++);
    }
    void main ()
    {
        SCON = 0X00;                /*串行口工作在方式 0*/
        while (1)
        {
            SBUF = P1;
            while (TI==0);
            TI = 0;
            delay ();
        }
    }
```

【例 5-8】 利用 8 位移位寄存器 74HC165（或 74LS165）扩展 1 个 8 位并行输入口。使用按键作为 74HC165 的输入，并将并行输入、串行输出的数据显示在单片机 P0 口的 LED 上。

74HC165 是 8 位并行输入、串行输出的移位寄存器，扩展电路的 Proteus 仿真电路原理图如图 5-30 所示。

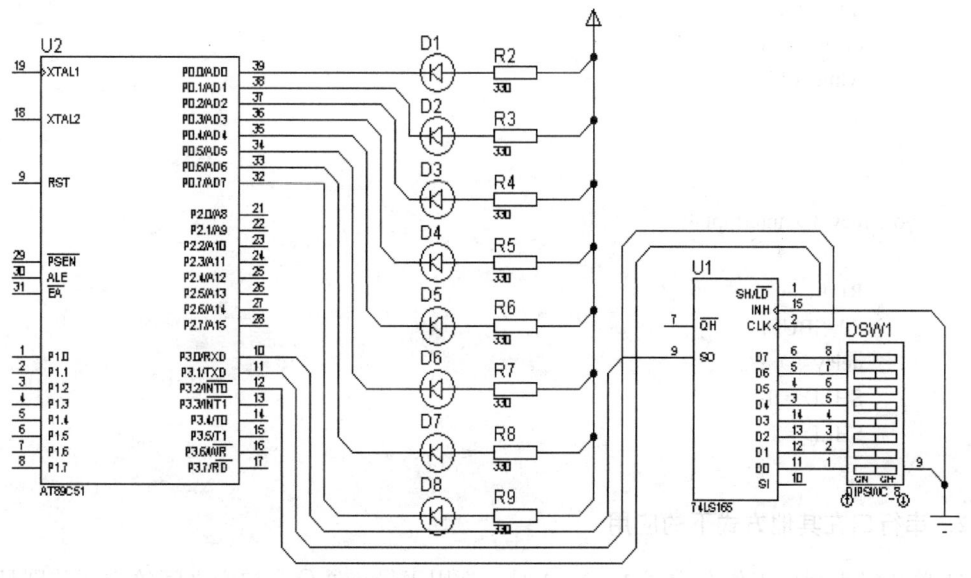

图 5-30　利用移位寄存器 74HC165 扩展 8 位并行输入口

在图 5-30 中，CLK 为时钟脉冲输入端，D0～D7 为并行输入端，QH 为串行数据输出端，DS 为串行数据输入端。

当 S/$\overline{L}$=0 时，允许并行置入数据；当 S/$\overline{L}$=1 时，允许串行移位。

C51 程序代码如下。

```
#include<reg52.h>
#include<string.h>
```

```
#define uchar unsigned char
#define uint   unsigned int
sbit SHLD=P3^2;
void init（）
{
    EA = 1;
    ES = 1;                           /*初始化时关串口中断*/
    SCON = 0X10;                      /*串行口工作在方式0，允许接收*/
    SHLD = 0;
    SHLD = 1;
}

void delay（void）
{
    unsigned char m，n;
    for（m=0；m<20；m++）
        for（n=0；n<5；n++）;
}
void main（）
{
    init（）;
    delay（）;
    while（1）;
    {
    }
}
void recv（） interrupt 4
{
    RI=0;
    P0=SBUF;
    delay（）;
    SHLD = 0;
    SHLD = 1;
}
```

2．串行口在其他方式下的应用

51单片机串行口工作在方式1、2、3时，都用于异步通信，它们之间的主要差别是字符帧格式和波特率不同。此时，单片机发送或接收数据可以采用查询方式或中断方式。

【例5-9】 编写一个接收程序，将接收到的16B数据存入内部RAM中20H～2FH单元。设单片机的主频为11.059MHz，串行口为工作方式3，接收时进行奇偶校验。

定义波特率为2.4Kbit/s，根据单片机的主频和波特率，查表5-5可知SMOD=0，定时器采用工作模式2，初值为F4H。接收过程判断奇偶校验RB8，若出错，F0标志位置1；若正确，F0标志位为0。

采用中断方式接收数据的C51程序代码如下。

```c
#include<reg52.h>
#include<string.h>
#define uchar unsigned char
#define uint  unsigned int
uint i=0，q;
char data *p;                    /*定义一个指向内部 RAM 地址的指针*/
void init（）
{
    TMOD = 0X20;
    TH1 = 0XFD;                  /*波特率为 9600bit/s*/
    TL1 = 0XFD;
    EA = 1;
    ES = 1;
    SCON=0xF0;                   /*串口方式 3*/
    TR1=1;
    q=0;
}
void main（）
{
    init（）;
    p=0x20;                      /*内部 RAM 地址为 0x20*/
    while（1）;
}
void recv（） interrupt 4
{
    RI=0;
    p[i]=SBUF;
    ACC = SBUF;
    if（PSW^0 == RB8）            /*进行校验*/
        q+=p[i];                 /*为接收校验和，之后根据实际要求进行校验和的位判断处理*/
    i ++;
    if（i > 16）
    i = 0;
}
```

3．双机通信

双机通信也称为点对点的异步串行通信。当两个 51 单片机应用系统相距很近时，可将它们的串行口直接相连，以实现双机通信。双机通信示意图如图 5-31 所示。双机通信中通信双方处于平等地位，不需要相互之间识别地址，因此串行口工作方式 1、2、3 都可以实现双机之间的全双工异步串行通信。如果要保持通信的可靠性，还需要在收发数据前规定通信协议，包括对通信双方发送和接收信息的格式、差错校验与处理、波特率设置等事项的明确约定。

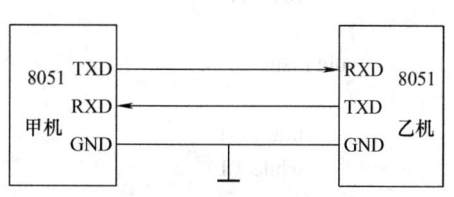

图 5-31 双机通信示意图

【例 5-10】 编制甲机发送乙机接收的双机通信

程序，在甲机的 P1.0 上接一个按键，当按下按键后，甲机将发送一个字节数据 0x0F，乙机接收到数据后在乙机的 P0 口用 LED 显示出来。双机通信的 Proteus 仿真电路原理图如图 5-32 所示。

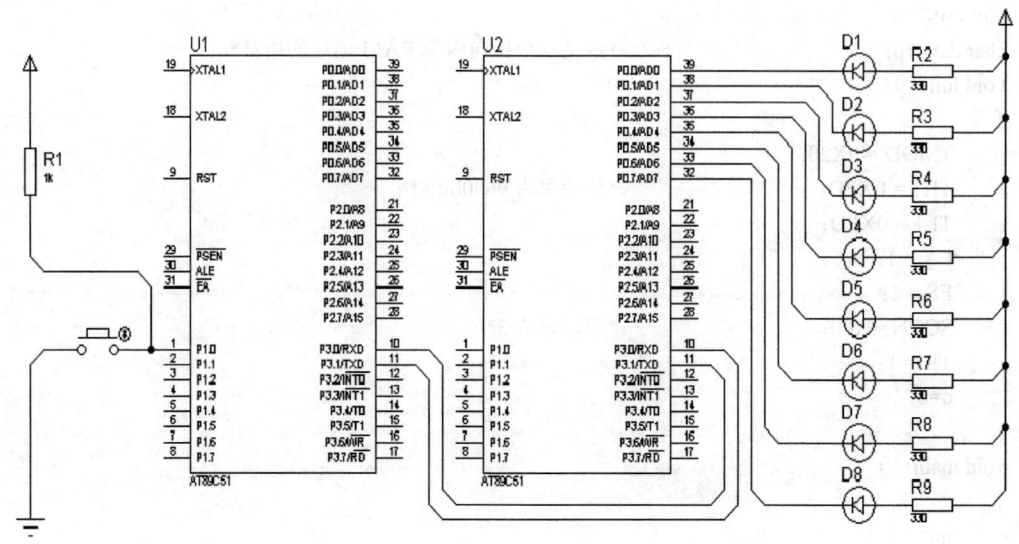

图 5-32 双机通信仿真电路原理图

甲机发送子程序如下。

```
#include<reg52.h>
#define uchar unsigned char
#define uint   unsigned int
#define dat 0x0F                //设置发送数据
sbit key = P1^0;
void send（uchar data1）；
void init（void）
{
    TMOD = 0x20;
    TH1 = 0xFA;                 //设定波特率
    TL1 = 0xFA;
    TR1 = 1;
    PCON = 0x80;                //波特率倍增位置 1
    SCON = 0xd0;                //将串行口设置为方式 3，REN=1
                                //串行口工作在方式 3，允许接收，波特率 9600*ES = 1
    EA = 1;
}
void main（）
{
    init（）；
    while（1）
    {
        if（key == 0）
```

```
            {
                while（key == 0）;
                send（dat）;
            }
        }
    }
    void send（uchar data1）
    {
        SBUF = data1;
        while（TI == 0）;
        TI = 0;
    }
```

乙机接收子程序如下。

```
#include<reg52.h>
#define uchar unsigned char
#define uint  unsigned int
uchar dat;
void init（void）
{
    TMOD = 0x20;
    TH1 = 0xFA;                    //设定波特率
    TL1 = 0xFA;
    TR1 = 1;
    PCON = 0x80;
    SCON = 0xd0;                   //将串行口设置为方式 3，REN=1
                                   //串行口工作在方式 3，允许接收，波特率为 9600
    ES = 1;
    EA = 1;
}
void main（）
{
    init（）;
    while（1）;
}
void recv（） interrupt 4
{
    uchar add=0;
    if（RI）
    {
        RI = 0;                    //RI 软件清零
        dat = SBUF;
        P0 = dat;
    }
}
```

5.4 51 单片机外部中断及定时器中断

5.4.1 实训项目 5 输入口外部中断设计项目

1. 目的

1）掌握 51 单片机外部中断初始化。
2）掌握 51 单片机中断服务程序的编写。

2. 项目内容

硬件连接如下。

外部中断 0（P3.2）引脚连接一个按钮；P1 口连接 8 个 LED。

1）用 Proteus 建立工程，系统硬件电路图如图 5-33 所示。

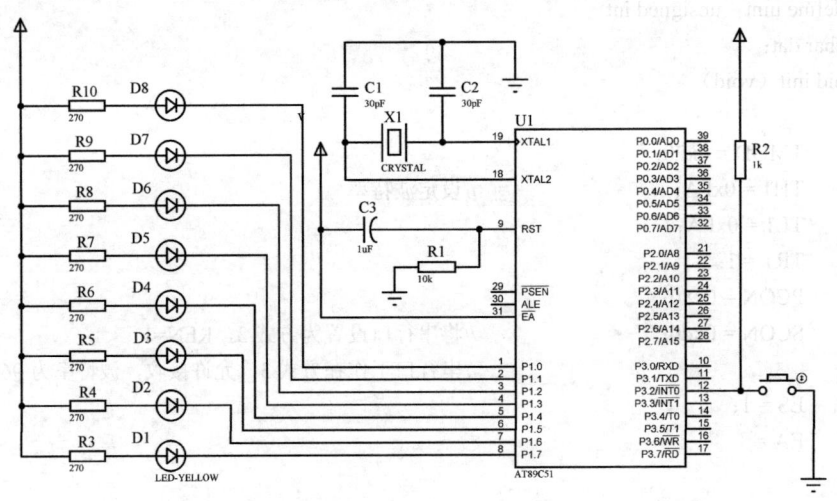

图 5-33　外部中断 0 电路图

2）用 Keil C 建立工程，添加 C51 源程序文件。
3）通过 Proteus 仿真功能观察程序运行结果。

3. 环境

Keil C 集成开发环境及 Proteus 仿真软件。

4. 步骤

1）新建 Keil C 工程 Project5，并编写如下 C 程序，保存为 main.c，添加入工程。
参考程序：

```
#include <reg51.h>
#include <intrins.h>
```

```c
#define uchar unsigned char
#define uint  unsigned int
#define led P1
void delay (uchar m);
void Init ()
{
    EX0 = 1;                    //打开外部中断
    IT0 = 1;                    //设置触发方式为下降沿有效
    EA = 1;                     //打开 CPU 总中断
}
void main ()
{
 uchar s_data = 0x01;
 Init ();
 while (1)
 {
    led = ~s_data;
    s_data = _crol_ (s_data, 1);
    delay (200);
 }
}

void delay (uchar m)                //延时程序（时钟频率为 12MHz）
{
    unsigned char a, b, c;
    for (c=m; c>0; c--)
        for (b=142; b>0; b--)
            for (a=2; a>0; a--);
}

void ext0 (void) interrupt 0 using 1    //0 号中断的中断处理程序
{
    led = 0x00;
    delay (200);
    led = 0xff;
```

　　　　delay（200）；

　　}

2）编译连接，生成 HEX 文件。

3）将生成的 HEX 文件放入项目的 Proteus 工程内，观察程序运行结果。

4）思考下列问题。

① 该程序实现的功能是什么？

② 如果将 IT0 设置为 0，则对程序运行结果有何影响？

5.4.2　实训项目 6　输出口程序设计项目

1．目的

1）掌握 51 单片机定时器初始化。

2）掌握 51 单片机中断服务程序的编写。

2．项目内容

硬件连接如下。

P1 口连接两位共阳极数码管；P3.0、P3.1 输出控制数码管的位选；单片机晶振频率为 12MHz。

1）用 Proteus 建立工程，系统硬件电路图如图 5-34 所示。

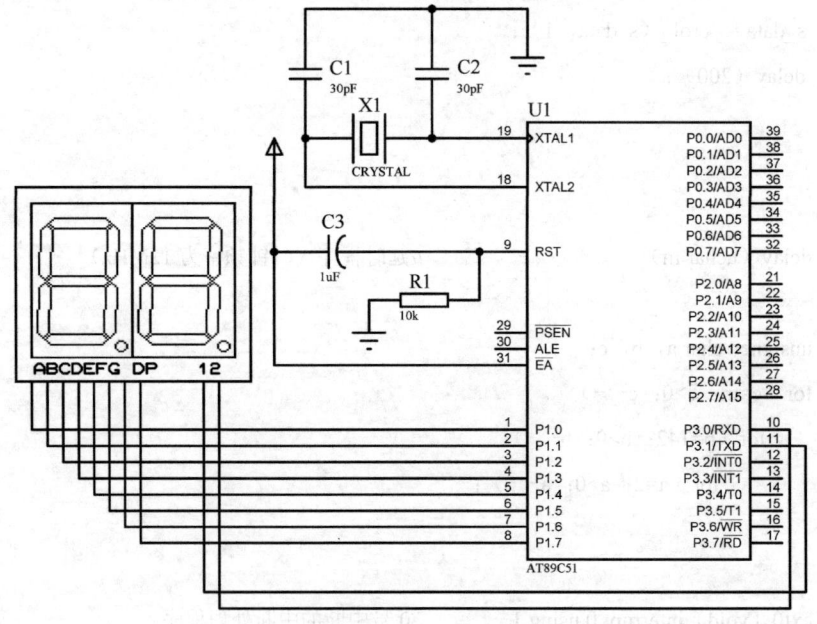

图 5-34　硬件电路图

2）用 Keil C 建立工程，添加 C51 代码文件。

3）通过 Proteus 仿真功能观察程序运行结果。

3．环境

Keil C 集成开发环境及 Proteus 仿真软件。

4．步骤

1）新建 Keil C 工程 Project6，并编写如下 C 程序，保存为 main.c，添加到工程中。参考程序代码如下。

```c
#include <reg51.h>
#define uchar unsigned char
#define uint unsigned int
#define d_code P1
#define d_wei P3
uchar code tab[]={0x3f, 0x06, 0x5b, 0x4f, 0x66, 0x6d, 0x7d, 0x07, 0x7f, 0x6f};
                                        //共阴极数码管显示段码
uchar sec;
uchar count = 0;
void delay（uchar m）;
void InitTimer0（void）              //定时器及中断初始化
{
    TMOD = 0x01;                     //定时器 0 采用方式 1
    TH0 = -50000 / 256;              //定时 50ms 的定时初值装入计数器
    TL0 = -50000 % 256;
    ET0 = 1;                         //打开定时器 0 中断
    EA = 1;                          //打开总中断
    TR0 = 1;                         //定时器开始计时
}
void main（void）
{
    uchar shi, ge;
    InitTimer0（）;
    sec = 0;
    while（1）
    {
        shi = sec / 10;              //求秒十位
        ge = sec % 10;               //秒个位
        d_code = 0xff;               //数码管消隐
        d_code = ~tab[shi];          //赋段码值
        d_wei = 0x02;                //点亮十位数码管
        delay（10）;                 //延时一段时间
        d_code =  0xff;
        d_code = ~tab[ge];
        d_wei = 0x01;                //点亮个位数码管
        delay（10）;
    }
}
void Timer0Interrupt（void）interrupt 1
{
    TH0=-50000 / 256;                //计数器重新装入计时初值
    TL0=-50000 % 256;
```

```
            count ++;                           //50ms，加 1
            if（count > 19）                    //如果 count 大于 19，则秒加 1
            {
                count = 0;
                sec ++;
                if（sec > 59）
                    sec = 0;
            }
        }
        void delay（uchar m）                   //延时程序（时钟频率为 12MHz）
        {
            unsigned char a，b，c;
            for（c=m；c>0；c- -）
                for（b=142；b>0；b- -）
                    for（a=2；a>0；a- -）;
        }
```

2）编译连接，生成 HEX 文件。
3）将生成的 HEX 文件放入项目的 Proteus 工程内，观察程序运行结果。
4）思考下列问题。
① 该程序实现的功能是什么？
② 如何提高定时器精度？定时器最长定时时间是多少？

5.5 思考与练习

1．51 单片机能提供几个中断源、几个中断优先级？各个中断源的优先级怎样确定？在同一优先级中，各个中断源的优先顺序怎样确定？

2．简述 51 单片机的中断响应过程。

3．51 单片机的外部中断有哪两种触发方式？如何设置？对外部中断源的中断请求信号有何要求？

4．如果要扩展 51 单片机为 6 个中断源，可采用哪些方法？如何确定它们的优先级？

5．试用中断技术设计一个 LED 闪烁电路，闪烁周期为 2s，要求点亮时间为 1s，关闭时间为 1s。

6．当正在执行某一中断源的中断服务程序时，如果有新的中断请求出现，在什么情况下可响应新的中断请求？在什么情况下不能响应新的中断请求？

7．51 单片机定时器/计数器有哪几种工作模式？各有什么特点？

8．51 单片机定时器/计数器，在作定时器时其计数脉冲由哪一部件提供？在作计数器时其计数脉冲由哪一部件提供？

9．51 定时器的门控信号 GATE 为 1 时，定时器如何启动？

10．定时器/计数器 0 已预置为 156，且选定用于模式 2 的计数方式，现在 T0 引脚上输入周期为 1ms 的脉冲。

1）此时定时器/计数器 0 的实际用途是什么？
2）在什么情况下，定时器/计数器 0 溢出？

11．设 f_{osc}=12MHz，定时器 0 的初始化程序和中断服务程序如下。

初始化程序：

```
MAIN:   MOV     TH0，#9DH
        MOV     TL0，#0D0H
        MOV     TMOD，#01H
        SETB    TR0
        ...
```

中断服务程序：

```
        MOV     TH0，#9DH
        MOV     TL0，#0D0H
        ...
        RETI
```

1）该定时器工作于什么方式？
2）相应的定时时间或计数值是多少？
3）写出同样功能的 C51 程序。

12．51 单片机的 f_{osc}=12MHz，如果要求定时时间分别为 0.1ms 和 5ms，当 T0 工作在方式 0、方式 1 和方式 2 时，分别求出定时器的初值。

13．以定时器 1 进行外部事件计数，每计数 1000 个脉冲后，定时器 1 转为定时工作方式。定时 10ms 后，又转为计数方式，如此循环不止。设 f_{osc}=6MHz，试用方式 1 编程。

14．已知 8051 单片机的 f_{osc}=6MHz，试利用 T0 和 P1.0 输出矩形波。矩形波高电平宽 100μs，低电平宽 300μs。

15．设 f_{osc}=12MHz，试编写一段程序，功能为：对定时器 T0 初始化，使之工作在方式 2，产生 200μs 定时，并用查询 T0 溢出标志的方法，控制 P1.1 输出周期为 2ms 的方波。

16．已知 8051 单片机系统时钟频率为 12MHz，利用其定时器测量某正脉冲宽度时，采用哪种工作方式可以获得最大的量程？能够测量的最大脉宽是多少？

17．设计一个以秒为单位的倒计时计数器。

要求如下。

1）P2.0（按钮输入次数）分别控制设置计时时间、启动计时及复位。
2）P0 口显示 2 位数字（秒）计时时间。
3）P1 口输入计时时间。
4）计时时间到 P2.7 输出低电平驱动 LED 显示。

18．解释下列述语。

1）并行通信、串行通信。
2）波特率。
3）单工、半双工、全双工。
4）奇偶校验。

19．51 单片机串行口控制寄存器 SCON 中的 SM2、TB8、RB8 有何作用？主要在哪几种方式下使用？

20．试比较分析 51 单片机串行口在四种工作方式下发送和接收数据的基本条件和波特率的产生方法。

21．为何 T1 用作串行口波特率发生器时常用模式 2？若 f_{osc}=6MHz，试求出 T1 在方式 2 下可能产生的波特率的变化范围。

22．试用 8051 串行口扩展 I/O 口，控制 16 个发光二极管自右向左以一定速度轮流发光，画出电路并编写程序。

23．试设计一个 8051 单片机的双机通信系统，串行口工作在方式 1，波特率为 2400bit/s，编程将甲机内部 RAM 中 40H～4FH 的数据块通过串行口传送到乙机内部 RAM 的 40H～4FH 单元中。

24．8051 以方式 2 进行串行通信，假定波特率为 1200bit/s，第 9 位作奇偶校验位，以中断方式发送。请编写程序。

第 6 章　单片机系统扩展及 I/O 接口技术

51 系列单片机是一个最小的计算机系统，能够满足一般控制系统的需要。但在实际应用中，还存在以下问题需要解决。

1）外部装置与单片机之间的信号连接需要通过 I/O 接口（芯片）电路和程序来控制。
2）一些功能比较强大的系统，往往需要对单片机系统资源进行外部扩展。
3）单片机在对模拟量进行采集控制时，要对模拟量进行模/数（A-D）及数/模（D-A）转换。

为此，本章从应用的角度，首先介绍 51 单片机存储器和 I/O 接口扩展技术。然后，以典型外部设备（部件）为例，介绍 51 单片机的 I/O 软硬件接口技术，以及 A-D、D-A 转换技术。

6.1 单片机系统扩展

51 单片机控制外部设备可以以最小系统配置方式（即直接通过 P0~P3 口）来实现输入输出操作，本章之前的所有单片机应用系统都是基于这种方式的。

当单片机片内资源不能满足系统要求时，需要在单片机外部扩展连接相应的外围部件以满足系统的要求。而任何部件及外围设备，不管是单片机直接控制还是通过系统扩展进行控制，都必须通过 I/O 接口与单片机建立软硬件连接。

6.1.1 单片机系统扩展及接口芯片

1. 单片机系统扩展能力及配置要求

51 单片机系统扩展能力及配置要求如下。
1）系统扩展时使用的外部总线，包括地址总线 AB、数据总线 DB 和控制总线 CB。
2）可以扩展片外独立编址的 64KB 数据存储器或输入输出端口。
3）可以扩展片内外统一编址的 64KB 程序存储器。
4）扩展存储器芯片地址空间分配及接口控制芯片等。
5）扩展接口电路及编程。

2. 单片机系统扩展常用芯片

单片机系统扩展常用芯片如下。
1）扩展 8 位输出口常用的锁存器有 74LS273、74LS377 等。
2）输入口常用的三态门电路有 74LS244、74LS245 和 74LS373 等。
3）常用的程序存储器并行芯片 EEPROM 有 2816（2KB×8）、2817（2KB×8）、2864（8KB×8）、28256（32KB×8）、28010（128KB×8）、28040（512KB×8）等。
4）数据存储器常用的 SRAM 有 6116、6264、62256 等。

以上芯片的技术指标、引脚功能及使用方法读者可以参考相关资料。

6.1.2 单片机扩展后的总线结构

51 单片机在系统扩展时，和一般 CPU 一样，应设有与外部扩展部件连接的地址总线、数据总线和控制总线。其地址总线（16 位）、数据总线（8 位）和控制总线是由系统约定的输入输出端口（P0、P2、P3）来实现的。由于受引脚数量的限制，数据总线和地址总线（低 8 位）复用 P0 口在使用时，为了和外部电路正确连接，需要在单片机外部增设一片地址锁存器（如 74LS373），构成与一般 CPU 类似的扩展片外三总线，其结构如图 6-1 所示。

初学者特别要注意，单片机 I/O 口直接输入输出电路，虽然使用的是 I/O 端口，但它们是直接控制的，不是通过总线控制的。

所有扩展的外部部件都通过这 3 组总线进行接口连接。

（1）地址总线（AB）

51 单片机地址总线宽度为 16 位，寻址范围为 2^{16}=64KB。16 位地址总线由 P0 口和 P2 口共同提供，P0 口提供 A0～A7 低 8 位地址，P2 口提供 A8～A15 高 8 位地址。由于 P0 口还要用于数据总线，只能分时使用低 8 位地址线，因此 P0 输出的低 8 位地址必须用锁存器锁存。P2 口具有输出锁存功能，所以不需外加锁存器。锁存器的锁存信号由单片机的 ALE 输出信号控制。

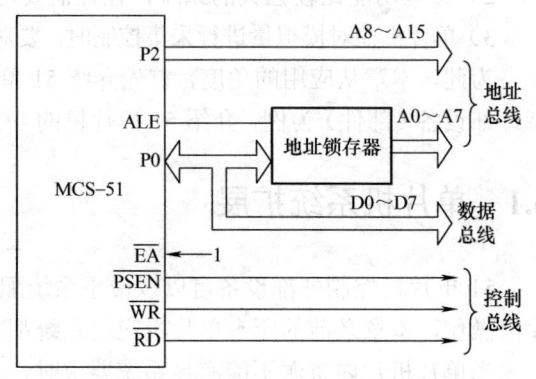

图 6-1 51 单片机扩展片外三总线

地址总线是单向总线，只能由单片机向外发送，用于选择单片机要访问的存储单元或 I/O 口。P0、P2 口在系统扩展中用作地址线后，不能再作一般 I/O 口使用。

（2）数据总线（DB）

51 单片机（扩展时）数据总线宽度为 8 位，由 P0 口提供，用于单片机与外部存储器或 I/O 设备之间传送数据。P0 口为三态双向口，可以进行两个方向的数据传送。

（3）控制总线（CB）

控制总线是单片机发出的控制片外存储器和 I/O 设备读/写操作的一组控制线。

51 单片机主要包括以下几个控制信号线。

ALE：作为地址锁存器的选通信号，用于锁存 P0 口输出的低 8 位地址。

$\overline{\text{PSEN}}$：作为扩展程序存储器的读选通信号。在执行 MOVC 读指令时自动有效（低电平）。

$\overline{\text{EA}}$：作为片内或片外程序存储器的选择信号。当 $\overline{\text{EA}}$=1 时，CPU 访问内部程序存储器和与内部存储器连续编址的外部扩展程序存储器；当 $\overline{\text{EA}}$=0 时，CPU 只访问外部程序存储器，因此在扩展并且只使用外部程序存储器时，必须使 $\overline{\text{EA}}$ 接地。

$\overline{\text{RD}}$（P3.7）：作为片外数据存储器和扩展 I/O 口的读选通信号，执行 MOVX 读指令时，$\overline{\text{RD}}$ 控制信号自动有效（低电平）。

$\overline{\text{WR}}$（P3.8）：作为片外数据存储器和扩展 I/O 口的写选通信号，执行 MOVX 写指令时，$\overline{\text{WR}}$ 控制信号自动有效（低电平）。

6.1.3 程序存储器的扩展

单片机 8051 或 89C51 片内分别有 4KB 的 ROM（EPROM），89S51 片内有 4KB 的 Flash-ROM，89S52 片内含有 8KB 的 Flash-ROM，它们在一般中小单片机应用系统中完全能够满足需要。当程序代码占用存储空间太多以至于片内 ROM 容量容纳不下时，需要扩展外部程序存储器。

半导体存储器 EPROM、EEPROM 常作为单片机的外部程序存储器，因其价格低廉，性能可靠而使用广泛。

51 单片机对外部程序存储器的访问（读）指令有以下两条。

1）MOVC   A，@A+PC

A←（A+PC），PC 的当前值与寄存器 A 的内容之和作为程序存储器中操作数的地址。

2）MOVC   A，@A+DPTR

A←（A+DPTR），PC 的当前值与寄存器 DPTR 的内容之和作为操作数的地址（可以是程序存储器的 64KB 空间的任何单元）。

1. 程序存储器扩展的一般方法

51 单片机扩展外部程序存储器（EPROM）的一般连接方法如图 6-2 所示。

由于 P0 兼作低 8 位地址线和数据线，为了锁存低 8 位地址，P0 口必须连接锁存器，P2 口根据需要提供高 8 位地址线。根据外部程序存储器的读操作时序，用 ALE 作为地址锁存器的锁存信号，用 $\overline{PSEN}$ 作为外部程序存储器的读选通信号。

外部程序存储器的片选信号可由 P2 口未用地址线的剩余位线，以线选方式或译码方式提供。

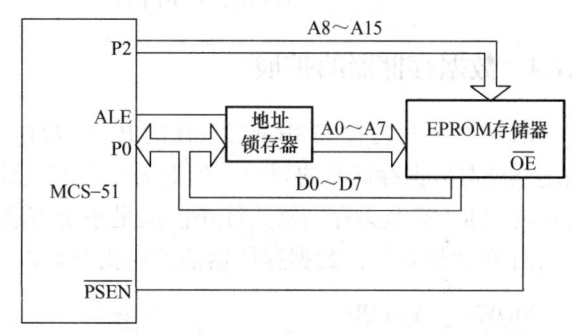

图 6-2 51 单片机扩展外部程序存储器的一般连接方法

2. 扩展实例

以 8051 为例，设计其扩展 4KB EPROM 程序存储器的系统结构及地址空间（范围）。

1）系统结构。图 6-3 是采用线选方式对 8051 扩展一片 2732 EPROM（4KB）的系统连线图。图中锁存器采用 74LS373，8051 的 P0.0～P0.7 和 P2.0～P2.3（共 12 位，$2^{12}B=4096B=4KB$）用作 2732 的片内地址线。在独立编址时，其余 P2.4～P2.7 中的任一根都可作为 2732 的片选信号线；在与片内 4KB（0000H～0FFFH）ROM 连续编址时，P2.4=1，其余 P2.5～P2.7 中的任一根都可作为 2732 的片选信号线。这里选择 P2.7 作为 2732 的片选信号，它决定了 2732 的 4KB 存储器在整个扩展程序存储器 64KB 空间中的位置。

2）与片内 4KB ROM 连续编址（$\overline{EA}$=1）。

由于片内 4KB ROM 地址系统定义为 0000H～0FFFH，扩展芯片地址范围连续为 1000H～1FFFH。

仍然取 2732 EPROM 的片选信号为

P2.7（A15）=0B

2732 EPROM 的存储容量为 $2^{12}B=4KB$，片内地址范围（12 位地址线）为 A11～A0（分别连接 P2.3～P2.0，P0.7～P0.0）

取 P2.4～P2.6(A12～A14)=100B

则 2732 EPROM 的地址分配如下。

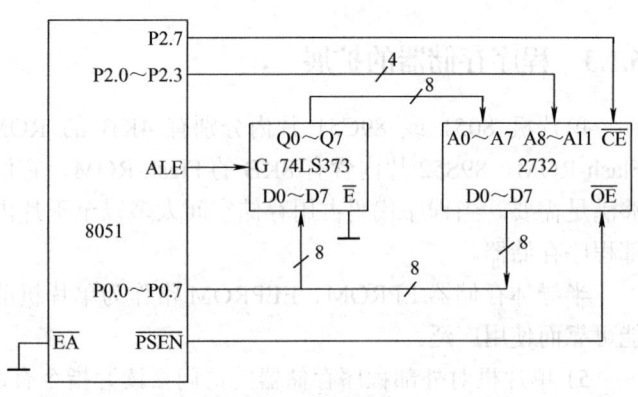

图 6-3　扩展 4KB EPROM 的 8051 系统

```
P2.7          …        P2.0   P0.7            …           P0.0
A15 A14 A13 A12 A11 A10 A9 A8  A7 A6 A5 A4 A3 A2 A1 A0
 0   0   0   1   0   0  0  0   0  0  0  0  0  0  0  0
 0   0   0   1   1   1  1  1   1  1  1  1  1  1  1  1
```

由此得出扩展的 2732 EPROM 芯片的地址范围为

A15～A0=0001 0000 0000 0000B～0001 1111 1111 1111B
=1000H～1FFFH

6.1.4　数据存储器的扩展

51 单片机片内有 128B 或 256B 的 RAM 数据存储器，对一般应用场合，内部 RAM 可以满足系统对数据存储器的要求。但对需要大容量数据缓冲器的应用系统（如数据采集系统），仅片内的 RAM 数据存储器往往不能满足系统需求，这就需要在单片机外部扩展数据存储器。51 单片机对外部数据存储器的访问指令有以下 4 条。

MOVX　A，@Ri
MOVX　@Ri，A
MOVX　A，@DPTR
MOVX　@DPTR，A

1. 数据存储器扩展的一般方法

51 单片机扩展外部数据存储器的一般连接方法如图 6-4 所示。

外部数据存储器的高 8 位地址由 P2 口提供，低 8 位地址线由 P0 口经地址锁存器提供。外部 RAM 的读、写控制信号分别连接 51 单片机的引脚 $\overline{RD}$、$\overline{WR}$。外部 RAM 的片选信号可由 P2 口未用作地址线的剩余口线以线选方式或译码方式提供。

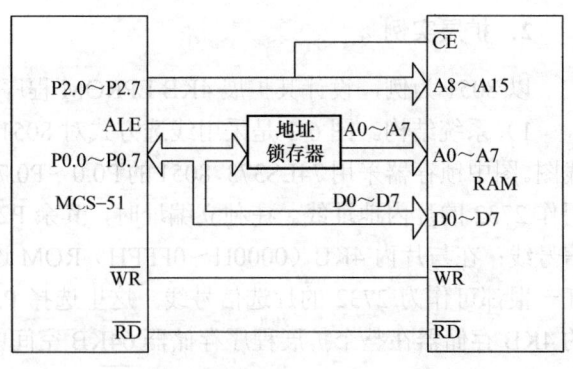

图 6-4　51 单片机扩展外部数据存储器的一般连接方法

2．存储器扩展与不扩展的区别

在本章以前介绍的单片机应用中是直接使用内部存储器（或 I/O）进行读写操作的。在外部存储器扩展后，在应用时要注意以下几方面的区别。

1）内部存储器（或 I/O）的寻址是通过单片机内部总线实现的，在硬件上不需要用户设计；外部扩展存储器必须通过 P0、P2、P3 口实现数据总线、地址总线和控制总线，接口电路需要用户设计。

2）在访问内部存储器时，使用的指令助记符是 MOV，CPU 不产生读、写控制信号，对外围部件的控制是通过 I/O 口实现的；在访问外部存储器时，使用的指令助记符是 MOVX，CPU 会自动产生相应读、写等控制信号。

3）在没有存储器扩展时，I/O 口 P0～P3 都可以作输入输出端口使用；在具有存储器扩展的单片机系统中，P0、P2、P3 口（部分位）要构成外部控制总线（数据总线、地址总线、控制总线），在使用外部存储器的情况下，只有 P1 口可以任意使用。

4）内部存储器是不能作为 I/O 口的，外部存储器可以使用 MOVX 实现 I/O（扩展）操作，这是因为外部 I/O 端口与外部存储器是统一编址的。

3．扩展举例

要求扩展 4KB 外部 RAM 系统。用 2 片 SRAM-6116（2KB）为 8051 扩展 4KB 的外部 RAM 系统。

1）系统结构。图 6-5 为 8051 扩展 4KB 外部 RAM 系统图。

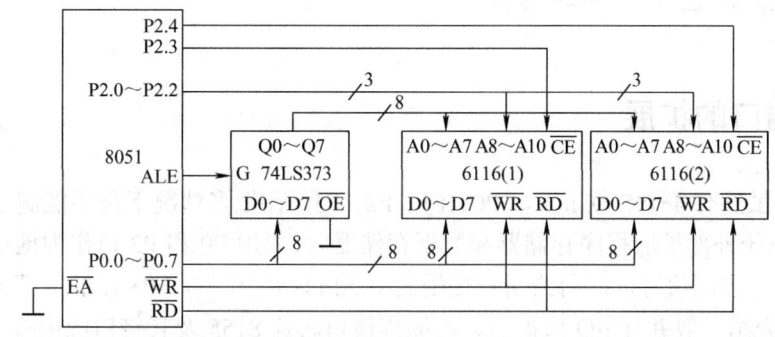

图 6-5　8051 扩展 4KB 外部 RAM 系统

片选地址：采用 P2.3（低电平有效）作为 6116（1）的片选信号线；P2.4（低电平有效）作为 6116（2）的片选信号线。

片内地址：P0.0～P0.7 经 74LS373 锁存输出和 P2.0～P2.2 组成片内地址；P0 口为地址/数据复用端口。

2）地址空间分配。P2 口未使用位均设为 0。

由此可以确定外部 RAM 的地址空间。

6116（1）的地址分配如下。

```
     P2.7  …  P2.4 P2.3  …  P2.0   P0.7   …   P0.0
     A15  A14  A13  A12  A11  A10  A9  A8   A7 A6 A5 A4 A3 A2 A1 A0
```

```
0  0  0  1  0  0  0  0    0  0  0  0  0  0  0  0
0  0  0  1  0  1  1  1    1  1  1  1  1  1  1  1
```

6116（2）的地址分配如下。

```
P2.7 … P2.4 P2.3 … P2.0   P0.7        …        P0.0
A15 A14 A13 A12 A11 A10 A9 A8   A7 A6 A5 A4 A3 A2 A1 A0
 0   0   0   0   1   0  0  0    0  0  0  0  0  0  0  0
 0   0   0   0   1   1  1  1    1  1  1  1  1  1  1  1
```

6116（1）的地址范围为 1000H～17FFH；

6116（2）的地址范围为 0800H～0FFFH。

3）读写示例。

将寄存器 A 的内容传送到外部 RAM 的 1000H 存储单元，执行指令为

  MOV DPTR，#1000H
  MOVX @DPTR，A

C51 语句为

  unsigned char xdata *x=0x1000；
  (*x) = ACC；

将外部 RAM 的 0800H 存储单元的内容传送到寄存器 A，执行指令为

  MOV DPTR，#0800H
  MOVX A，@DPTR

C51 语句为

  unsigned char xdata *x=0x0800；
  ACC =（*x）；

6.2　I/O 端口的扩展

  51 单片机虽然有 4 个 8 位 I/O 口 P0、P1、P2、P3，在很多情况下是不能满足系统 I/O 需求的。尤其在系统外部扩展程序存储器和数据存储器时，要用 P0 和 P2 口作为地址/数据总线，P3 口部分位作为控制信号，而留给用户使用的 I/O 口只有 P1 和 P3 口的一部分。

  本节主要介绍一般并行 I/O 口扩展、可编程接口芯片 8155 及其接口应用技术。

6.2.1　简单并行输出口的扩展

  使用 74LS377 芯片扩展并行输出口。74LS377 是带有输出允许控制的 8D 触发器，上升沿触发。

  1）74LS377 扩展并行输出口的电路如图 6-6 所示。

  由于使用了 $\overline{\text{WR}}$、P2.4 和 P2.5 作为 74LS377 的控制信号，因此，必须使用外部 RAM 访问指令 MOVX（产生控制信号）写入 74LS377。图中使用了两片 74LS377 作为并行输出口，这里采用线选法。当 P2.4 为低电平时选中 74LS377（1）；当 P2.5 为低电平时选中 74LS377（2）。

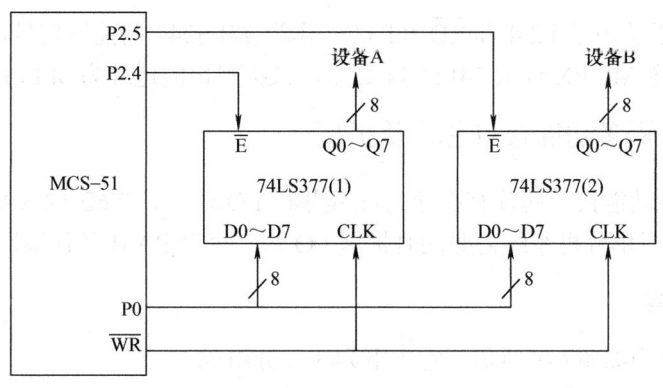

图 6-6 用 74LS377 扩展并行输出口

2）地址（未考虑地址重叠）分配如下。

```
              P2.7   ...  P2.5 P2.4  ...  P2.0  P1.7              ...  P1.0
              A15 A14 A13 A12 A11 A10 A9 A8   A7 A6 A5 A4 A3 A2 A1 A0
74LS377（1） 1   1   1   0   1   1   1  1    1  1  1  1  1  1  1  1
74LS377（2） 1   1   0   1   1   1   1  1    1  1  1  1  1  1  1  1
```

74LS377（1）的地址为 0EFFFH；
74LS377（2）的地址为 0DFFFH。

3）编程示例

将内部 RAM 地址为 20H、21H 的单元内容分别写入设备 A（地址 0EFFFH）和设备 B（地址 0DFFFH），程序如下。

```
MOV A, 20H
MOV DPTR, #0EFFFH
MOVX @DPTR, A

MOV A, 21H
MOV DPTR, #0DFFFH
MOVX @DPTR, A
```

由于采用 P2.4 和 P2.5 线选方法，其他各个位地址线的变化不会影响芯片的选择，故会产生较大的地址重叠区。

6.2.2 简单并行输入口的扩展

扩展 8 位并行输入口常用的三态门电路有 74LS244、74LS245 和 74LS373 等。下面使用 74LS244 芯片扩展并行输入口。

74LS244 是一种三态输出的 8 位总线缓冲驱动器，无锁存功能。

74LS244 扩展并行输入口的电路如图 6-7 所示，图中将 74LS244 的 $\overline{1G}$ 和

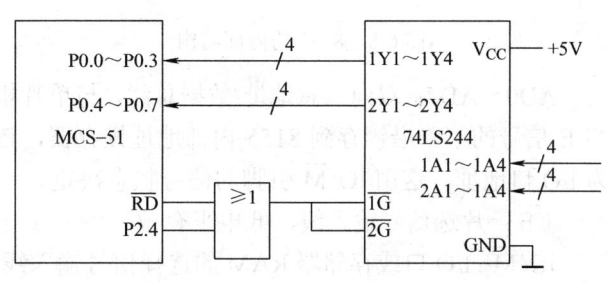

图 6-7 用 74LS244 扩展并行输入口

$\overline{2G}$ 连在一起，由于使用了 P2.4 和 $\overline{RD}$（P3.7）作为 74LS244 的控制信号，因此，应该使用外部 RAM 访问指令 MOVX 读取 74LS244 数据，该扩展口的地址为 0EFFFH。

6.2.3　8155 可编程多功能接口芯片及扩展

8155 可编程多功能接口芯片有 3 个可编程并行 I/O 端口、256B 的 RAM 和一个计数器/定时器，特别适合于单片机系统需要同时扩展 I/O 口、少量 RAM 及计数器/定时器的场合。

1．8155 的结构

8155 的内部结构如图 6-8 所示。它由下列 3 部分组成。
（1）存储器
容量为 256×8bit 的静态 RAM。
（2）I/O 接口
端口 A（PA）：可编程 8 位 I/O 口 PA0～PA7。
端口 B（PB）：可编程 8 位 I/O 口 PB0～PB7。
端口 C（PC）：可编程 6 位 I/O 口 PC0～PC5。
（3）计数器/定时器
一个 14 位二进制减 1 可编程计数器/定时器。

2．8155 的引脚功能

8155 的引脚图如图 6-9 所示，下面分别说明各引脚的功能。

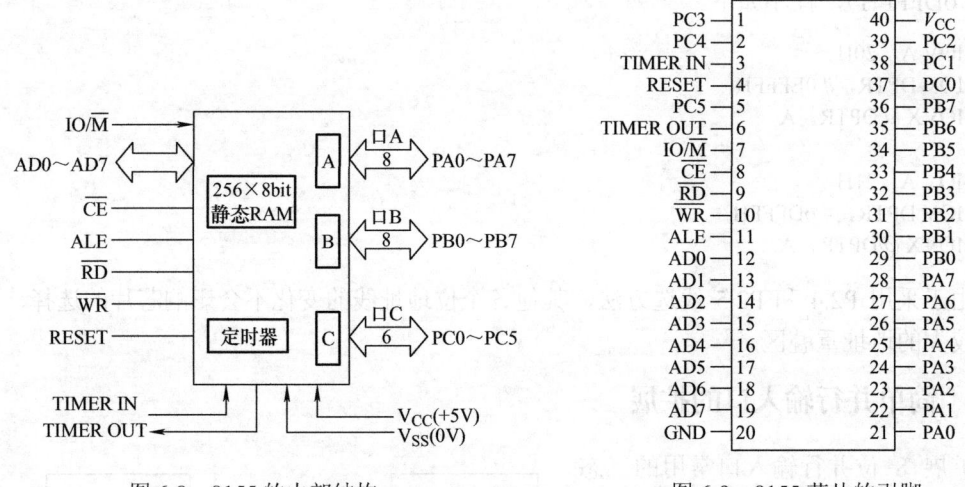

图 6-8　8155 的内部结构　　　　　图 6-9　8155 芯片的引脚

AD0～AD7：双向三态地址/数据总线，与单片机的地址/数据总线相连接。低 8 位地址在 ALE 信号的下降沿锁存到 8155 内部地址锁存器，该地址可作为存储器的 8 位地址，也可作为 I/O 口地址，这由 IO/$\overline{M}$ 引脚的信号状态决定。

$\overline{CE}$：片选信号输入线，低电平有效。

IO/$\overline{M}$：I/O 口或存储器 RAM 的选择信号输入线，当 IO/$\overline{M}$ =1 时，选中 I/O 口；当 IO/$\overline{M}$ =0 时，选中内部 RAM。

ALE：地址锁存允许信号输入线。
$\overline{RD}$：读信号输入线，低电平有效。
$\overline{WR}$：写信号输入线，低电平有效。
PA0～PA7：8 位并行 I/O 线，数据的输入或输出方向由命令字决定。
PB0～PB7：8 位并行 I/O 线，数据的输入或输出方向由命令字决定。
PC0～PC5：6 位并行 I/O 线，既可作为 6 位通用 I/O 口，工作在基本输入输出方式，又可作为 PA 口和 PB 口工作在选通方式下的控制信号，这由命令字决定。
TIMER IN（简写为 TIN）：计数器/定时器的计数脉冲输入线。
TIMER OUT（简写为 TOUT）：计数器/定时器的输出线，由计数器/定时器的寄存器决定输出信号的波形。
RESET：复位信号输入线，高电平有效，典型脉冲宽度为 600ns。在该信号作用下，8155 将复位，命令字被清零，三个 I/O 口被置为输入方式，计数器/定时器停止工作。
V_{CC}：+5V 电源。
GND（V_{SS}）：接地端。

3. 8155 的 RAM 和 I/O 口寻址

在单片机应用系统中，8155 的 I/O 口、RAM 和定时器/计数器是按外部数据存储器统一编址的，16 位地址，其中高 8 位由 $\overline{CE}$ 和 IO/$\overline{M}$ 确定，而低 8 位由 AD0～AD7 确定。当 IO/$\overline{M}$=0 时，单片机对 8155 RAM 进行读/写操作，RAM 低 8 位编址为 00H～FFH；当 IO/$\overline{M}$=1 时，单片机对 8155 中的 I/O 口进行读/写操作。8155 内部 I/O 口及定时器的低 8 位编址见表 6-1。

表 6-1 8155 内部 I/O 口及定时器的低 8 位编址

A7	A6	A5	A4	A3	A2	A1	A0	I/O 口
×	×	×	×	×	0	0	0	命令/状态寄存器（命令/状态口）
×	×	×	×	×	0	0	1	PA 口
×	×	×	×	×	0	1	0	PB 口
×	×	×	×	×	0	1	1	PC 口
×	×	×	×	×	1	0	0	定时器低 8 位（TL）
×	×	×	×	×	1	0	1	定时器高 8 位（TH）

4. 8155 的命令/状态字以及 I/O 口工作方式

（1）8155 的命令字和状态字

8155 的 PA 口、PB 口、PC 口以及计数器/定时器都是可编程的，CPU 通过用户设定的命令字写入命令字寄存器实现对工作方式的选择；通过读状态字寄存器来判别它们的工作状态。命令字寄存器和状态字寄存器共用一个口地址，命令字寄存器只能写入不能读出，状态字寄存器只能读出不能写入。

1）8155 命令字格式。8155 命令字格式如图 6-10 所示，其中 D3、D2 两位确定 ALT1～ALT4 4 种工作方式。

2）8155 状态字格式。8155 状态字格式如图 6-11 所示，其各位都是为"1"时有效。

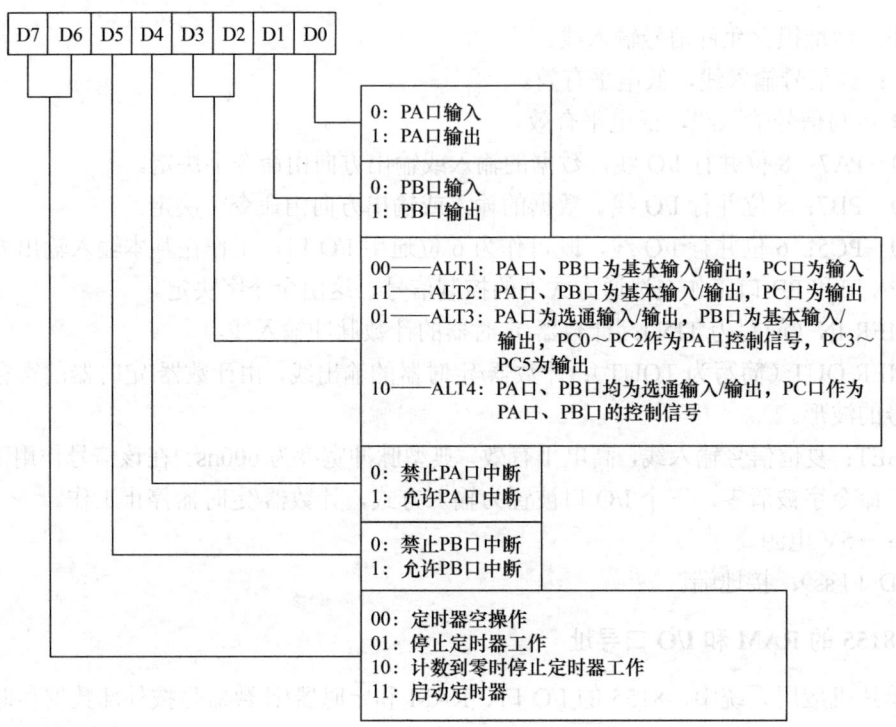

图 6-10 8155 的命令字格式

（2）8155 I/O 口的工作方式

8155 的 PA 口和 PB 口都有两种工作方式：基本输入/输出方式和选通输入/输出方式，在每种方式下都可编程为输入或输出。PC 口能用作基本输入/输出，也可在 PA 口、PB 口工作在选通输入/输出方式时为其提供控制线。

1）基本输入/输出方式。

当 8155 工作于 ALT1、ALT2 方式时，PA、PB、PC 3 个端口均为基本输入/输出方式。PC 口在 ALT1 方式下为输入，在 ALT2 方式下为输出。PA、PB 口为输入还是输出由命令字的 D0、D1 两位确定。8155 工作于基本输入/输出方式的功能如图 6-12 所示。

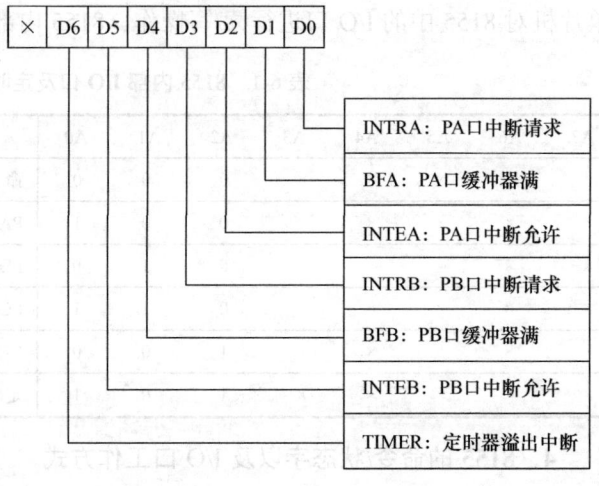

图 6-11 8155 的状态字格式

2）选通输入/输出方式。

当 8155 工作于 ALT3 方式时，PA 口为选通输入/输出方式，PB 口为基本输入/输出方式。这时 PC 口的低 3 位用作 PA 口选通方式的控制信号，其余 3 位用于输出。8155 工作于 ALT3 方式的功能图如图 6-13a 所示。

当 8155 工作于 ALT4 方式时，PA 口和 PB 口均为选通输入/输出方式。这时 PC 口的 6 位作为 PA 口、PB 口的控制信号。其中，PC0～PC2 分配给 PA 口，PC3～PC5 分配给 PB 口。

8155 工作于 ALT4 方式的功能图如图 6-13b 所示。

图中 INTR A、INTRB 为中断请示输出线,可作为 CPU 的中断源。当 8155 的 PA 口(或 PB 口)缓冲器接收到设备输入的数据或设备从缓冲器中取走数据时,INTRA(或 INTRB)变为高电平(仅当命令寄存器中相应中断允许位为 1 时),向 CPU 申请中断,CPU 对 8155 相应的 I/O 口进行一次读/写操作,INTRA(或 INTRB)变为低电平。

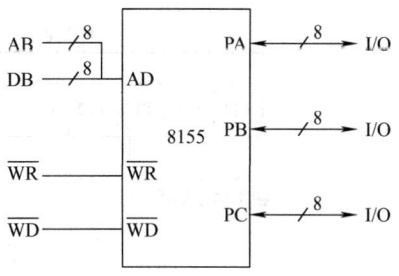

图 6-12 8155 基本输入/输出方式的功能

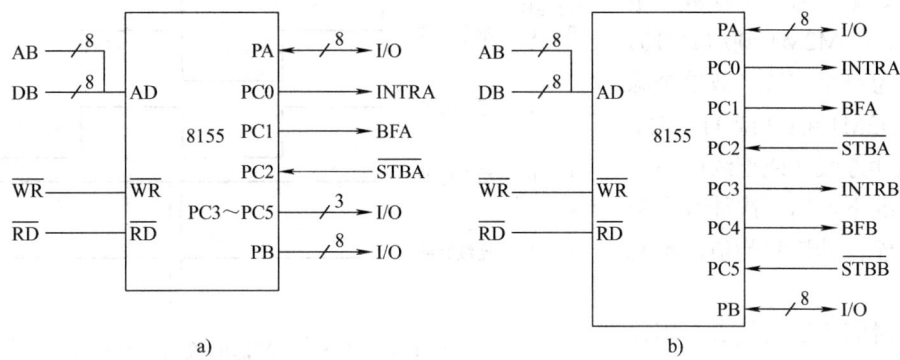

图 6-13 8155 选通输入/输出方式的功能

a) ALT3 方式   b) ALT4 方式

BFA、BFB 为 I/O 口缓冲器满标志输出线,缓冲器存有数据时,BFA(或 BFB)为高电平,否则为低电平。$\overline{STBA}$、$\overline{STBB}$ 为设备选通信号输入线,低电平有效。

5. 8155 的计数器/定时器

8155 有一个 14 位减法计数器,从 TIN 脚输入计数脉冲,当计数器中的数减到零时,从 TOUT 脚输出一个信号,同时将状态字中的 TIMER 置位(读出后清零),这样可实现计数或定时。

8155 计数器/定时器(简称定时器)要正常工作需要设置其工作状态、时间常数(即定时器初值)和 TOUT 引脚输出信号形式。

定时器的工作状态由上述 8155 命令字的高 2 位来设定。

00:空操作,即不影响定时器工作。

01:停止定时器工作。

10:若定时器未启动,表示空操作;若定时器正在工作,则在计数到零时停止工作。

11:启动定时器工作,在设置时间常数和输出方式后立即开始工作;若定时器正在工作,则表示要求在这次计数到零后,定时器以新设置的时间常数和输出方式开始工作。

定时器的时间常数和 TOUT 引脚的输出信号形式由定时器的低字节寄存器和高字节寄存器来设置,其时间格式如图 6-14 所示。

M2、M1 两位用来设置 TOUT 引脚的 4 种输出信号形式。8155 定时器的输出信号形式如图 6-15 所示。

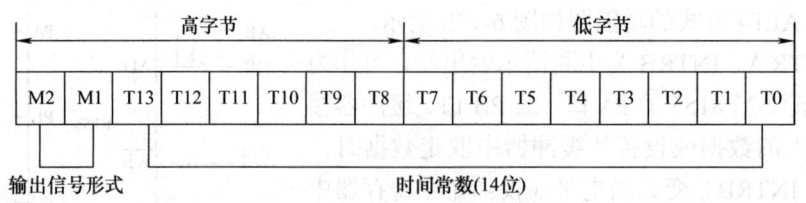

图 6-14 定时器的时间格式

图 6-15 中,从"计数开始"到"计数到零"为一个计数(定时)周期。在 M2M1=00(或 10)时,输出为单个方波(或单个脉冲)。当 M2M1=01(或 11)时,输出为连续方波(或连续脉冲),在这种情况下,当一次计数完毕后计数器能自动恢复初值,重新开始计数。

如果时间常数为偶数,则输出的方波是对称的;如果时间常

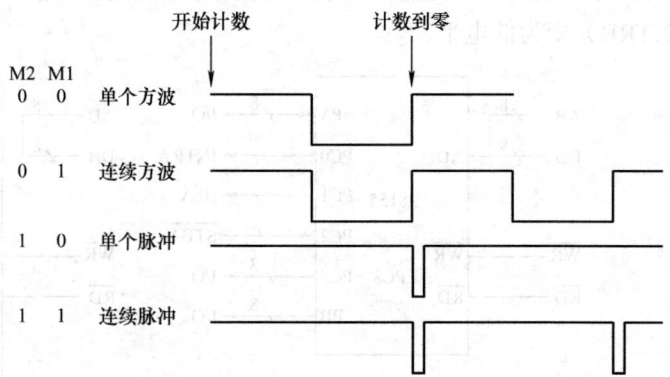

图 6-15 8155 定时器的输出信号形式

数为奇数,则输出的方波不对称,输出方波的高电平比低电平多一个计数间隔。由于上述原因,时间常数最小应为 2,因此能设置的时间常数范围为 0002H~3FFFH。

8155 允许 TIN 引脚输入脉冲的最高频率为 4MHz。

6. 8155 与 51 单片机接口

51 单片机可以直接和 8155 连接而不需要任何外加逻辑电路,其连接方法如图 6-16 所示。

由于 8155 片内有地址锁存器,因此 P0 口输出的低 8 位地址不需要另加锁存器,而直接与 8155 的 AD0~AD7 相连,用单片机引脚 ALE 控制在 8155 中锁存。高 8 位地址由 $\overline{CE}$ 及 IO/$\overline{M}$ 的地址控制线决定。图 6-16 中 8155 片内 RAM 和各 I/O 口的地址如下。

1) RAM 地址:7E00H~7EFFH。
2) 命令/状态口:7F00H。
3) PA 口:7F01H。
4) PB 口:7F02H。
5) PC 口:7F03H。
6) 定时器低 8 位:7F04H。
7) 定时器高 8 位:7F05H。

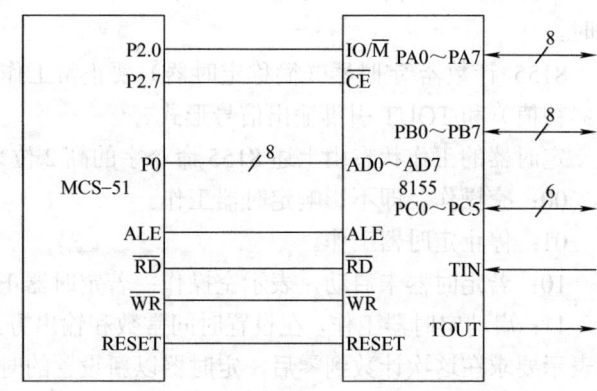

图 6-16 51 单片机与 8155 的连接方法

【例 6-1】 在图 6-16 中,将立即数 10H 送入 8155 RAM 的 20H 单元。

8155 RAM 20H 单元的地址为 7E20H。

ASM 程序如下。

MOV	A，#10H	；立即数送 A
MOV	DPTR，#7E20H	；DPTR 指向 8155 RAM 的 20H 单元
MOVX	@DPTR，A	；立即数送入 8155 RAM 的 20H 单元

C51 程序如下。

```
#include<reg51.h>
#define uchar unsigned char
uchar xdata *px=0x7E20;
void main（）
{
*px =0x10;
    While（1）；
}
```

【**例 6-2**】 在图 6-16 中，要求 PA 口为基本输入方式，PB 口为基本输出方式，定时器作方波发生器，对输入 TIN 的方波进行 24 分频。

ASM 程序如下。

MOV	DPTR，#7F04H	；指向定时器低 8 位
MOV	A，#18H	；时间常数为 0018H=24
MOVX	@DPTR，A	；时间常数装入定时器
INC	DPTR	；指向定时器高 8 位
MOV	A，#40H	；设定时器输出方式为输出连续方波
MOVX	@DPTR，A	；装入定时器高 8 位
MOV	DPTR，#7F00H	；指向命令/状态口
MOV	A，#0C2H	；命令字设定 PA 口为基本输入方式，PB 口为基本输 ；出方式，并启动定时器
MOVX	@DPTR，A	

C51 程序如下。

```
#include<reg51.h>
#define uchar unsigned char
uchar xdata *px=0x7F04;
uchar xdata *pd=0x7F00;
void main（）
{   *px=0x18;
    px++;
    *px=0x40;
    *pd=0x0C2;
    While（1）；
}
```

6.3 单片机扩展系统外部地址空间的编址方法

在 51 单片机扩展系统中，有时既需要扩展程序存储器，又需要扩展数据存储器，同时还需要扩展 I/O 接口，而且经常要同时扩展多个存储芯片，这就需要对这些芯片进行统一地址编址及分配。

6.3.1 单片机扩展系统地址空间编址

所谓编址，就是使用系统提供的地址线，通过适当连接，使外部存储器的每一个单元或扩展 I/O 接口的每一个端口都对应一个地址，以便于 CPU 进行读写操作。

编址时应统筹考虑以下几方面。

1）51 单片机外部地址空间有两种：程序存储器地址空间和数据存储器地址空间，其范围均为 64KB。

2）外部扩展 I/O 口占用数据存储器地址空间，与外部数据存储器统一编址，单片机用访问外部数据存储器的指令来访问外部扩展 I/O 口。

3）单片机扩展系统中占用同类地址空间的各个芯片之间地址不允许重叠。但由于单片机访问外部程序存储器与访问外部数据存储器（包括外部 I/O 口）时，会分别产生 $\overline{PSEN}$ 与 $\overline{RD}/\overline{WR}$ 两类不同的控制信号，因此，占用不同类（指外部程序存储器和外部数据存储器）地址空间的各个芯片之间地址可以重叠。

4）任一存储单元地址包括片地址+片内地址。该存储单元所在的存储芯片为片地址，该存储单元所在片内位置为片内地址。

5）编址方法分为两步：存储器（I/O 接口）芯片编址和芯片内部存储单元编址。芯片内部存储单元编址由芯片内部的地址译码电路完成，对使用者来说，只需把芯片的地址线与相应的系统地址总线相连即可。芯片的编址实际上就是如何来选择芯片。几乎所有的存储器和 I/O 接口芯片都设有片选信号端。片选地址识别方法有线选法和译码法两种。

6）51 单片机扩展系统外部空间地址是由 16 位地址总线（A0～A15）产生的。其中高 8 位地址总线（A8～A15）由 P2 口（P2.0～P2.7）直接提供，因此片选信号只能由 P2 口未被芯片地址线占用的位线来产生。

6.3.2 线选法

所谓线选法，是指 51 单片机 P2 口未被扩展芯片片内地址线占用的其他位直接与外接芯片的片选端相连。一般片选有效信号为低电平。

线选法的特点是连接简单，不必专门设计逻辑电路，但是各个扩展芯片占有的空间地址不连续，因而地址空间利用率低。线选法适用于扩展地址空间容量不太大的场合。

【例 6-3】 利用 2764 和 6264 为 8051 单片机分别扩展 16KB（独立编址 $\overline{EA}=0$）程序存储器和 16KB 数据存储器。

2764（6264）的容量为 8KB，扩展 16KB 程序（数据）存储器需要两片；因为 2764（6264）片内地址线需要 13 条，未被占用的地址总线有 3 条，即 A13～A15，对应 8051 单片机 P2 口的 P2.5～2.7。所以，可以采用线选法进行扩展。由于程序存储器地址和数据存储器地址允许重叠，一片程序存储器和一片数据存储器允许共用一条地址总线作片选线。因此，本例可以用 3 条地址总线，也可以用 2 条地址总线作片选线，其接口电路如图 6-17 所示。存储器的地址空间分配情况见表 6-2。

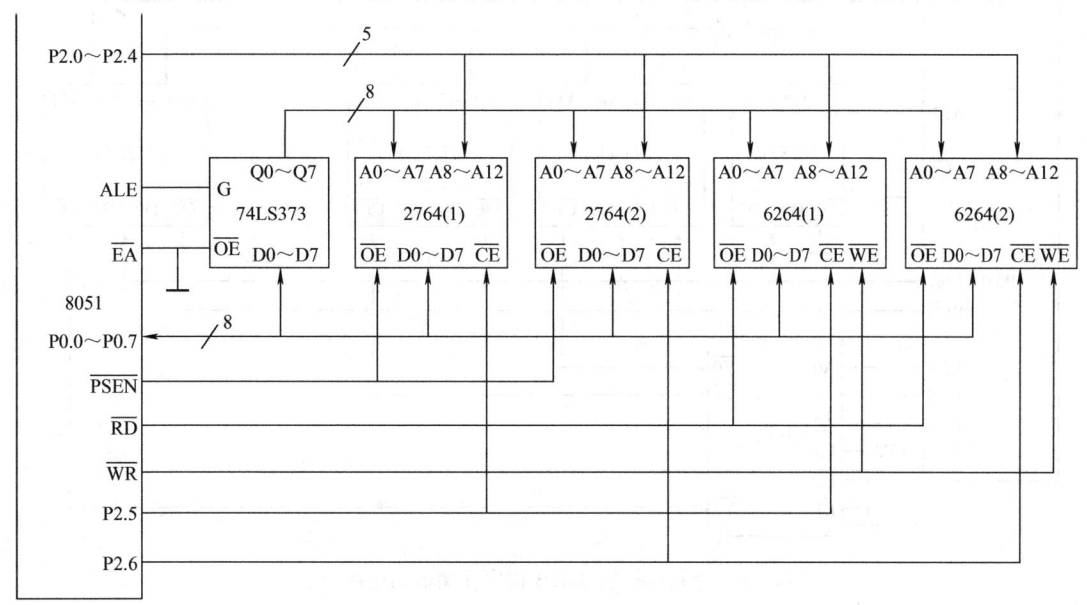

图 6-17 线选法扩展 16KB 程序存储器和 16KB 数据存储器的接口电路

表 6-2 存储器的地址编码

存储器	A15 A14 A13	A12～A0	地址编码
2764（1）	1　1　0	0000000000000～1111111111111	C000H～DFFFH
2764（2）	1　0　1	0000000000000～1111111111111	A000H～BFFFH
6264（1）	1　1　0	0000000000000～1111111111111	C000H～DFFFH
6264（2）	1　0　1	0000000000000～1111111111111	A000H～BFFFH

6.3.3 译码法

所谓译码法，是指 51 单片机 P2 口未被扩展芯片片内地址线占用的其他位，经译码器译码，译码输出信号线再与外接芯片的片选端相连，一般译码输出片选有效信号为低电平。

译码法的特点是在地址总线数量相同的情况下，可以比线选法扩展更多的芯片，而且可以使各个扩展芯片占有连续的地址空间，因而适用于扩展芯片数量多、地址空间容量大的复杂系统。

【例 6-4】 利用 2732 为 8051 单片机分别扩展 32KB（独立编址 $\overline{EA}$=0）程序存储器。

2732 的容量为 4KB，扩展 32KB 程序存储器需要 8 片。因为 2732 地址线为 A0～A11，对应 8051 单片机 P0 口和 P2.0～P2.3。未被占用的地址总线有 4 条，即 A12～A15，对应 8051 单片机 P2.4～P2.7。本例采用译码法进行扩展，可以用 P2.4～P2.6 经 3-8 译码器 74LS138 译码，译码输出信号作为片选信号，其连接方法如图 6-18 所示，存储器的地址空间分配见表 6-3。

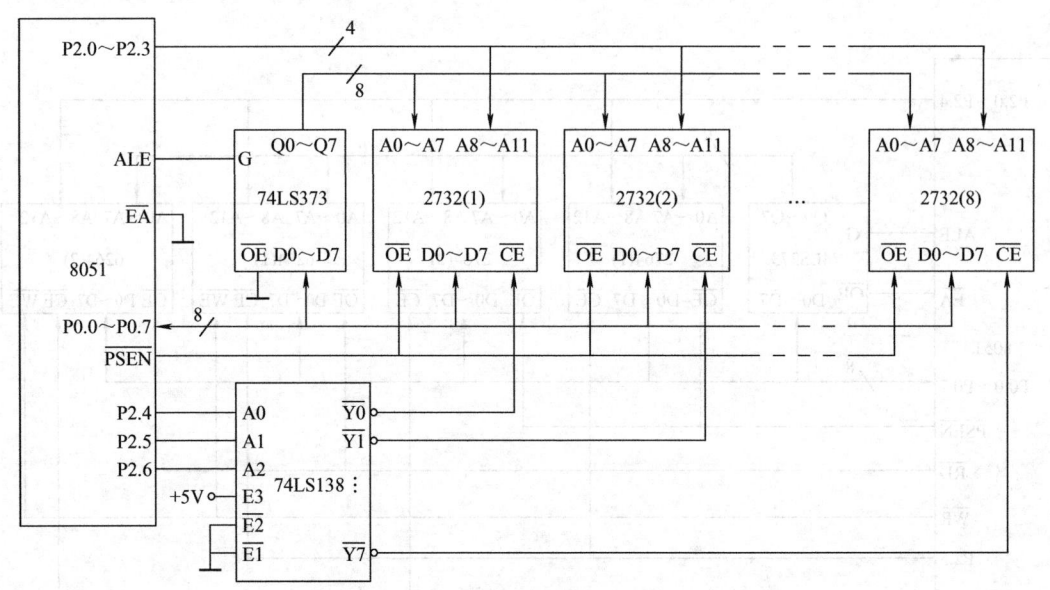

图 6-18 译码法扩展 32KB 程序存储器的连接方法

表 6-3 存储器的地址空间分配

存储器	A15～A12	A11～A0	地址编码
2732（1）	1000	000000000000～111111111111	8000H～8FFFH
2732（2）	1001	000000000000～111111111111	9000H～9FFFH
2732（3）	1010	000000000000～111111111111	A000H～AFFFH
2732（4）	1011	000000000000～111111111111	B000H～BFFFH
2732（5）	1100	000000000000～111111111111	C000H～CFFFH
2732（6）	1101	000000000000～111111111111	D000H～DFFFH
2732（7）	1110	000000000000～111111111111	E000H～EFFFH
2732（8）	1111	000000000000～111111111111	F000H～FFFFH

6.4 单片机 I/O 接口技术及应用

单片机应用系统中，常用于人机交互的输入输出设备有键盘和显示器等设备。本章主要介绍键盘及显示器的基本工作原理，并通过应用实例详实地描述单片机 I/O 接口应用技术。

6.4.1 键盘及接口电路

1. 键盘的工作特征

键盘中的每个按键都是一个常开的开关电路，它是利用机械触点来实现按键的闭合和释放的。在按键的使用过程中，有两种现象需要特别注意：一是按键抖动现象；二是按键连击现象。

（1）按键抖动现象

由于按键触点的弹性作用的影响，按键的机械触点在闭合及断开的瞬间都会有抖动的现象，所控制的输入电压信号同样出现抖动现象。按键抖动一般持续的时间为 5～10ms。

为了确保单片机对按键的一次闭合仅处理一次,必须去除按键抖动的影响。

目前一般采用软件延时的办法来避开抖动阶段,即第一次检测到按键闭合后先不做相应动作,而是执行一段延时程序(产生 5~10ms 的延时),让前沿抖动消失后再次检测按键的状态,若按键仍保持闭合状态,则确认为真正有键按下,否则就将其作为按键抖动处理。

(2)按键连击现象

按键连击是指在一次按下按键的过程中,相应的程序被多次执行的现象(等价于按键被多次按下)。

在通常情况下,连击是不允许出现的。消除连击影响的方法如下。

1)当判断出某键被按下时,就立刻转向去执行该按键相应的功能程序,然后判断按键是否被释放,直至按键被释放后才返回。

2)当判断出某一键被按下时,不立即转向去执行该按键的功能程序,而是等待判断出该按键被释放后,再转向去执行相应程序,然后返回。

2. 独立式非编码键盘接口及处理程序

(1)键盘电路结构

在实际的应用系统中,一般采用几个按键来组成非编码键盘,称其为独立式键盘或线性键盘。它们与单片机的连接如图 6-19 所示。每一个键对应 P1 口的一个端口,每个按键是相互独立的。当某一个按键被按下时,该按键所连接的端口的电位也就由高电平变为低电平,单片机通过访问并查询所有连接按键的端口,识别所按下的按键。

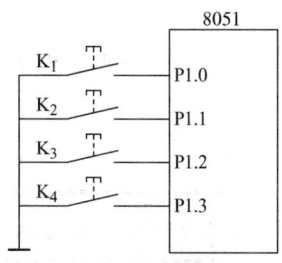

图 6-19 独立式键盘与单片机的连接

(2)程序设计

独立式键盘的处理子程序如下。

```
START:  ORL    P1,#0FH         ;输入口先置 1
        MOV    A,P1            ;读入键状态
        JNB    ACC.0,KEY_1     ;1 号键转 KEY_1 标号
        JNB    ACC.1,KEY_2     ;2 号键转 KEY_2 标号
        JNB    ACC.2,KEY_3     ;3 号键转 KEY_3 标号
        JNB    ACC.3,KEY_4     ;4 号键转 KEY_4 标号
        SJMP   START
KEY_1:  LJMP   PROG1
KEY_2:  LJMP   PROG2
KEY_3:  LJMP   PROG3
KEY_4:  LJMP   PROG4
PROG1:  …                      ;1 号键功能程序
        LJMP   START           ;1 号键执行完返回
PROG2:  …                      ;2 号键功能程序
        LJMP   START           ;2 号键执行完返回
PROG3:  …                      ;3 号键功能程序
        LJMP   START           ;3 号键执行完返回
PROG4:  …                      ;4 号键功能程序
        LJMP   START           ;4 号键执行完返回
```

具有去抖动及按键松手检测功能的C51程序如下。
/**/
//程序开始，功能：完成按键检测
/**/
#include<reg51.h>   //头文件包含
#include<intrins.h>   //头文件包含
#define uchar unsigned char   //宏定义
/**/
//   delay（unsigned int ms）；延时程序带有输入参数
/**/
void delay（unsigned int m）
{
    unsigned int i，j；
    for（i=0；i<m；i++）
    {
        for（j=0；j<123；j++）
        {；}
    }
}
/**/
//按键检测程序，返回值：按键按下的端口值（低电平有效）
/**/
uchar key（）
{
    uchar keynum，temp；
    P1 = P1 | 0x0f；
    keynum = P1；
    if（(keynum | 0xf0) == 0xff）
        return（0）；
    delay（10）；
    keynum = P1；
    if（(keynum | 0xf0) == 0xff）
        return（0）；
    while（1）
    {
        temp = P1；
        if（(temp | 0xf0) == 0xff）
            break；
    }
    return（keynum）；
}
/**/
//返回值的处理，判断是哪一个按键被按下
/**/
void kpro（uchar k）
{

```
        if（（k & 0x01）== 0x00）           //以下仅显示各键序号，例如 P0=1
                P0=1;                      //实用程序应为该键需要执行的功能
        if（（k & 0x02）== 0x00）
                P0=2;
        if（（k & 0x04）== 0x00）
                P0=3;
        if（（k & 0x08）== 0x00）
                P0=4;
}
/*************************************************************/
//主函数
/*************************************************************/
void main（）
{
    uchar k;
    while（1）
    {
        k = key（）;
        if（k != 0）
            kpro（k）;
        //添加需要执行的功能
    }
}
```

3．矩阵式键盘接口、处理程序及仿真

（1）电路结构

当按键数量较多时，为了节省 I/O 端口及减少连接线，通常按矩阵方式连接键盘电路。在每条行线与每条列线的交叉处通过一个按键来连通，则只需 N 条行线和 M 条列线即可组成拥有 $N \times M$ 个按键的键盘。

例如，组成有 16 个按键的键盘，按 4×4 的方式连接，即 4 条行线和 4 条列线，Proteus 仿真电路原理图如图 6-20 所示。

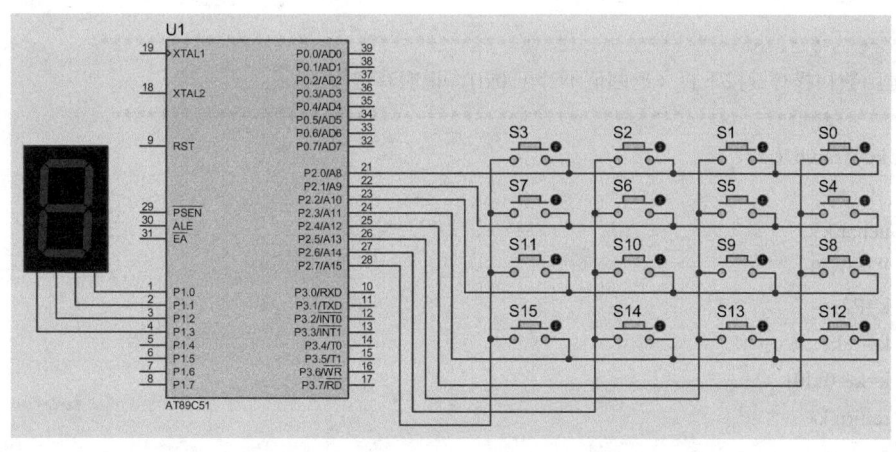

图 6-20　矩阵式键盘的仿真电路原理图

167

为便于观察键值，使用 Proteus 的一位 7 段 BCD 数码管显示对应按键按下时的序号。

（2）程序设计

对于非编码键盘的矩阵结构键盘检测，常用的按键识别方法是扫描法。一般情况下，按键扫描程序都是以函数（子程序）的形式出现的。

下面说明扫描法按键识别的过程。

1）快速扫描判别是否有键按下。通过行线送出扫描字 0000B，然后读入列线状态，假如读入的列线端口值全为 1，则说明没有按键被按下，反之则说明有键按下。

2）调用延时（或者是执行其他任务来用作延时）去除抖动。当检测到有键按下后，软件延时一段时间后再次检测按键的状态，若检测到仍有按键被按下，则认为按键确实被按下了，否则只能按照按键抖动来处理。

3）按键的键值处理。当有键按下时，就可进入逐行扫描的方法来确定到底是哪一个按键被按下。先扫描第一行，即将第一行输出为低电平（0），然后再去读入列线的端口值，如果某列出现低电平（0），就说明该列与第一行跨接的按键被按下了。如果读入的列线端口值全为 1，则说明与第一行跨接的所有按键都没有被按下。接着扫描第二行，以此类推，逐行扫描，直至找到被按下的按键，并根据事先的定义将按键的键值送入键值变量中保存。需要注意的是，在返回键盘的键值前还需要检测按键是否被释放，这样可以避免按键连击现象的出现，保证每次按键只做一次处理。

4）返回按键键值的处理。根据按键的编码值，进行相应按键的功能处理（本例仅显示对应按键按下时的序号，实际应用中需要设计该键执行的功能程序）。

C51 程序代码如下。

```
#include<reg51.h>                        //头文件包含
#include<intrins.h>                      //头文件包含
#define uchar unsigned char              //宏定义
  void delay（uchar m）
  {uchar i，j；
   for（i=0；i<m；i++）
    for（j=0；j<124；j++）；
    }
/****************************************************************/
//按键函数扫描有键按下否（返回值不等于 0xff，说明有键按下）
/****************************************************************/
uchar keysearch（）
{
      uchar k;
      P2=0xf0；
      k=P2；
      k=~k;
      k=k&0xf0；
      return k；
}
```

/**/
//按键函数（返回值等于0xff，说明没有键按下）
/**/
uchar key（）
{
    uchar a，c，kr，keynumb;
    a=keysearch（）;
    if（a==0）
        return 0xff;
    else
        delay（10）;   //延时去抖动
    a=keysearch（）;
    if（a==0）
        return 0xff;
    else
    {
        a=0xfe;
        for（kr=0; kr<4; kr++）
        {
            P2 = a;
            c = P2;
            if（（c & 0x10）==0）keynumb=kr+0x00;
            if（（c & 0x20）==0）keynumb=kr+0x04;
            if（（c & 0x40）==0）keynumb=kr+0x08;
            if（（c & 0x80）==0）keynumb=kr+0x0c;
            a=_crol_（a, 1）;   //循环左移函数，需要intrins.h头文件支持
        }
    }
    do{   //按键释放检测
        a=keysearch（）;
    }while（a!=0）;
    return keynumb;   //返回按键的编码键值
}
/**/
//按键的键值处理函数
/**/
void keybranch（uchar k）
{
    switch（k）
    {
        case 0x00 :   P1=0;   //以下仅显示各键序号，例如P1=0
        break;   //实用程序应为该键需要执行的功能
        case 0x04 :   P1=1;

```
                    break;
            case 0x08 :   P1=2;
                    break;
            case 0x0c :   P1=3;
                    break;
            case 0x01 :   P1=4;
                    break;
            case 0x05 :   P1=5;
                    break;
            case 0x09 :   P1=6;
                    break;
            case 0x0d :   P1=7;
                    break;
            case 0x02 :   P1=8;
                    break;
            case 0x06 :   P1=9;
                    break;
            case 0x0a :   P1=10;
                    break;
            case 0x0e :   P1=11;
                    break;
            case 0x03 :   P1=12;
                    break;
            case 0x07 :   P1=13;
                    break;
            case 0x0b :   P1=14;
                    break;
            case 0x0f :   P1=15;
                    break;
            default:   break;
        }
    }
    void main ()
    {  uchar jzh;
       while (1)
       {
         jzh=key ();
         keybranch (jzh);
       }
    }
```

（3）仿真调试

在 Proteus 下加载编译通过的.HEX 文件，在仿真运行中分别按下 S0～S15，数码管显示相应序号。图 6-21 所示是当按下 S9 时的仿真调试结果。

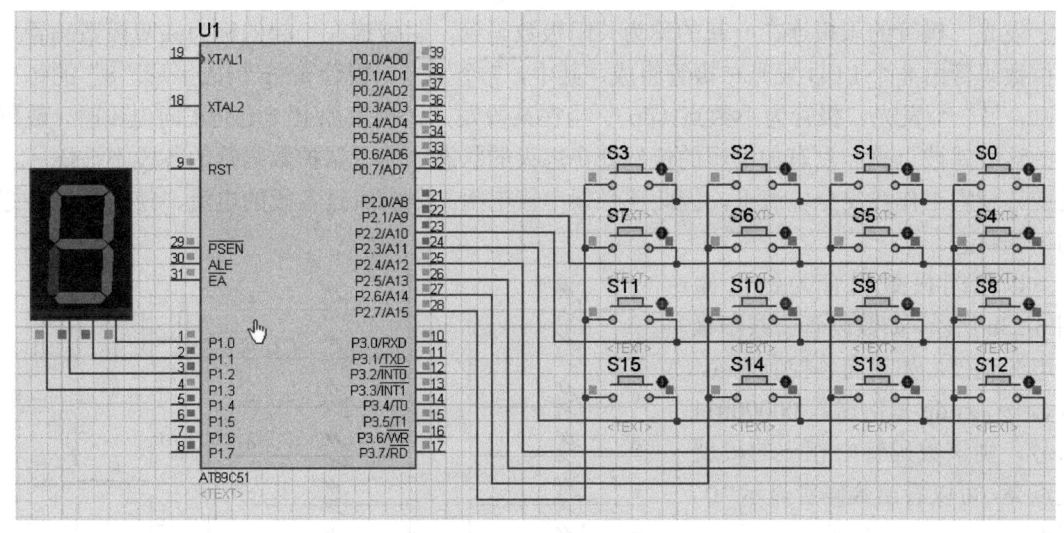

图 6-21　矩阵式键盘的 Proteus 仿真调试结果

6.4.2　LED 显示器及接口电路

在单片机应用系统中，现场的工作状态和数据须实时地监测和观察，用于观察的显示器主要有 LED（发光二极管）显示器和 LCD（液晶）显示器。这两种显示器成本低廉，功耗低，寿命长，安全可靠，配置灵活，与单片机接口连接方便。

LED 显示分状态显示和数据显示两种方式。状态显示即由单只 LED 的亮和灭来反映其是否工作；而数据显示则应能显示 0～9 的数字和字母 A～F，通常使用的是七段 LED（8 字形）或十六段 LED（米 8 形）。

1．LED 状态显示

在许多应用系统中，都需要在面板或操作台上指示设备的工作状态，用 LED 作为状态显示具有电路简单、功耗低、寿命长、响应速度快及多种颜色分辨等特点。

LED 状态显示的接口电路十分简单，主要分为高电平驱动和低电平驱动。当所用 LED 功耗低、数量较少时，可直接利用单片机的 I/O 口进行控制。当系统需要较多的 LED 显示时，需要加驱动电路，经 PNP 晶体管驱动控制 LED 状态，其电路如图 6-22 所示。

在该电路中，改变限流电阻（300Ω）的阻值可调整发光二极管的亮度。当 P1 口的位线输出低电平时，对应的晶体管（PNP）导通，则相应的 LED 被点亮。

2．LED 数码显示

LED（七段）数码管是由 7 段发光二极管和一个发光小数点（发光二极管）组成的显示器件。

LED 数码管有共阴极和共阳极两种连接方法，如图 6-23 所示。

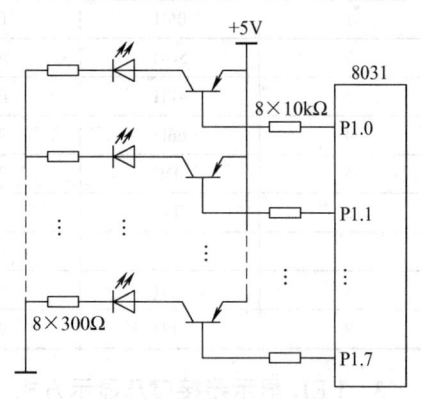

图 6-22　LED 状态显示电路

发光二极管的阳极连在一起的称为共阳极数码管，阴极连在一起的称为共阴极数码管。一位数码管由 8 个 LED 发光二极管组成，其中，7 个发光二极管 a~g 构成字形"8"的每个笔画，另一个发光二极管为小数点（dp）。当在某段发光二极管加上一定的正向电压时，数码管的这段就被点亮；没有加电压的依然处在熄灭的状态。为了保护数码管的各段不被烧坏，还应该使它工作在安全电流下，因此还必须串接电阻来限制流过各段的电流，使之处在良好的工作状态。

以共阳极数码管为例，如图 6-23b 所示，如数码管公共阳极接电源正极，如果向各控制端 a, b, c, …, g, dp 依次送入 00000011 信号，则该数码管中相应的段就被点亮，可以看出数码管显示"0"字形。

控制数码管上显示何字符的数据，也就是加在数码管上控制数码管各段亮灭的二进制数据，称为段码。共阴型和共阳型七段 LED 数码管所对应的段码见表 6-4。

需要说明的是，在表 6-4 中所列出的数码管的段码是相对的，它是由各段在字节中所处的位置决定的。例如，七段 LED 数码管段码的格式是 dp, g, …, c, b, a, 故"0"的段码为 11000000=C0H（共阳极数码管）。但是如果将格式改为：dp, a, b, c, …, g, 则"0"的段码变为 81H（共阳极数码管）。因此，数码管的段码可由开发者根据具体硬件的连接自行确定，不必拘泥于表 6-4 中的形式。

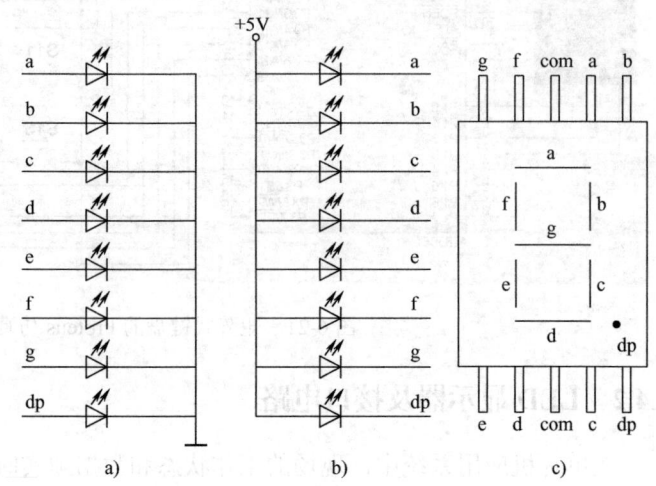

图 6-23 七段 LED 数码管
a) 共阴极　b) 共阳极　c) 管脚分布

表 6-4 七段 LED 数码管的段码

显示数码	共阴极段码	共阳极段码	显示数码	共阴极段码	共阳极段码
0	3FH	C0H	A	77H	88H
1	06H	F9H	b	7CH	83H
2	5BH	A4H	C	39H	C6H
3	4FH	B0H	d	5EH	A1H
4	66H	99H	E	79H	86H
5	6DH	92H	F	71H	8EH
6	7DH	82H			
7	07H	F8H			
8	7FH	80H			
9	6FH	90H			

3. LED 显示器接口及显示方式

在实际应用中，数码管有静态显示和动态显示两种。

（1）静态显示方式

静态显示方式为七段 LED 数码管在显示某一个字符时，相应的段（发光二极管）恒定的导通或截止，直至需要更新显示其他字符为止。

LED 数码管显示器工作于静态显示时，若为共阴极数码管，则公共端接地；若为共阳极数码管，则公共端接+5V 电源。不管哪种方式，都要考虑流经每个段的电流的大小，以保护数码管的正常工作。数码管的每一段（发光二极管）还可与一个 8 位锁存器的输出口相连，显示字符一经确定，相应锁存的输出将维持不变。这样显示比较稳定。静态显示器的亮度是由限流电阻的阻值大小决定的。唯一的缺点就是每显示一位字符需要 8 根输出线。当要显示 N 位字符时，需 N×8 根输出线，占用较多 I/O 资源。因此，在显示位数比较多的情况下，一般都采用动态显示方式。N 位共阴极、共阳极静态显示电路的连接图如图 6-24 所示。

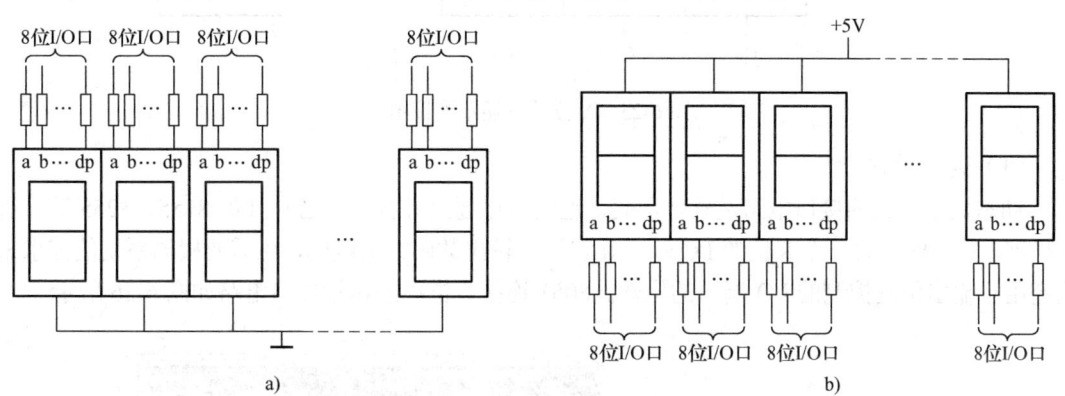

图 6-24 N 位共阴、共阳静态显示电路连接图

a)共阴极静态显示　b)共阳极静态显示

（2）动态显示方式

为了解决静态显示时占用 I/O 端口资源较多的问题，在多位显示时通常采用动态显示方式。N 位动态显示连接图如图 6-25 所示。

动态显示是将所有数码管的对应段码连接在一起，由一个 8 位的输出口控制，每位数码管的公共端（称之为位选）分别由一位 I/O 端口控制，以实现每个位的分时选通。在图 6-25 中，所有数码管的每一段都是由一个 I/O 端口控制的，I/O 端口送出的段码将同时作用于所有数码管，然后通过位扫描的方法轮流选通每一位数码管（位码）。即某一时刻通过位选线只选通某一位数码管，同时段选线送入相应位的段码，以保证该位能够显示出相应字符。下一时刻，则在其相邻的数码管送入位选电平，同时送入欲显示字符段码，依次循环，就可以使每位数码管分时显示不同字符。动态显示要求开发者在编写程序中选通某一位数码管时，使其点亮并保持一定的时间，程序上常采用调用延时子程序的方式。只要每位数码管显示的时间间隔不超过 20ms，并保持点亮一段时间，比如 2ms，就会给人每位数码管都在同一时间显示的感觉。

4. 七段 LED 数码管显示接口

静态显示方式的软件译码显示接口可参考图 6-24，每一片 8D 锁存器接一个七段数码管，显示时单片机向各锁存器写入各位显示数字的段码即可。下面详细介绍动态显示方式时的软硬件设计。

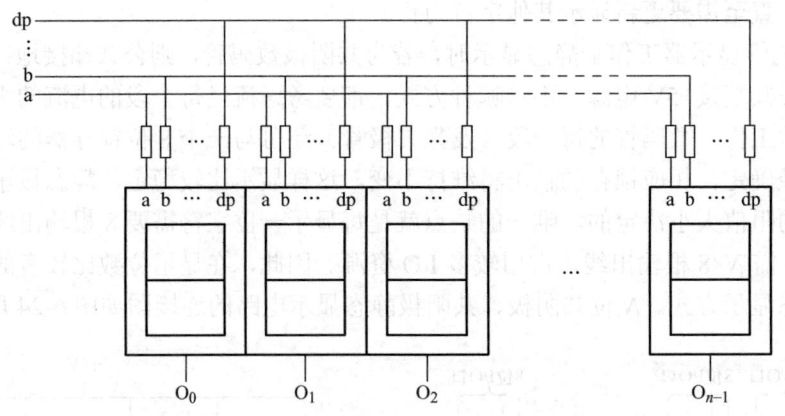

图 6-25　N 位动态显示连接图

（1）硬件电路

动态显示方式的接口电路及软件译码，通常可以通过并行接口芯片（如 8155、8255 等）进行扩展。使用时需要一个 8 位的 I/O 输出端口用于输出数码管的段码，还需要根据系统的需求来确定用于输出位码控制的 I/O 端口的位数。8051 连接 6 位动态显示接口电路如图 6-26 所示。

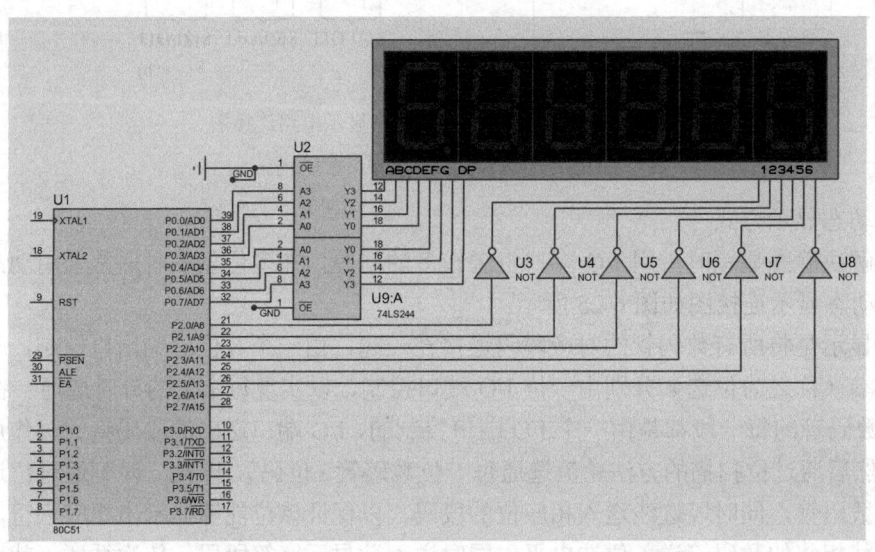

图 6-26　8051 连接 6 位动态显示接口电路

图 6-26 所示的 6 位动态显示接口电路（共阴极连接）中，P0 口仅用于输出显示器的段码，而没有与其他外设进行数据交换。由于 P0 口总负载能力（电流）不能满足 LED 数码管的电流需求，P0 口可通过 74LS244 驱动电路连接数码管。74LS244 是三态输出的 8 位总线缓冲驱动器，无锁存功能。

（2）程序设计

在程序设计时，需要在单片机的内部 RAM 中设置 6 个显示缓冲单元 50H～55H，分别存放 6 位显示的数据,由 P0 口输出段码,P2.0～P2.5 输出位码。在处理显示时,由程序控制使 P2.0～P2.5 按顺序依次轮流输出高电平,对共阴极数码管每次只点亮一位。在点亮某一位的同时,由 P0 口同步输出这位数码管欲显示的段码。每显示一位并保持停留一定的时间,依次循环,即得到视觉上同时显示且稳定的信息。

汇编语言扫描显示子程序(DISP)如下。

```
DISP:    MOV    R0,#50H              ;显示缓冲区首地址
         MOV    DPTR,#DISPTAB        ;段码表首地址
         MOV    R2,#01H              ;从最低位开始显示
DISP0:   MOV    P2,R2                ;送位码
         MOV    A,@R0                ;取显示数据
         MOVC   A,@A+DPTR            ;查段码
         MOV    P0,A                 ;输出段码
         LCALL  DL1MS                ;延时 1ms
         INC    R0
         MOV    A,R2
         JB     ACC.5,DISP1          ;6 位数据是否扫描完毕?
         RL     A
         MOV    R2,A
         SJMP   DISP0
DISP1:   RET
DISPTAB: DB     3FH,06H,5BH,4FH,66H,6DH
         DB     7DH,07H,7FH,67H,77H,7CH
         DB     39H,5EH,79H,71H
DL1MS:   MOV    R7,#02H
DL:      MOV    R6,#0FFH
DL1:     DJNZ   R6,DL1
         DJNZ   R7,DL
         RET
```

C51 程序如下。

```
/****************************************************************/
//扫描显示 6 位数码管,显示信息为缓冲区的 012345
/****************************************************************/
#include<reg52.h>                      //头文件定义
#include<intrins.h>
#define uchar unsigned char            //宏定义
uchar code Tab[]={0x3f, 0x06, 0x5b, 0x4f, 0x66, 0x6d, 0x7d, 0x07, 0x7f, 0x6f,
0x77, 0x7c, 0x39, 0x5e, 0x79, 0x71};
uchar disp_buffer[]={0, 1, 2, 3, 4, 5};        //显示缓冲区
/****************************************************************/
//延时子程序,带有输入参数 m
/****************************************************************/
void delay(unsigned int m)
{
    unsigned int i, j;
    for(i=0; i<m; i++)
    {
        for(j=0; j<123; j++)
```

```
            {; }
        }
    }
}
/*************************************************************/
//显示子程序
/*************************************************************/
void display()
{
    uchar i,temp;
    temp = 0x01;
    for(i=0; i<6; i++)
    {
        P2 = temp;                          //位选
        P0 =Tab[disp_buffer[i]];            //送显示段码
        delay(2);
        P0 = 0x00;                          //消隐
        temp = _crol_(temp,1);
    }
}
/*************************************************************/
//主函数
/*************************************************************/
void main()
{
    while(1)
    {
        display();
    }
}
```

（3）仿真调试

6位动态显示电路的仿真结果如图6-27所示。

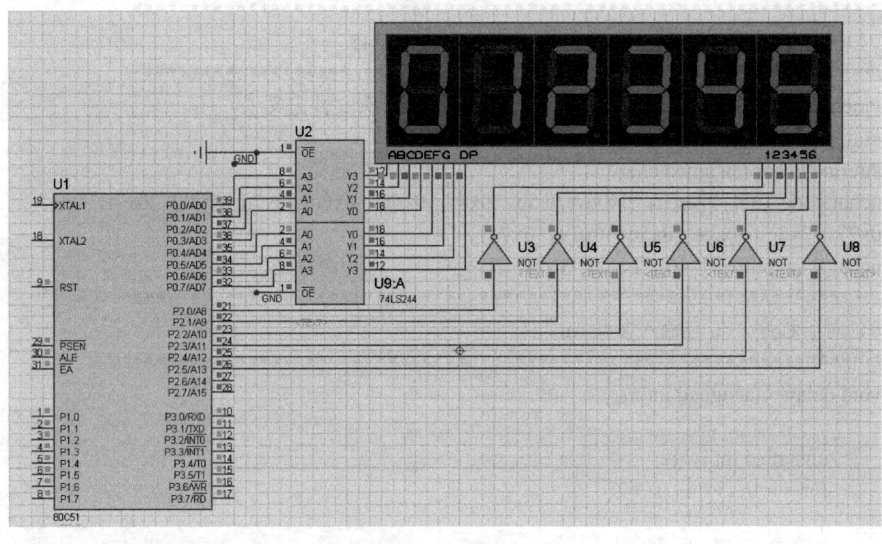

图6-27　6位动态显示电路的仿真结果

6.4.3 液晶显示器及接口

液晶显示器（LCD）是一种被动显示器，以其微功耗、体积小、抗干扰能力强、显示内容丰富等优点，在仪器仪表上和低功耗应用系统中得到越来越广泛的应用。

液晶显示器从显示的形式上可分为段式液晶显示器、点阵字符式液晶显示器和点阵图式液晶显示器。

其中点阵字符式液晶显示器是指显示的基本单元是由一定数量的点阵组成，可以显示数字、字母和符号等。由于 LCD 的控制必须使用专用的驱动电路，而且 LCD 面板的接线需要特殊方式，一般这类显示器需要将 LCD 面板、驱动器与控制电路组合在一起制作成一个液晶显示模块（LCM）。常用的 LCD 1602 液晶模块内部的控制器共有 11 条控制指令，对 1602 液晶模块的读写、屏幕和光标的操作都是通过指令编程来实现的。

LCD 本身不发光，只是调节光的亮度，目前 LCD 都是利用液晶的扭曲（即向列效应，是一种电场效应）制成。液晶显示的原理是液晶在电场的作用下，液晶分子的排列方式发生了改变，使其光学性质发生变化，从而显示图形。由于液晶分子在长时间的单向电流作用下容易发生电解，因此液晶的驱动不能用直流电，但是液晶在高频交流电作用下也不能很好地显示，故一般液晶的驱动采用 125~150Hz 的方波。

LCD 七段显示器除了段极引脚 a~g 外，还有一个公共引脚 COM，它可以静态方式驱动（加直流信号），也可从动态方式驱动（加交流信号）。由于直流信号将会使 LCD 的寿命减少，因此通常采用动态驱动方式。为了显示方便，可采用硬件译码，Motorola 公司生产的 MC14543 芯片是一种常用的 LCD 锁存/译码/驱动电路，使用十分简单。

LCM 的种类很多，其通常由控制器 HD44780、驱动器 HD44100 及必要的电阻电容组成。对于编程人员来讲，只要掌握控制器的指令，就可以为 LCM 正确编程。

下面介绍常用的 LCD 1602 模块。

1．LCD 1602 简介

LCD 1602 液晶模块是用 5×7 点阵图形来显示字符的液晶显示器，属于 16 字×2 行类型。内部具有字符发生器 ROM（Character-Generator ROM，CG ROM），可显示 192 种字符（160 个 5×7 点阵字符和 5×10 点阵字符）。具有 64B 的自定义字符 RAM（Character-Generator RAM，CG RAM），可以定义 8 个 5×8 点阵字符或 4 个 5×11 点阵字符。具有 64B 的数据显示 RAM（Data-Display RAM，DD RAM），可供进行显示编程时使用。图 6-28 为一般字符型 LCD 模块的外形尺寸。

LCD 1602 模块的引脚按功能可划分为三类：数据类、电源类和编程控制类。引脚 7~14 为数据线，选择直接控制方式时需 8 根数据线，间接控制时只用 D4~D7 高四位数据线。模块的引脚功能见表 6-5。

2．80C51 单片机与 LCD 1602 连接

单片机与 LCD 1602 的连接有两种方式，一种是直接控制方式（8 位），另一种是间接控制方式（4 位）。它们的区别在于数据线的数量不同。间接控制方式比直接控制方式少用了 4 根数据线，这样可以节省单片机的 I/O 端口，但数据传输稍复杂。这里采用直接控制方式完成对 LCD 1602 的使用。80C51 单片机与 LCD 1602 的连接电路如图 6-29 所示。

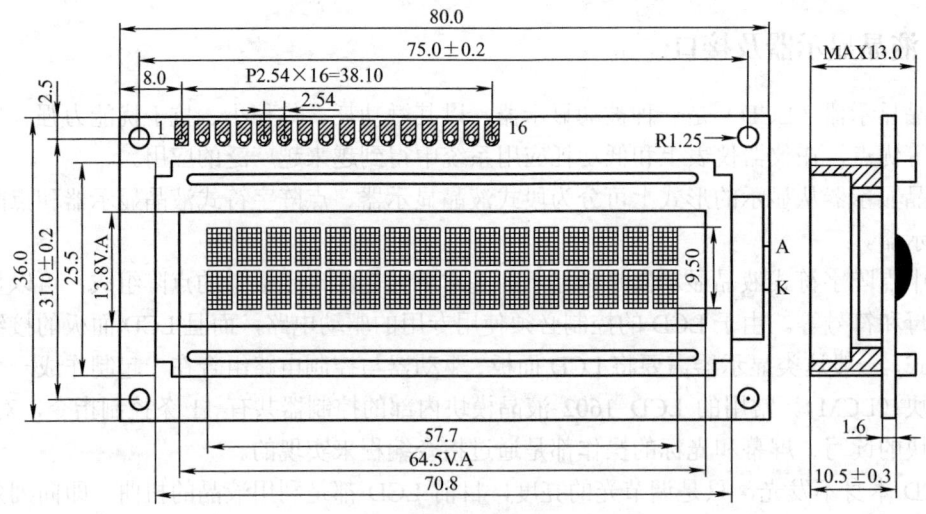

图 6-28　一般字符型 LCD 模块的外形尺寸

注：图中各项数据的单位为 mm。

表 6-5　LCD 1602 模块的引脚功能

引脚	符号	引脚说明	引脚	符号	引脚说明
1	VSS	电源地	9	D2	Data I/O
2	VDD	电源正极	10	D3	Data I/O
3	V0	LCD 偏压输入	11	D4	Data I/O
4	RS	数据/命令选择端（H/L）	12	D5	Data I/O
5	R/W	读写控制信号（H/L）	13	D6	Data I/O
6	E	使能信号	14	D7	Data I/O
7	D0	Data I/O	15	BLK	背光源负极
8	D1	Data I/O	16	BLA	背光源正极

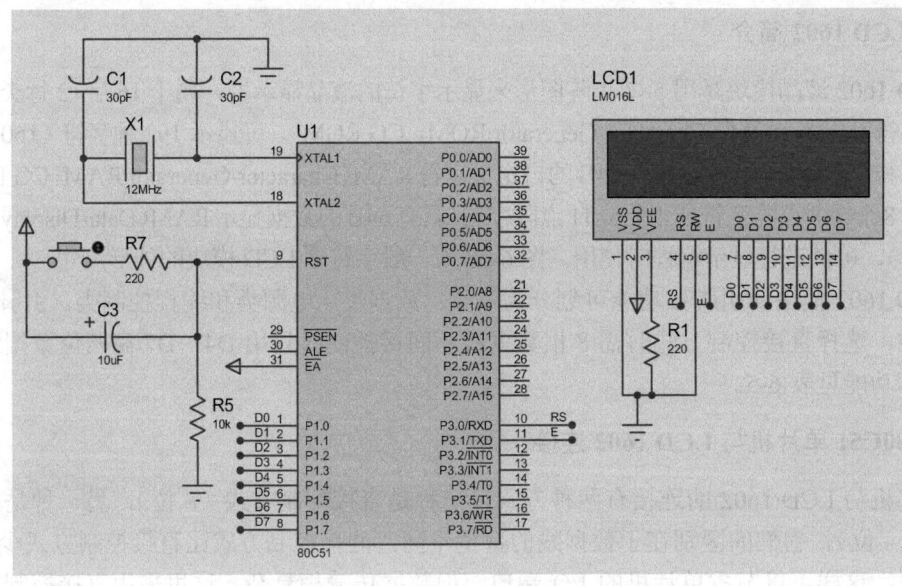

图 6-29　80C51 单片机与 LCD 1602 的连接电路

3. LCD 1602 的指令集

LCD 1602 内部的控制器共有 11 条控制指令，见表 6-6。

表 6-6 LCD 1602 的指令集

序号	指令	RS	R/W	D7	D6	D5	D4	D3	D2	D1	D0
1	清显示	0	0	0	0	0	0	0	0	0	1
2	光标复位	0	0	0	0	0	0	0	0	1	*
3	置输入模式	0	0	0	0	0	0	0	1	I/D	S
4	显示开/关控制	0	0	0	0	0	0	1	D	C	B
5	光标或字符移位	0	0	0	0	0	1	S/C	R/L	*	*
6	置功能	0	0	0	0	1	DL	N	F	*	*
7	置字符发生存储器 CGRAM 地址	0	0	0	1	字符发生存储器地址					
8	置数据存储器 DDRAM 地址	0	0	1	显示数据存储器地址						
9	读忙标志或地址	0	1	BF	计数器地址						
10	写数到 CGRAM 或 DDRAM	1	0	要写的数据内容							
11	从 CGRAM 或 DDRAM 读数	1	1	读出的数据内容							

注：*表示可以取任意值。

LCD 1602 的读写操作、屏幕和光标的操作都是通过指令编程来实现的。（说明：1 为高电平、0 为低电平）

各指令的功能说明如下。

指令 1：清显示，指令码 01H，光标复位到地址 00H 位置。

指令 2：光标复位，光标返回到地址 00H。

指令 3：设置光标和显示模式。I/D 表示光标移动方向，高电平右移，低电平左移；S 表示屏幕上所有文字是否左移或者右移，高电平表示有效，低电平则无效。

指令 4：显示开/关控制。D 表示控制整体显示的开与关，高电平表示开显示，低电平表示关显示。C 表示控制光标的开与关，高电平表示有光标，低电平表示无光标。B 表示控制光标是否闪烁，高电平闪烁，低电平不闪烁。

指令 5：光标或字符移位。S/C 表示高电平时移动显示的字符，低电平时移动光标。

指令 6：功能设置命令。DL 表示高电平时为 4 位总线，低电平时为 8 位总线。N 表示低电平时为单行显示，高电平时双行显示。F 表示低电平时显示 5×7 的点阵字符，高电平时显示 5×10 的点阵字符。

指令 7：设置字符发生存储器 RAM 的地址。

指令 8：设置数据存储器 DDRAM 的地址。

指令 9：读忙标志或地址。BF 为忙标志位，高电平表示忙，此时模块不能接收命令或者数据，低电平表示不忙。

指令 10：写数据。

指令 11：读数据。

4. LCD 1602 的应用编程

从 LCD 1602 指令集可以看出，在编程时主要是向它发送指令、写入或读出数据。LCD 1602 读写操作基本时序见表 6-7。

表 6-7 LCD 1602 读写操作基本时序表

功能	输入状态	输出数据
读状态	RS=L，R/W=H，E=H	D0～D7=状态字
写指令	D0～D7=指令码，E=高脉冲	无
读数据	RS=H，R/W=H，E=H	D0～D7=数据
写数据	RS=H，R/W=L，D0～D7=数据，E=高脉冲	无

应用编程时，首先要对 LCD 1602 初始化，初始化的内容可根据显示的需要选用上述指令。初始化完成后，接着指定显示位置。要显示字符时，首先输入显示字符的地址，也就是要显示的位置，第 1 行第 1 列的地址是 00H+80H。这是因为写入显示地址时要求最高位 D7 恒为 1，所以，实际写入的数据为内部显示地址加上 80H。然后将显示的数据写入，就会在指定的位置显示写入的数据。LCD 1602 的内部显示地址如图 6-30 所示。

液晶显示模块是一个慢显示器件，所以在执行每条指令之前一定要先读忙标志。当模块的忙标志为低电平时，表示不忙，这时输入的指令有效，否则此指令无效。采用写入指令后延时一段时间的方法，也能起到同样的效果。

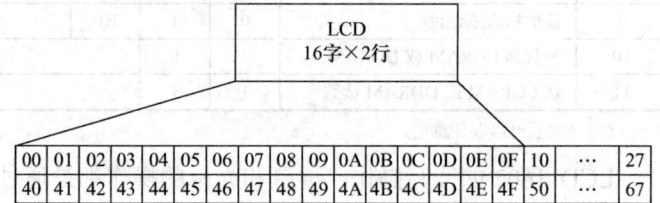

图 6-30 LCD 1602 内部显示地址

在图 6-29 所示电路中，若实现在液晶显示器的第一行显示"Welcome to use"，第二行显示"2018-8-30"，则 C51 程序如下。

```
/******************************************************************
//LCD 1602 时钟测试程序
******************************************************************/
#include <reg52.h>              //头文件
#define uchar unsigned char     //宏定义
#define uint unsigned int
sbit lcden=P3^1;                //端口定义
sbit lcdrs=P3^0;
/******************************************************************
延时函数
******************************************************************/
void delay（uint x）
{
    uint i，j；
    for（i=0；i<x；i++）
        for（j=0；j<120；j++）；
}
/******************************************************************
写指令
******************************************************************/
void write_com（uchar com）
```

```c
{
    lcdrs=0;                          //lcdrs 为低电平时，写命令
    delay（1）;
    P1=com;
    lcden=1;
    delay（1）;
    lcden=0;
}
/***********************************************************************
写数据
***********************************************************************/
void write_data（uchar dat）
{
    lcdrs=1;                          //lcdrs 为高电平时，写数据
    delay（1）;
    P1=dat;
    lcden=1;
    delay（1）;
    lcden=0;
}
/***********************************************************************
初始化
***********************************************************************/
void init（）
{
    lcden=0;
    write_com（0x38）;                //显示模式设置
    write_com（0x0c）;                //开关显示、光标有无及光标闪烁设置
    write_com（0x06）;                //写一个字符后指针加1
    write_com（0x01）;                //清屏指令
}
/***********************************************************************
写连续字符函数
***********************************************************************/
void write_word（uchar *s）
{
    while（*s>0）
    {
        write_data（*s）;
        s++;
    }
}
/***********************************************************************
主函数
***********************************************************************/
void main（）
{
```

```
        init();
        while(1)
        {
            write_com(0x80+0x01);          //设置指针地址为第一行第二个位置
            write_word("Welcome to use");
            write_com(0x80+0x43);          //设置指针地址为第二行第一个位置
            write_word("2018-8-30");
        }
}
```

LCD 1602 显示的 Proteus 仿真调试结果如图 6-31 所示。

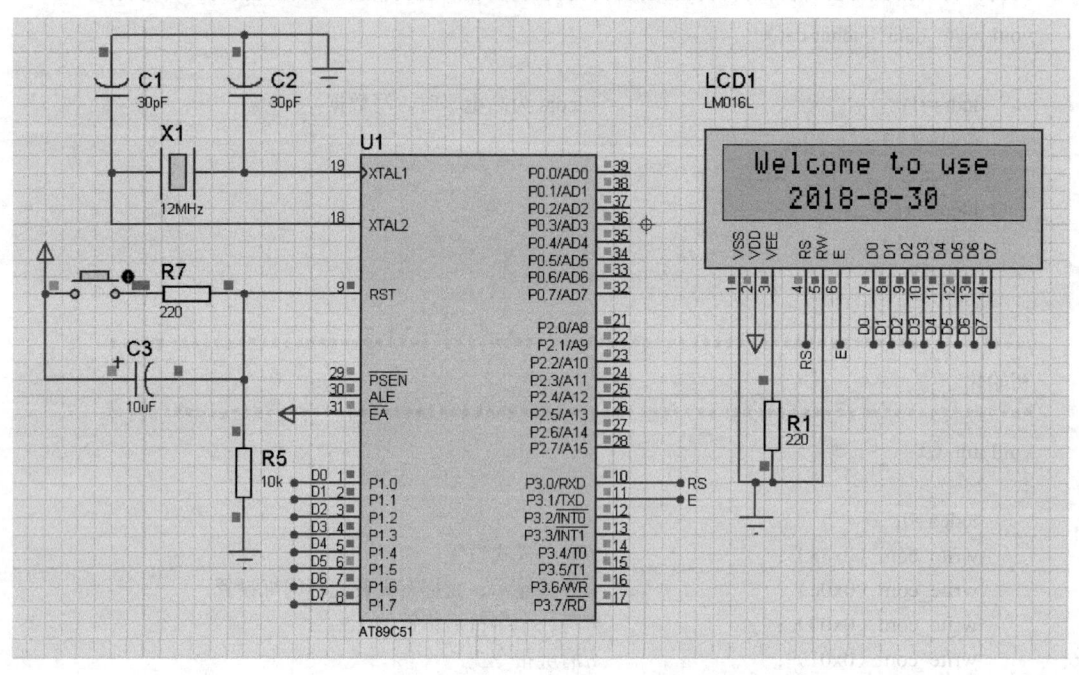

图 6-31　LCD 1602 显示的 Proteus 仿真调试结果

6.5　A-D 转换器、D-A 转换器与单片机的接口

在单片机应用领域中，特别是在实时控制系统中，常常需要把外界连续变化的物理量（如温度、压力、湿度、流量、速度等）变成数字量送入单片机内进行加工和处理（A-D）。而单片机输出的数字量（控制信号）需要转换成控制设备所能接受的连续变化的模拟量（D-A）。

典型的单片机闭环控制系统如图 6-32 所示。

本节主要介绍典型的 A-D 转换器、D-A 转换器的基本原理，以及与 51 单片机相关的应用技术。

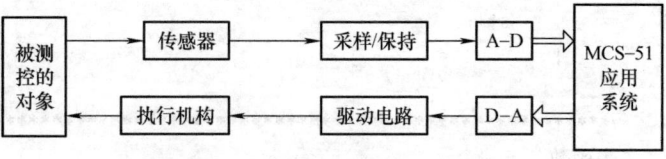

图 6-32　典型的单片机闭环控制系统

6.5.1 D-A 转换器及应用技术

在测控系统中，D-A 转换器将单片机发出的数字量控制信号转换成模拟信号，用于控制或驱动外部执行电路。

1. D-A 转换器的基本原理

数/模（D-A）转换器的基本功能就是将输入的用二进制表示的数字量转换成相对应的模拟量输出。实现这种转换的基本方法是针对二进制数的每一位产生一个相应的电压（或电流），而这个电压（或电流）的大小则正比于相应的二进制的权。"加权网络"数/模转换器的简化原理图如图 6-33 所示。

在图 6-33 中，K_0、K_1、…、K_{n-1}、K_n 是一组由数字输入量的第 0 位、第 1 位、…、第 $n-1$ 位，第 n 位（最高位）来控制的电子开关，相应位为"1"时开关接向左面（V_{REF}），为"0"时接向右面（地）。V_{REF} 为高精度参考电压源。R_f 为运算放大器的反馈电阻。R_0、R_1、…、R_{n-1}、R_n 称为"权"电阻，取值为 R、$2R$、$4R$、$8R$、…、$2^{n-1}R$、2^nR。运算放大器的输出（也就是反相加法运算）为

$$V_0 = -V_{REF} R_f \sum_{i=1}^{n} \frac{D_i}{R_i} = -V_{REF} R_f \left(\frac{D_0}{R_0} + \frac{D_1}{R_1} + \frac{D_2}{R_2} + \cdots + \frac{D_n}{R_n} \right)$$
$$= \frac{R_f}{R} V_{REF} \left(D_0 + \frac{D_1}{2} + \frac{D_2}{4} + \frac{D_3}{8} + \cdots + \frac{D_n}{2^n} \right)$$

当 R、R_f 和 V_{REF} 一定时，其输出量取决于二进制数的值。但是在芯片生产时要保证各加权电阻的倍数关系比较困难，因此，在实际应用中大多采用图 6-34 所示的 T 型网络（也称为 R-$2R$ 型网络）。T 型网络中仅有 R 与 $2R$ 两种电阻，制造简单方便，同时还可以将反馈电阻也做在同一块集成芯片中，并且使 $R_f=R$，则满足此条件的输出电压关系式为

$$V_0 = -V_{REF} \sum_{i=1}^{n} \frac{D_i}{2^n}$$

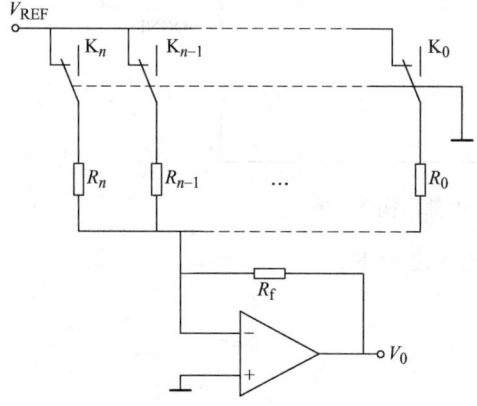 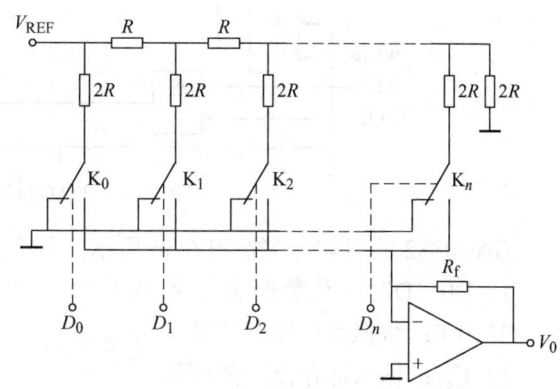

图 6-33 "加权网络"数/模转换器的简化原理图　　图 6-34 T 型网络 D-A 转换器原理图

2. D-A 转换器的主要参数

数/模（D-A）转换器的主要参数如下。

1）分辨率。数/模（D-A）转换器能够转换的二进制数，其位数越多，分辨率越高，一般为 8 位、10 位、12 位、16 位等。当分辨率的位数为 8 时，如果转换后电压的满量程为 5V，则它输出的可分辨最小电压为 5V/255≈20mV。

2）建立时间。衡量 D-A 转换快慢的一个重要参数，一般是指输入数字量变化后，输出的模拟量稳定到相应数值范围所需要的时间，一般在几十纳秒到几微秒之间。

3）线性度。D-A 转换模拟输出偏离理想输出的最大值。

4）输出电平。输出电平分电流型和电压型两种。电流型输出电流在几毫安到几十毫安之间；电压型输出电压一般在 5~10V 之间，有的高电压型输出电压可达 24~30V。

3. 集成 D-A 转换器示例——DAC0832

（1）DAC0832 的内部结构及引脚特性

DAC0832 是 8 位 D-A 转换器，它采用先进的 CMOS 工艺制造，采用单片双列直插式封装。转换速度为 1μs，可直接与单片机连接。DAC0832 的内部结构如图 6-35 所示。片内有 T 型网络，用以对参考电压提供的两条回路分别产生两个输出电流信号 I_{OUT1} 和 I_{OUT2}。DAC0832 采用 8 位 DAC 寄存器两次缓冲方式，这样可以在 D-A 输出的同时，送入下一个数据，以便提高转换速度；也可以实现多片 D-A 转换器的同步输出。每个输入的数据为 8 位，可以直接与单片机 8 位数据总线相连接，控制逻辑为 TTL 电平。

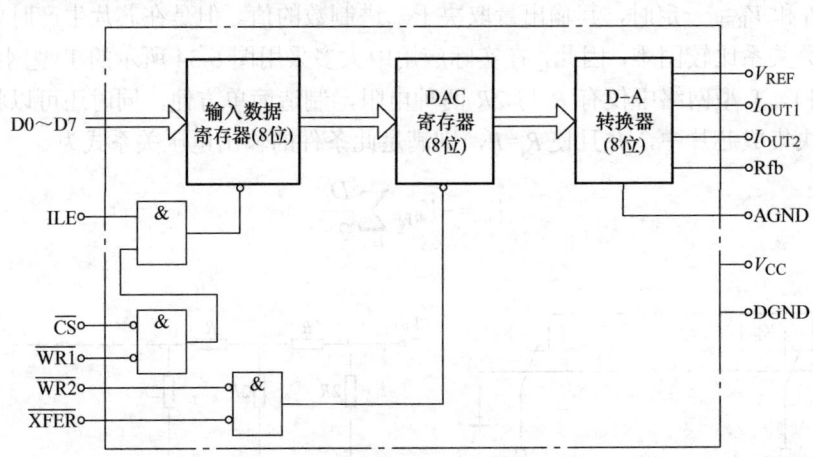

图 6-35　DAC0832 的内部结构

DAC0832 的引脚分布如图 6-36 所示，各引脚的含义如下。

1）D0~D7：8 位数据输入端。

2）ILE：数据允许锁存信号。

3）$\overline{CS}$：输入寄存器选择信号。

4）$\overline{WR1}$：输入寄存器写选通信号。

5）$\overline{XFER}$：数据传送信号。

6）$\overline{WR2}$：DAC 寄存器的写选通信号。

7) V_{REF}：基准电源输入端。
8) Rfb：反馈信号输入端。
9) I_{OUT1}：电流输出 1。
10) I_{OUT2}：电流输出 2。
11) V_{CC}：电源输入端。
12) AGND：模拟地。
13) DGND：数字地。

（2）DAC0832 与 MCS-51 的接口

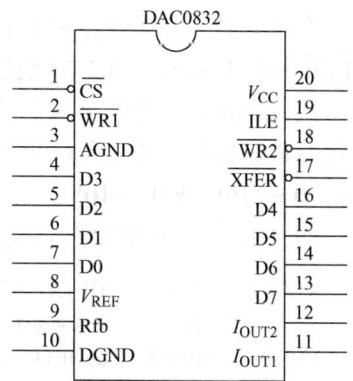

图 6-36　DAC0832 的引脚分布

DAC0832 是电流输出型 D-A 转换器。当 D-A 转换结果需要电压输出时，可在 DAC0832 的 I_{OUT1}、I_{OUT2} 输出端连接一块运算放大器，将电流信号转换成电压信号输出（I/V 转换）。DAC0832 内有两个缓冲器，可工作在直通、单缓冲器和双缓冲器三种工作方式下。三种工作方式如下：

1) 直通工作方式：可将 $\overline{CS}$、$\overline{WR1}$、$\overline{WR2}$ 及 $\overline{XFER}$ 引脚都直接接地，ILE 引脚接高电平，芯片处于直通状态，这时 8 位数字量只要输入到输入端，就立即进行 D-A 转换。这种方式中，DAC0832 不能直接与单片机数据总线相连接，一般很少采用此方式。

2) 单缓冲器工作方式：输入寄存器的信号和 DAC 寄存器的信号同时控制，使一个工作于受控锁存状态，另一个工作于直通状态，一般是使 DAC 寄存器处于直通状态，或者可以将两个寄存器的控制信号并接，使之同时选通。单缓冲工作方式适用于只有一路模拟输出或多路模拟量不需要同步输出的系统。

3) 双缓冲器工作方式：输入寄存器的信号和 DAC 寄存器的信号分开控制，要进行两步写操作，先将数据写入输入寄存器，再将输入寄存器的内容写入 DAC 寄存器并开始启动转换。这种方式一般应用于多个模拟量需要同步输出的系统。输出电压可为单极性输出，也可为双极性输出。

DAC0832 工作于单极性单缓冲器方式与 8051 的连接如图 6-37 所示。

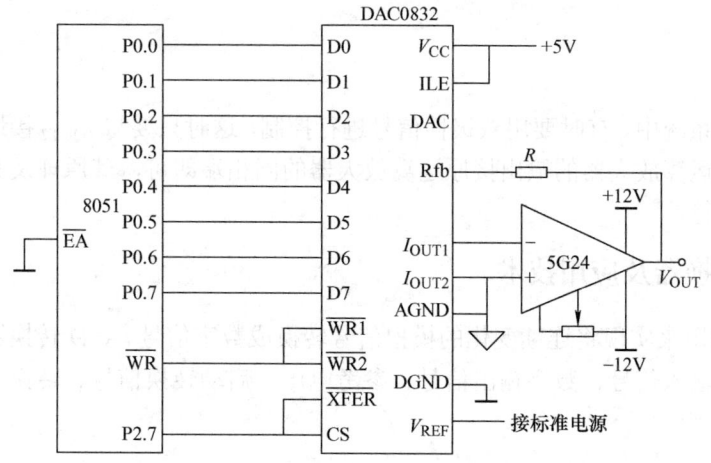

图 6-37　DAC0832 单极性单缓冲器方式与 8051 的连接

在图 6-37 中，将 V_{CC} 和 ILE 并接于+5V，$\overline{WR1}$、$\overline{WR2}$ 并接于 8051 的 $\overline{WR}$ 引脚，$\overline{CS}$ 和 $\overline{XFER}$ 并接于 8051 的 P2.7（线选）。这样 DAC0832 的地址为 7FFFH。单片机对 DAC0832 执行一次写操作，则把数字量直接写入 DAC 寄存器，模拟输出随之变化。DAC0832 的输出经运算放大器转换成电压输出 V_{OUT}。V_{REF} 接标准电源，当 V_{REF} 接+10V 或-10V 电源时，V_{OUT}=0～+10V 或 0～-10V；当 V_{REF} 接+5V 时，则 V_{OUT}=0～+5V 或 0～-5V。

8051 执行下面的程序时，将在运算放大器的输出端得到一个锯齿波电压信号。

```
START:  MOV    DPTR, #7FFFH         ;指向 DAC0832 口地址
        MOV    A, #00H              ;转化数字初始值
LOOP:   MOVX   @DPTR, A             ;写数据到 DAC0832，启动转换
        INC    A                    ;转换数字量加 1
        AJMP   LOOP
```

锯齿波的周期取决于指令执行的时间，相同功能的 C51 程序如下。

```c
/*************************************************************************
程序功能：连续访问外部 DAC 寄存器，产生锯齿波
*************************************************************************/
#include<reg52.h>                   //头文件包含
#include<absacc.h>
/*************************************************************************
主函数
*************************************************************************/
void main（）
{
    unsigned char a=0;              //控制波形累加深度
    while（1）
    {
        XBYTE[0x7FFF]=a;
        a++;
        delay（）；                  //加入延时函数，控制其周期
    }
}
```

在实际测控系统中，有时要用双极性信号进行控制，这时只要将 I_{OUT2} 接地改为接入一个运算放大器，该运算放大器的输出接原运算放大器的同相端即可，其原理及其他连接形式请参考其他有关书籍。

6.5.2　A-D 转换器及应用技术

A-D 转换器用来实现将连续变化的模拟信号转换成数字信号。A-D 转换器通常包括的控制信号有：模拟输入信号、数字输出信号、参考电压、启动转换信号、转换结束信号、数据输出允许信号等。

1．A-D 转换器的基本原理

根据 A-D 转换器的原理可以将 A-D 转换器分成两大类：一类是直接型 A-D 转换器，其

输入的模拟电压被直接转换成数字代码，不经任何中间变量；另一类是间接型 A-D 转换器，其工作过程中，首先把输入的模拟电压转换成某种中间变量（时间、频率、脉冲宽度等），然后再把这个中间变量转换为数字代码输出。

A-D 转换器的种类有很多，但目前应用较广泛的主要有逐次逼近式 A-D 转换器（直接型）、双积分式 A-D 转换器、计数式 A-D 转换器和 V-F 变换式 A-D 转换器（间接型）等。

(1) 逐次逼近式 A-D 转换器

逐次逼近式 A-D 转换器是一种速度较快、精度较高的转换器。它转换速度较高，外围元件较少，是使用较多的一种 A-D 转换器，但其抗干扰能力较差。一般，逐次逼近式 A-D 转换器转换时间大约在几微秒到几百微秒之间。

逐次逼近式 A-D 转换器的原理图如图 6-38 所示。逐次逼近的转换方法是用一系列的基准电压同输入电压比较，以逐位确定转换后数据的位是 1 还是 0，确定次序是从高位到低位。它由电压比较器、8 位 D-A 转换器、控制逻辑电路、逐次逼近寄存器和输出缓冲寄存器组成。

在启动逐次逼近式转换时，首先取第一个基准电压为最大允许电压的 1/2，与输入电压相比较，如果比较器输出为低，说明输入信号电压大于 0

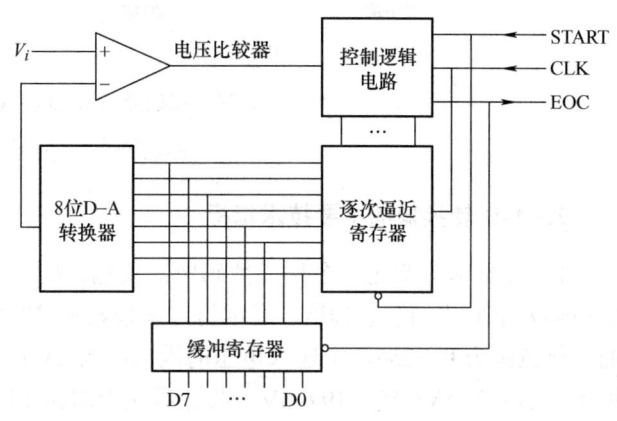

图 6-38　逐次逼近式 A-D 转换器的原理图

小于最大值的 1/2，则最高位清 0；反之，如果比较器输出为高，则最高位置 1。然后根据最高位的值 0 或 1，取第二个基准电压值为第一个基准电压值减去或者加上最大允许电压的 1/4，再继续和输入信号电压进行比较，若大于基准电压值，则次高位置 1；若小于基准电压值，则次高位清 0。依次进行比较，通过多次比较，就可以使基准电压逐渐逼近输入电压的大小，最终使基准电压和输入电压的误差最小，同时由多次比较也确定了各个位的值。逐次逼近法也称为二分搜索法。

(2) 双积分式 A-D 转换器的工作原理

双积分式 A-D 转换器的工作原理是将模拟电压转换成积分时间，然后用数字脉冲计时的方法转换成计数脉冲数，最后将代表模拟输入电压大小的脉冲数转换成所对应的二进制数或 BCD 码输出。它是一种间接的 A-D 转换技术。双积分式 A-D 转换器是由电子开关、积分器、比较器、计数器和控制逻辑等部件组成，如图 6-39a 所示。

在需要进行一次 A-D 转换时，开关先把 V_x 采样输入到积分器，积分器从零开始进行固定时间 T 的正向积分，时间 T 到后，开关将与 V_x 极性相反的基准电压 V_{REF} 输入到积分器进行反相积分，到输出为 0V 时停止反相积分。

由图 6-39b 所示的双积分式 A-D 转换器的输出波形可以看出，在反相积分时，积分器的斜率是固定的，V_x 越大，积分器的输出电压也越大，反相积分时间越长。计数器在反相积分时间内所计的数值就是与输入电压 V_x 在时间 T 内的平均值对应的数字量。

由于双积分式 A-D 转换器要经历正、反相两次积分，故转换速度较慢。但是，由于双积分 A-D 转换器外接器件少，抗干扰能力强，成本低，使用比较灵活，具有极高的性价比，故在一些要求转换速度不高的系统中应用十分广泛。

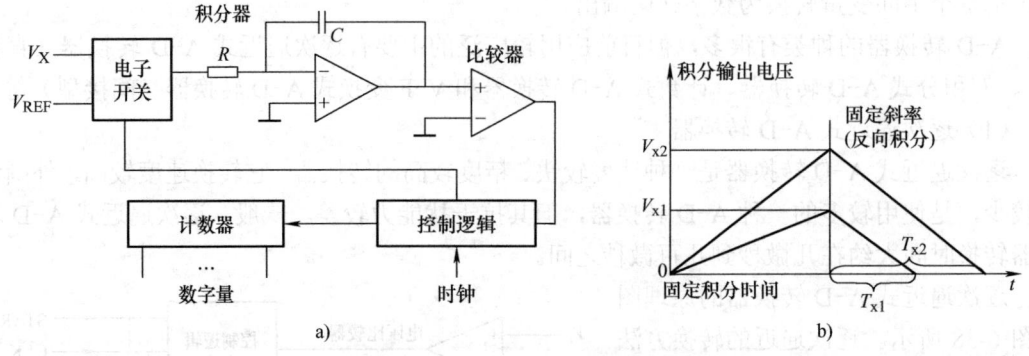

图 6-39 双积分式 A-D 转换器的原理图

a)原理框图　　b)波形图

2. A-D 转换器的主要技术指标

1）分辨率。变化一个相邻数码所需要输入的模拟电压的变化量，也就是表示转换器对微小输入量变化的敏感程度，通常用位数来表示。例如，对 8 位 A-D 转换器，其数字输出量的变化范围为 0～255，当输入电压的满刻度为 5V 时，数字量每变化一个数字所对应输入模拟电压的值为 5V/255≈19.6mV，其分辨能力即为 19.6mV。当需要检测输入信号的精度较高时，采用分辨率较高的 A-D 转换器，目前常用的 A-D 转换器的转换位数有 8 位、10 位、12 位和 14 位等。

2）量程。即所能转换的电压范围，如 5V、10V、±5V 等。

3）转换误差。指一个实际的 A-D 转换器量化值与一个理想的 A-D 转换器量化值之间的最大偏差，通常用最低有效位的倍数给出，转换误差和分辨率一起描述了 A-D 转换器的转换精度。

4）转换时间与转换速率。A-D 转换时间是指完成一次转换所需要的时间，也就是从发出启动转换命令到转换结束获得整个数字信号为止所需的间隔时间。

3. A-D 转换器的外部特性

A-D 转换器的封装和性能都有所不同，但是从原理和应用的角度来看，任何一种 A-D 转换器芯片一般都具有以下控制信号引脚。

1）启动转换信号引脚（START）。它是由单片机发出的控制信号，当该信号有效时，A-D 转换器启动并开始转换。

2）转换结束信号引脚（EOC）。它是一条输出信号线。当 A-D 转换完成时，由此线发出结束信号，可利用它向单片机发出中断请求，单片机也可查询该线判断 A-D 转换是否结束。

3）片选信号引脚（$\overline{CS}$）。与其他接口芯片的片选信号引脚作用相同。

4. 集成 A-D 转换器示例——ADC0809

（1）ADC0809 的结构

ADC0809 是一个 8 位逐次逼近式 A-D 转换器。具有 8 路模拟量输入，片内有 8 路模拟开关，以及相应的通道地址锁存及译码电路。可在程序控制下实现分时的对任意通道进行 A-D 转换，转换的数据送入三态输出数据锁存器，输出的数据为 8 位二进制数字量。其结构框图如图 6-40 所示。

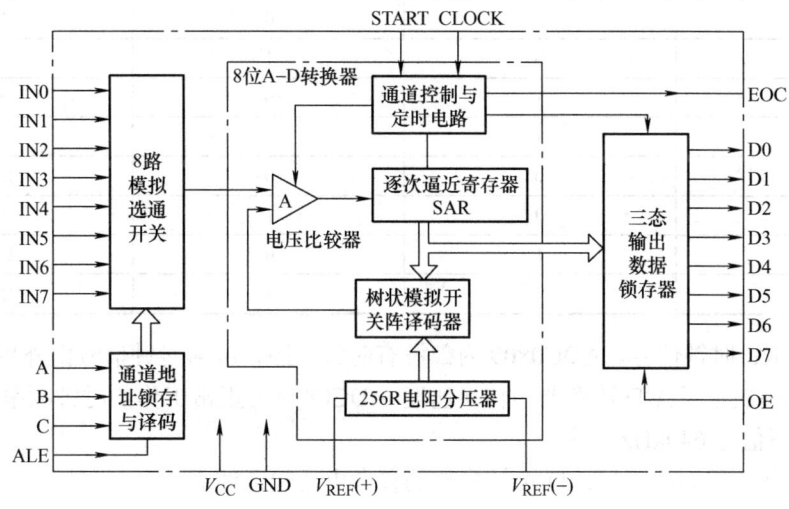

图 6-40　ADC0809 的结构框图

ADC0809 的外部引脚图如图 6-41 所示，其引脚功能如下。

1）IN7～IN0：8 路模拟量输入通道，在多路开关控制下，在任一时刻只能有一路模拟量实现 A-D 转换。ADC0809 要求对输入模拟量为单极性，电压范围 0～5V，如果信号过小，还需要进行放大。对于信号变化速度比较快的模拟量，在输入前应增加采样保持电路。

2）ADD A、B、C：8 路模拟开关的三位地址选通输入端，用来选通对应的输入通道，其对应关系见表 6-8。

3）ALE：地址锁存输入线，该信号的上升沿可将地址选择信号 A、B、C 锁入地址寄存器。

4）START：启动转换输入线，其上升沿用以清除 A-D 内部寄存器，其下降沿用以启动内部控制逻辑，开始 A-D 转换工作。

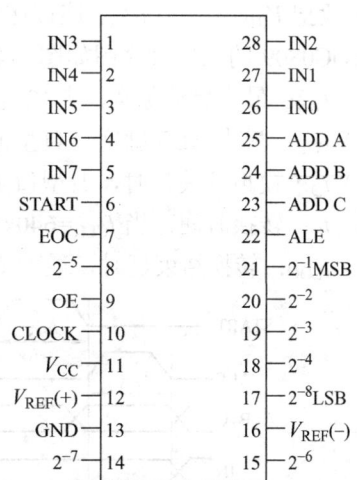

图 6-41　ADC0809 引脚图（摘自芯片手册）

ALE 和 START 两个信号端可连接在一起，当通过软件输入一个正脉冲，便立即启动 A-D 转换。图 6-41 中的 ADD A、ADD B、ADD C 分别对应图 6-40 中的 A、B、C；图 6-41 中的 2^{-1}～2^{-8} 分别对应图 6-40 中的 D7～D0。

5）EOC：转换结束状态信号，EOC=0 表示正在进行转换，EOC=1 表示转换结束。

6）D7～D0（即 2^{-1}～2^{-8}）：8 位数据输出端，为三态缓冲输出形式，可直接接入微型计算机的数据总线。

7）OE（OUTPUT ENABLE）：输出允许控制端。当 OE=1 时，输出转换后的 8 位数据；当 OE=0 时，数据输出端为高阻态。

表 6-8 地址码与输入通道对应关系

地址码			对应输入通道
C	B	A	
0	0	0	IN0
0	0	1	IN1
0	1	0	IN2
0	1	1	IN3
1	0	0	IN4
1	0	1	IN5
1	1	0	IN6
1	1	1	IN7

8) CLOCK：时钟信号。ADC0809 内部没有时钟电路，所需时钟信号由外界提供。输入时钟信号的频率决定了 A-D 转换器的转换速度。ADC0809 可正常工作的时钟频率范围为 10～1280kHz，典型值为 640kHz。

9) V_{REF}（+）和 V_{REF}（-）：D-A 转换器的参考电压输入线。

10) V_{CC}：+5V 电源接入端。

11) GND：接地端。

一般把 V_{REF}（+）与 V_{CC} 连接在一起，V_{REF}（-）与 GND 连接在一起。

ADC0809 的工作时序图如图 6-42 所示。图中各个量的说明如下。

1) t_{WS}：最小启动脉宽，典型值 100ns，最大值 200ns。

2) t_{WE}：最小 ALE 脉宽，典型值 100ns，最大值 200ns。

3) t_D：模拟开关延时，典型值 1μs，最大值 2.5μs。

4) t_C：转换时间，当 f_{CLK}=640kHz 时，典型值为 100μs，最大值为 116μs。

5) t_{EOC}：转换结束延时，最大值为 8 个时钟周期+2μs。

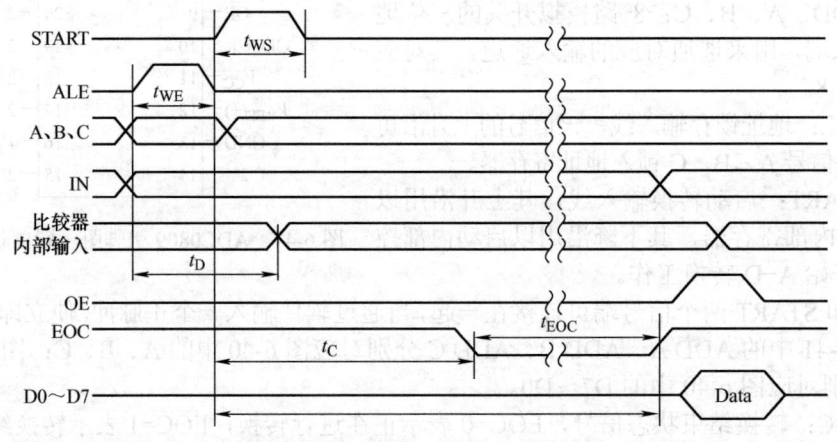

图 6-42 ADC0809 的工作时序图

(2) ADC0809 与 8051 的连接电路

单片机与 ADC0809 的连接电路比较简单，图 6-43 为 ADC0809 与 8051 的典型连接电路。当系统主频为 6MHz 时，ALE 为 1MHz，将其经过二分频后与 ADC0809 的 CLK 连接。

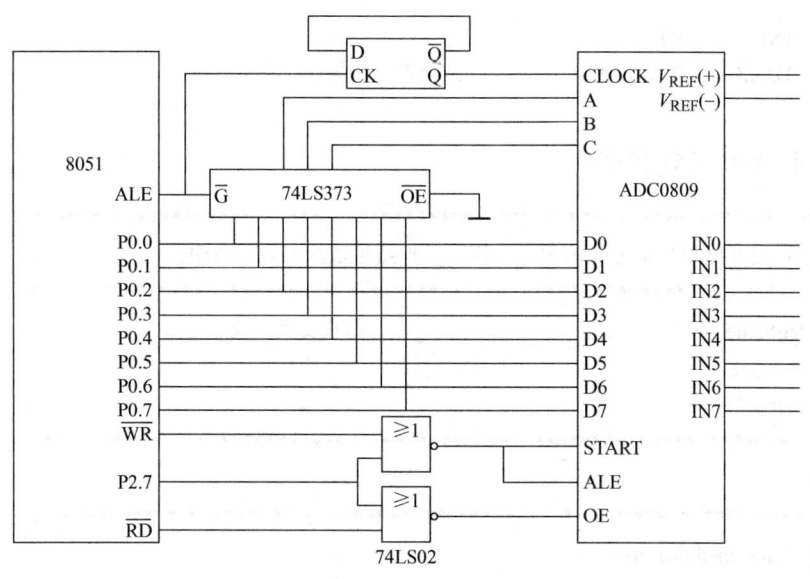

图 6-43　ADC0809 与 8051 的典型连接电路

由于 ADC0809 片内无时钟电路，因此在此连接电路中，利用 8051 提供的地址锁存允许信号 ALE 经 D 触发器二分频后获得。另外，由于 ADC0809 内部有地址锁存器，如果在系统中没有其他需要地址锁存之处，则可省去 74LS373。

在图 6-43 中，8051 通过 P2.7 引脚和 $\overline{\text{RD}}$、$\overline{\text{WR}}$ 一起控制 ADC0809 的工作，这样可以防止系统中有多个外部设备时出现地址重叠的现象。启动 A-D 转换时，由单片机的写信号 $\overline{\text{WR}}$ 和 P2.7 经或非门共同控制 ADC0809 的地址锁存和转换启动。在读取转换结果时，用单片机的读信号 $\overline{\text{RD}}$ 和 P2.7 引脚经或非门后，产生正脉冲作为 OE 信号，用以打开三态输出锁存器。P2.7 与 ADC0809 的 ALE、START 和 OE 之间有如下关系。

$$\text{ALE} = \text{START} = \overline{\overline{\text{WR}} + \text{P2.7}}$$

$$\text{OE} = \overline{\overline{\text{RD}} + \text{P2.7}}$$

所以，P2.7 应置为低电平。

程序采用查询方式分别对 8 路模拟信号轮流采样一次，并把结果依次存到数据缓冲区。ASM 程序如下。

```
MAIN:   MOV    R1, #data       ;R1 指向数据存储区首地址
        MOV    DPTR, #7FF8H    ;DPTR 指向通道 0
        MOV    R7, #08H        ;通道数 8
LOOP:   MOVX   @DPTR, A        ;启动 A-D 转换
        MOV    R6, #0AH        ;延时一段时间
DELAY:  NOP
        NOP
        NOP
        DJNZ   R6, DELAY
        MOVX   A, @DPTR        ;转换结果读入累加器 A
        MOV    @R1, A          ;存储数据
        INC    DPTR            ;修改指针
```

```
            INC     R1
            DJNZ    R7，LOOP           ；检查是否采样完毕
            …
```

具有相同功能的 C51 程序如下。

```c
/********************************************************************/
//程序功能：对 8 路模拟信号轮流采样一次，并把结果依次存到数组中；
/********************************************************************/
#include<reg52.h>                              //头文件定义
#include<absacc.h>
unsigned char a[8];
/********************************************************************
延时函数
********************************************************************/
void delay（unsigned char m）
{
    unsigned char i，j；
    for（i=0；i<m；i++）
        for（j=0；j<123；j++）；
}
/********************************************************************
主程序
********************************************************************/
void main（）
{
    unsigned char i；
    XBYTE[0x7FF8] = a[0];
    for（i=0；i<8；i++）
    {
        delay（10）；
        a[i] = XBYTE[0x7FF8+i];
    }
    while（1）；
}
```

6.6 实训项目 7 键盘及 LED 显示器程序设计

1．目的

1）掌握 C51 程序的基本结构。
2）掌握 C51 多分支程序。

2．项目内容

在 P3 口连接 4 个按钮开关，P1 口连接一个七段数码管，开机状态数码管显示"P."。分别按下第一、二、三、四个按钮开关，数码管分别显示 1、2、3、4。

1）用 Proteus 建立工程，系统硬件电路图如图 6-44 所示。

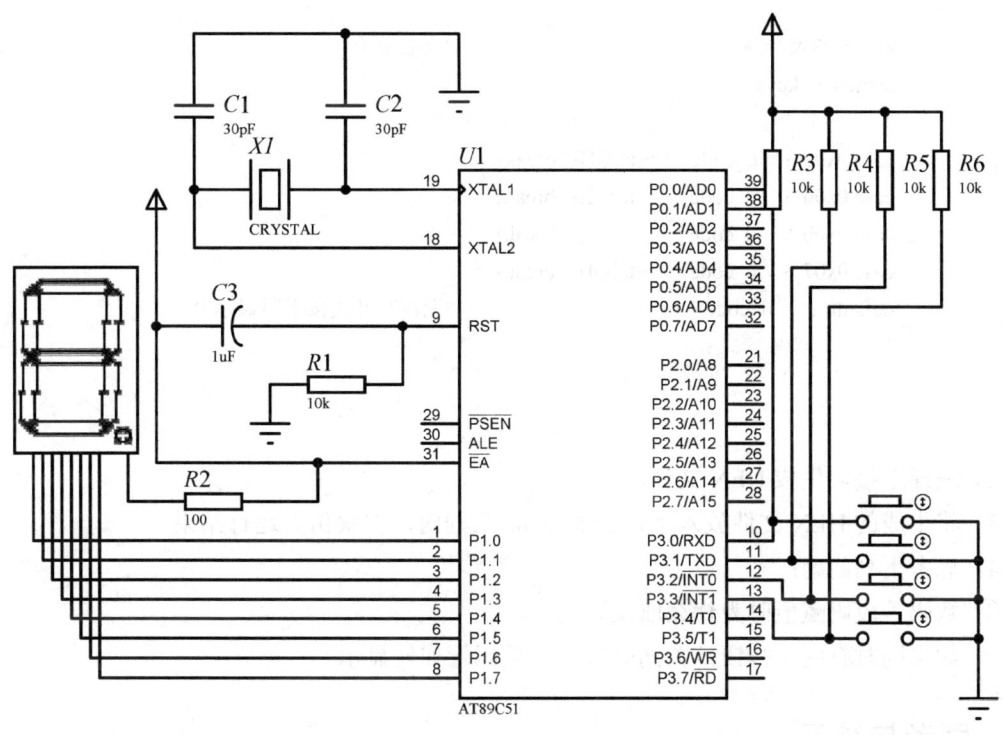

图 6-44　系统硬件 Proteus 仿真电路图

注：七段数码管为共阳极。

2）用 Keil C 建立工程，添加 C51 源程序代码文件。
3）通过 Proteus 仿真功能观察程序运行结果。

3．环境

Keil C 集成开发环境及 Proteus 仿真软件。

4．步骤

1）新建 Keil C 工程 Project，并编写如下 C 程序，保存为 main.c，添加到工程。
C51 程序代码如下：

```
#include <reg51.h>
#define uchar unsigned char
#define uint unsigned int
#define d_code P1
uchar code tab[]={0x3f，0x06，0x5b，0x4f，0x66，0x6d，
```

```
    0x7d, 0x07, 0x7f, 0x6f};                    //定义数码管的段码
    void main（）
    {
        uchar key;
        while（1）
        {
            key = P3 & 0x0f;                    //获取键值
            switch（ key）
            {
                case 0x0e :    d_code = ～tab[1]; break;
                case 0x0d :    d_code = ～tab[2]; break;
                case 0x0b :    d_code = ～tab[3]; break;
                case 0x07 :    d_code = ～tab[4]; break;
                default :      d_code = 0x0c;        //无按钮开关按下时显示 P.
            }
        }
    }
```

2）编译连接，生成 HEX 文件。

3）将生成的 HEX 文件放入项目的 Proteus 工程内，观察仿真运行结果。

4）思考下列问题：

① 数码管段码赋值时为什么取反？

② 如果同时有两个按钮开关同时按下，数码管如何显示？

6.7 思考与练习

1．通常，8051 给用户提供的 I/O 口有哪几个？在需要外部存储器扩展时，I/O 口如何使用？

2．在通过 MOVX 指令访问外部数据存储器时，通过 I/O 口的哪些位产生哪些控制信号？

3．简述 51 单片机 CPU 访问外部扩展程序存储器的过程。

4．现要求为 8051 扩展 2 片 2732 作为外部程序存储器，试画出电路图，并指出各芯片的地址范围。

5．简述键盘扫描与识别的主要思路。

6．简述用软件消除键盘抖动的原理。

7．LED 的动态显示和静态显示有什么不同？

8．要求利用 8051 的 P1 口扩展一个 2×2 行列式键盘电路，画出电路图，并根据所绘电路编写键扫描子程序。

9．请在图 6-19 所示电路的基础上，设计一个以中断方式工作的独立式键盘，并编写其中断键处理程序。

10．状态或数码显示时，对 LED 的驱动可采用低电平，也可以采用高电平驱动，两者各

有什么特点？

11. 用单片机的 P1 口直接控制七段 LED 数码管（共阳极连接），在 Proteus 环境下输入硬件电路，在 Keil 环境下编辑程序，实现数码管顺序显示数字，反复循环。并进行仿真调试。

12. 请编写图 6-37 所示电路中用 DAC0832 产生三角波的应用程序。

13. 对图 6-43 所示的 A-D 转换电路，若采用中断方式，请编写相应程序。

14. 当图 6-43 所示的 ADC0809 对 8 路模拟信号进行 A-D 转换时，请编写用查询方式工作的采样程序，8 路采样值分别存放在 30H～37H 单元。

第 7 章 单片机应用系统开发及设计实例

单片机以其控制灵活、使用方便、价格低廉、可靠性高等一系列优点而广泛应用于各个领域。本章首先介绍单片机应用系统的开发过程，然后详细描述常用单片机工程实例及控制系统的软硬件设计过程。

7.1 单片机应用系统开发过程

单片机应用系统开发过程一般包括总体设计、硬件设计和软件设计、软硬件仿真调试、电路装配、联机调试、程序下载、脱机运行等环节，如图 7-1 所示。在开发过程中，各个环节相互支持、相互融合，一些比较复杂的控制系统需要反复进行才能达到设计要求。

7.1.1 总体设计

在确定了产品或项目的功能和技术指标之后，需要确定系统的组成并进行总体设计。

单片机应用系统的总体设计主要包括系统功能（任务）的分配、确定软硬件任务及相互关系、单片机系统的选型和拟定调试方案和手段等。

1) 设计总体方案。首先必须确定硬件和软件分别完成的任务。尤其面对软硬件均能完成或需要软硬件配合才能完成的任务，就要综合考虑软硬件的优势

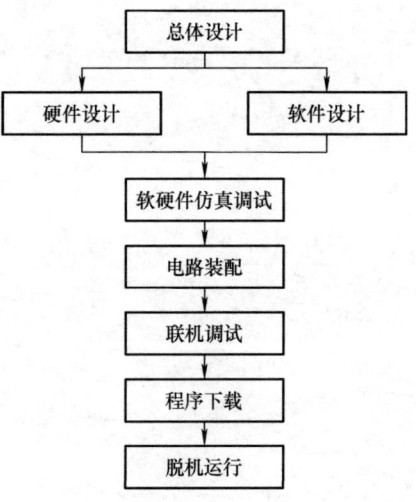

图 7-1 单片机应用系统开发过程

和其他因素（如速度、成本、体积等），哪些功能由硬件完成，哪些功能由软件完成，以力求平衡，从而获得最佳设计效果。

2) 选择单片机芯片。目前单片机的种类繁多，资源和性能也不尽相同。如何选择性价比最优、开发容易、开发周期最短的产品，是开发者需要考虑的主要问题之一。目前我国市场上主流的单片机产品是 51 兼容（STC、AT 系列）、PIC、MSP430 及 AVR 等系列单片机，并且 Proteus 支持上述类型单片机仿真调试。选择单片机总体上应从两方面考虑：一是目标系统（开发的产品和项目）需要哪些资源；二是根据成本的控制选择价格最低的产品，即所谓"性价比最优"原则。

在总体设计软硬件任务明确的情况下，软件设计和硬件设计可同步进行。

7.1.2 硬件设计

硬件设计的第一步是进行单片机电路原理图设计。它包括以下部分。

1) 单片机最小系统。

2）扩展电路及 I/O 接口设计。

3）特殊专用电路设计。

4）在完成系统硬件原理图设计后，可进行元器件配置、参数计算，尤其是单片机 I/O 口负载能力及集成芯片的驱动能力。

5）在仿真原理图设计过程中，尽可能使用与实际元器件一致的仿真元器件。

6）在经过 Proteus 软硬件仿真调试成功后（即硬件电路确定的情况下），可以使用 PCB 制作软件产生硬件印制电路板图。

7）在 PCB 上进行元器件的焊接和装配，同时要用万用表对照设计图检查有无短路、断路和连接错误。

在完成上述工作后，就可进行实际电路的试验、调试直至确认。

7.1.3 软件设计

单片机软件设计必须面向单片机系统资源编程，可以使用 Keil 51 单片机集成开发环境，可用汇编语言编写，也可用 C51 编程。

与汇编语言相比，C51 有如下优点。

1）不要求用户熟悉单片机的指令系统，仅要求熟悉单片机的系统资源结构。

2）寄存器分配、不同存储器的寻址及数据类型等可由编译器管理。

3）程序有规范的结构，可分为不同的函数，这种方式可使程序结构化。

4）具有将可变的选择与特殊操作组合在一起的能力，改善了程序的可读性。

5）关键字及运算函数可用近似人的思维过程的自然语言方式定义。

6）编程及程序调试时间显著缩短，从而提高效率。

7）提供的库包含许多标准子程序，具有较强的数据处理能力。

8）可容易地植入新程序，因为它具有方便的模块化编程技术。

单片机软件设计与一般高级语言的软件设计过程基本相同。

7.1.4 软硬件仿真调试

所设计程序在经过编译产生仿真所需文件后（如 HEX 文件），软硬件仿真调试可以参考以下几种方法选择进行。

1）在 Keil 中仿真调试。

2）Proteus 软硬件仿真调试。

3）Keil+ Proteus 虚拟仿真联机调试。

4）软件测试。由于当前软硬件调试软件的功能强大、使用方便，在调试过程中，可以使用一些软件测试的方法对程序功能进行测试，根据仿真测试结果可以十分方便地对程序和仿真原理图进行不断修改和完善，直至仿真结果满足系统需求。

5）在初步仿真成功后，对于可能存在的不能替代实际元器件的个别虚拟仿真元器件，需要完善仿真电路的真实程度，甚至可以改变硬件电路，以得到最佳仿真效果，而且达到硬件电路的合理性和可操作性。

7.1.5 联机调试

联机调试，就是借助开发工具对所设计的应用系统的硬件进行检查，排除设计和焊接装配的故障。在确认应用系统的硬件没有问题后，可将软件装入进行综合调试阶段。该阶段的主要任务是排除软件错误，同时也解决遗留下的硬件问题。将软件和硬件一起反复调试，并尽可能地模拟现场条件，包括人为地制造一些干扰、考察联机运行情况，直至所有功能均能实现且达到设计技术指标为止。

联机调试时，应将应用系统中的单片机芯片拔掉，插上开发工具即仿真器的仿真头，如图 7-2 所示。

所谓"仿真头"实际上是一个 40 引脚的插头，它是仿真器的单片机芯片信

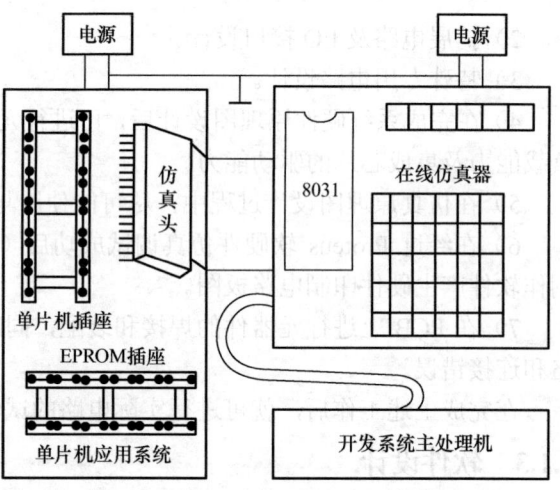

图 7-2 联机调试示意图

号的延伸，即单片机与仿真器共用一块单片机芯片。当在开发系统上联机调试单片机应用系统时，就像使用应用系统中的真实的单片机一样。借助于开发系统的调试功能，可对其应用系统的硬件和软件进行各种检查和调试。

7.1.6 程序下载

仿真联机调试完成后，将程序写入（下载）到单片机程序存储器中。下载程序的常见方法有：ISP 下载、IAP 下载和直接 USB 下载等。下面介绍 ISP 下载。

1. STC-ISP 下载

在上位机运行 STC-ISP 软件，用串口线可以直接将 HEX 文件写入单片机芯片。该方法简单方便，适用于以 STC 系列单片机为主芯片的开发电路。

用 STC-ISP 软件下载程序的操作步骤如下。

1）正确配置单片机开发电路。通过 PC 的 RS-232 串口与 STC 单片机应用电路连接（ISP 在线下载），其下载电路原理如图 7-3 所示。也可以通过 PC 的 USB 接口使用 USB 转 RS-232 串口数据线下载。

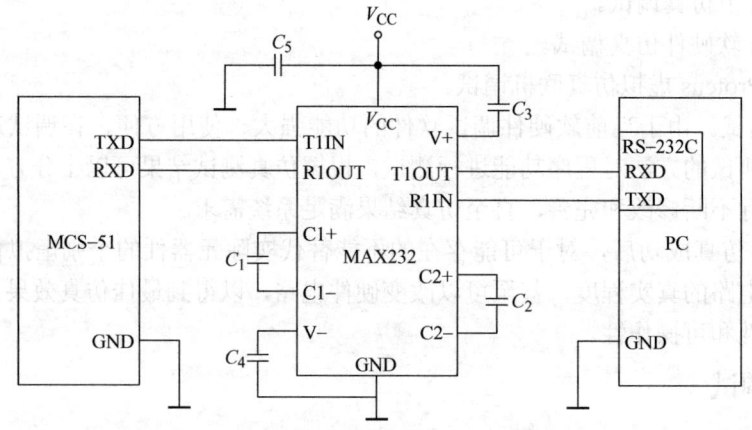

图 7-3 STC-ISP 下载电路原理图

2)在 PC 上正确安装 STC-ISP 软件并启动该软件,STC-ISP 工作窗口如图 7-4 所示。读者可以在网站 http://www.stcmcu.com/下载此软件。

3)选择所用单片机型号,打开程序文件,选择需要下载的 HEX 文件。

4)设置串口和通信速度。选择所用串行口,通常选择 COM1。最高波特率可以选择默认值,如果所用计算机配置较低,可以选稍低的波特率。

5)设置其他选项。此选项一般选择默认设置。

6)下载时要求单片机为冷启动。首先关闭单片机电路工作电源,然后单击图 7-4 所示 STC-ISP 工作窗口的"下载/编程"按钮,接着给单片机电路通电,便开始下载。"重复编程"按钮常用于批量的编程。

7)下载完成后,可直接运行单片机电路以观察结果是否符合功能要求。如果有误,排查原因并处理后重新下载,直至符合设计功能要求。

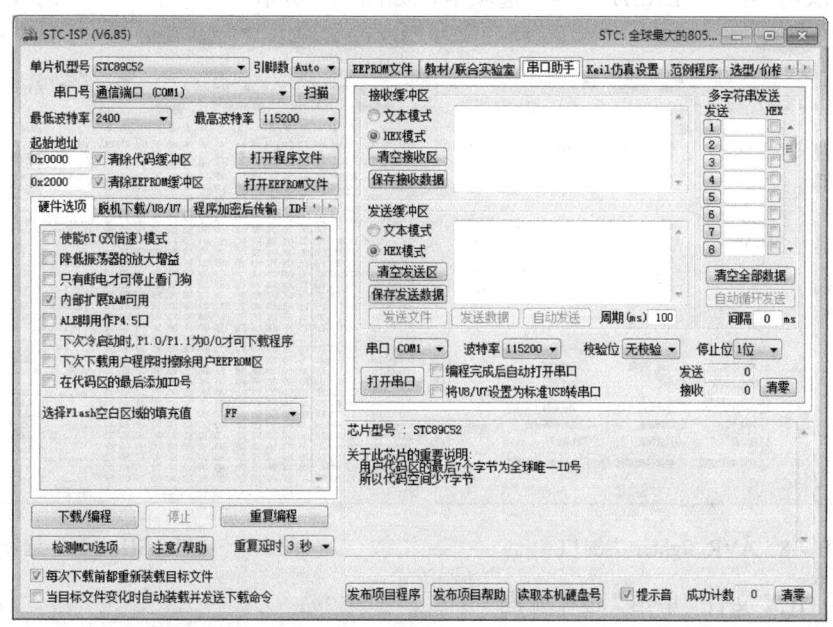

图 7-4　STC-ISP 工作窗口

2．AT 单片机 ISP 下载测试

下面以 AT89S52 单片机为例,使用 AVR_fighter 下载软件说明如何将生成的 HEX 文件下载到单片机中。

1)将通信线 USB-ISP 的排线插入电路板的 ISP 接口,ISP 接口的定义如图 7-5 所示。

2)将 USB-ISP 插入 PC 的 USB 接口,操作系统将会提示有新设备。安装完驱动之后,PC 的设备管理器窗口的设备列表中出现设备 USB asp,如图 7-6 所示,说明驱动安装成功。

3)打开 ISP 下载软件 AVR_fighter,其启动界面如图 7-7 所示。

4)进入 AVR_fighter 主窗口,如图 7-8 所示。编程的所有操作都可在"编程选项"选项卡中完成。在"芯片选择"选项组中选择所用的单片机"AT89S52",单击"设置"按钮可以查询芯片的相关信息,如 ID、Flash 大小等;单击"读取"按钮可测试电路板的单片机和 ISP

接口电路是否正常。如果正常，则在"选项及操作说明"文本框中显示"读取芯片特征字……完成"。

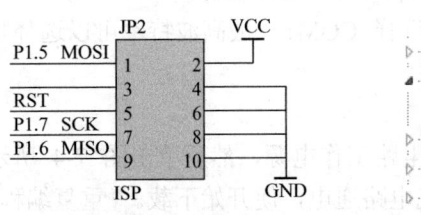  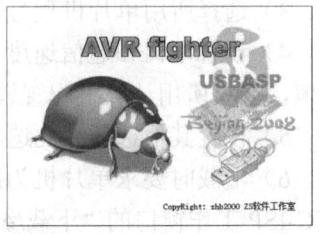

图 7-5　ISP 接口定义　　　　图 7-6　设备列表　　　　图 7-7　AVR_fighter 启动界面

5）装载 HEX 文件。单击窗口上方的"装 FLASH"按钮，选择 Keil 工程生成的 HEX 文件，然后可以切换到"FLASH 内容"选项卡，如图 7-9 所示。

 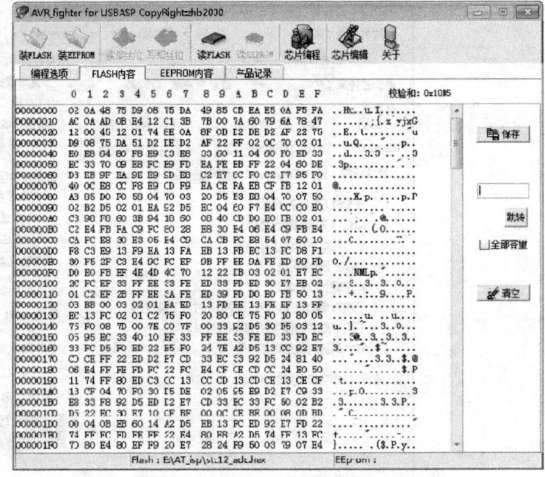

图 7-8　AVR_fighter 主窗口　　　　　　　图 7-9　"FLASH 内容"选项卡

6）下载 HEX 文件。单击"芯片编程"按钮或者"编程选项"选项卡中的"编程"按钮，都可以实现单片机程序的下载，如图 7-10 所示。

7）系统测试。HEX 文件下载成功之后，系统会直接运行程序。可以测试程序在单片机硬件电路上运行是否正常。如果异常，则说明存在问题，排除故障，直到运行成功。

7.1.7　脱机运行

单片机下载工作完成后，接下来需要脱机运行考核，以确定应用系统能否可靠、稳定地工作。只要电路系统没有变化、

图 7-10　程序下载

电源使用正确,则运行一般没有问题。若出现问题,则大多出在复位、晶体振荡、"看门狗"等电路方面,可针对性地予以解决。然后可将系统样机现场运行考核,以进一步暴露问题。现场脱机运行要考察样机对现场环境的适应能力和抗干扰能力。对样机还须进行较长时间的连续运行,以充分考察系统的稳定性和可靠性。

经过现场较长时间的运行和全面严格的检测、调试完善后,确认系统已稳定、可靠并已达到设计要求,可定型交付使用,正式投入运行或定型投入批量生产,最后整理资料,编写技术说明书,进行产品鉴定或验收。

7.2 单片机应用系统设计实例

本节以单片机系统工程项目及机器人控制单元为例,介绍单片机应用系统的设计开发过程。

7.2.1 实训项目 8 智能循迹小车

智能循迹小车不仅生动有趣,还涉及机械结构、电子基础、传感器、单片机的编程等诸多学科的知识。通过这个项目可以增强学生的学习兴趣,提高学生的动手实践能力和解决实际问题的能力。智能循迹小车控制系统也是一般机器人制作的基本控制单元。

(1) 设计要求

在一个 $1m^2$ 的白色场地上,有一条宽为 20mm 的闭合黑线,不管黑线如何弯曲,小车都能够按照预先设计好的路线自动行驶不断前行。

(2) 硬件电路

整体电路以 80C51 单片机为核心,主控部分 Proteus 仿真电路原理图如图 7-11 所示;采用 L278N 专用电动机驱动芯片来驱动电动机的运行,电动机驱动部分 Proteus 仿真电路原理图如图 7-12 所示;循迹部分传感器电路采用 3 个 Q817 光电对管和 LM324 来完成,如图 7-13 所示。

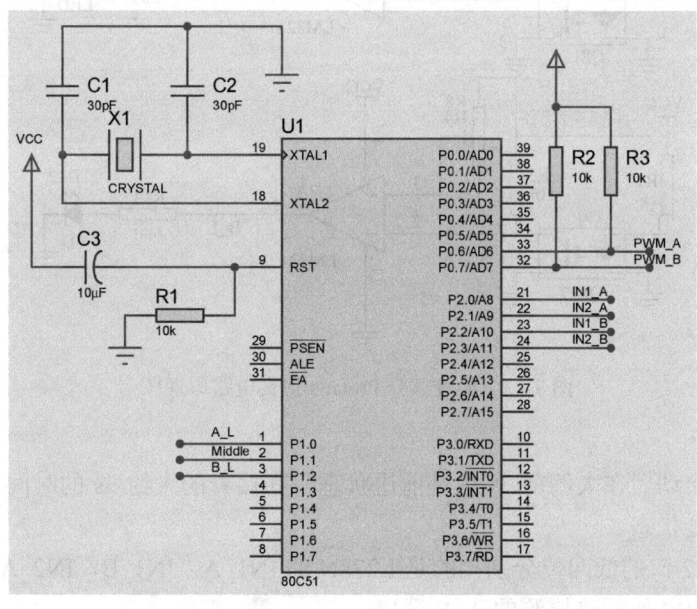

图 7-11 主控部分 Proteus 仿真电路原理图

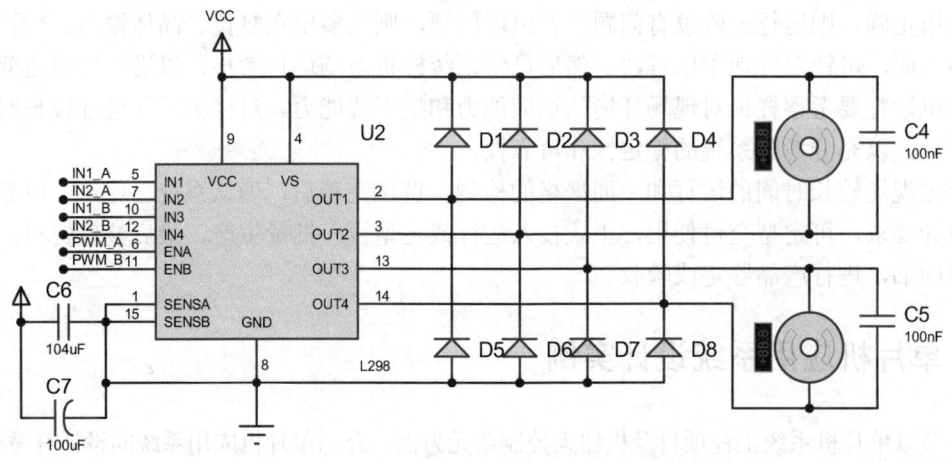

图 7-12 电动机驱动部分 Proteus 仿真电路原理图

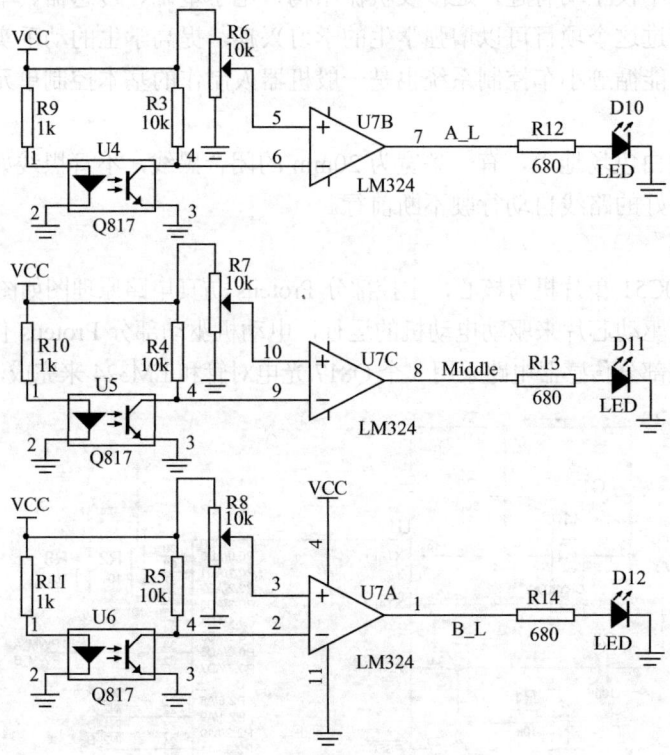

图 7-13 循迹部分 Proteus 仿真电路原理图

(3) 软件设计

程序功能: 启动后在大约前 3s 内是前进状态, 在接着的大约 3s 的时间里是后退状态, 之后就是保持循迹状态。

接口说明: P2 口的低四位分别接的是 L278N 的 IN1_A, IN1_B, IN2_A, IN2_B;

P1.0 接循迹检测的 A_L 端口;

P1.1 接循迹检测的 Middle 端口;
P1.2 接循迹检测的 B_L 端口;
P0.6 接 L278N 的 ENA 端口;
P0.7 接 L278N 的 ENB 端口。

C51 控制程序如下。

```c
#include <reg52.h>
#define    uchar unsigned char
#define    uint   unsigned int
#define Dianji_Control P2                    //电动机控制宏定义
#define A_Qian 0x01
#define A_Hou 0x02
#define B_Qian 0x04
#define B_Hou 0x05
#define Stop 0x00
#define A_B_Qian 0x0a
#define A_B_Hou 0x05
sbit A_L    = P1^0;                          //循迹检测定义
sbit Middle = P1^1;
sbit B_L    = P1^2;
sbit PWM_A = P0^6;                           //模拟 PWM
sbit PWM_B = P0^7;
uint t0;   //控制定时时间变量
/******************************************************************
函数功能:定时器 0 配置
******************************************************************/
void Timer0_Config()
{
    TMOD = 0x01;
    TH0  = (65535 - 50000) / 256;
    TL0  = (65535 - 50000) % 256;
    EA   = 1;
    ET0  = 1;
    TR0  = 1;
}
/******************************************************************
函数功能:AB 两车轮全部正转,向前走
******************************************************************/
void Qianjin()
{
    Dianji_Control = A_B_Qian;
}
/******************************************************************
函数功能:AB 两车轮全部反转,向后退
******************************************************************/
void Houtui()
{
    Dianji_Control = A_B_Hou;
}
```

```c
/*****************************************************************
函数功能：向 A 轮的反方向转弯，即 A 转 B 停
*****************************************************************/
void A_zhuan（）
{
    Dianji_Control = A_Qian; //控制前进方向，驱动 A 电动机转动，B 电动机停止转动
}
/*****************************************************************
函数功能：向 B 轮的方向转弯，即 A 停 B 转
*****************************************************************/
void B_zhuan（）
{
    Dianji_Control = B_Qian; //控制前进方向，驱动 B 电动机转动，A 电动机停止转动
}
/*****************************************************************
函数功能：循迹功能，沿着黑线走
*****************************************************************/
void Xunji（）
{
    if（（A_L == 0）&& （Middle == 0）&& （B_L == 0））//三个循迹头均在黑线上，//保持前进
    {
        Qianjin（）;
    }
    if（A_L == 1）            //传感器 A 检测到黑线，A 轮转动，B 轮停止往 B 轮方向转，直到 A_L=0
    {
        A_zhuan（）;
    }
    if（B_L == 1）            //传感器 B 检测到黑线，B 轮转动，A 轮停止往 A 轮方向转，直到 B_L=0
    {
        B_zhuan（）;
    }
    if（（（A_L == 1）&& （B_L == 1））|| （Middle == 1））
                        //如果 A=1，B=1 或者 Middle=1，那么小车就严重偏离黑线轨道，
                        //所以后退到原来正确的位置
    {
        Houtui（）;
    }
}
void main（）
{
    Timer0_Config（）;
    PWM_A = 1;   //本程序不具备调速功能，所以 PWM_A、PWM_B 设置为有效电平 1
    PWM_B = 1;
    while（1）
    {
        if（t0 < 60）                    //在大约前 3s 是前进状态
            Qianjin（）;
        if（（t0 >= 60）&& （t0 < 120））   //在接着的 3s 时间里是后退状态
            Houtui（）;
```

```
            if（t0 > 120）                        //之后就是保持循迹状态
            {
                TR0 = 0;
                Xunji（）；
            }
        }
    }
}
void  time0（）  interrupt   1                    //定时器 0，中断服务程序
{
    TH0 =（65536-50000）/ 256;
    TL0 =（65536-50000）% 256;
    t0++;
}
```

（4）系统仿真

由于 Proteus 无法仿真红外循迹传感器，而红外循迹传感器输出的为开关量，因此可以用开关来替代传感器进行仿真，智能循迹小车的 Proteus 仿真结果如图 7-14 所示。当 B_L 传感器检测不到黑线时，一个电动机反转，另一个电动机停转实现小车转向。电动机状态的Proteus 仿真结果如图 7-15 所示。

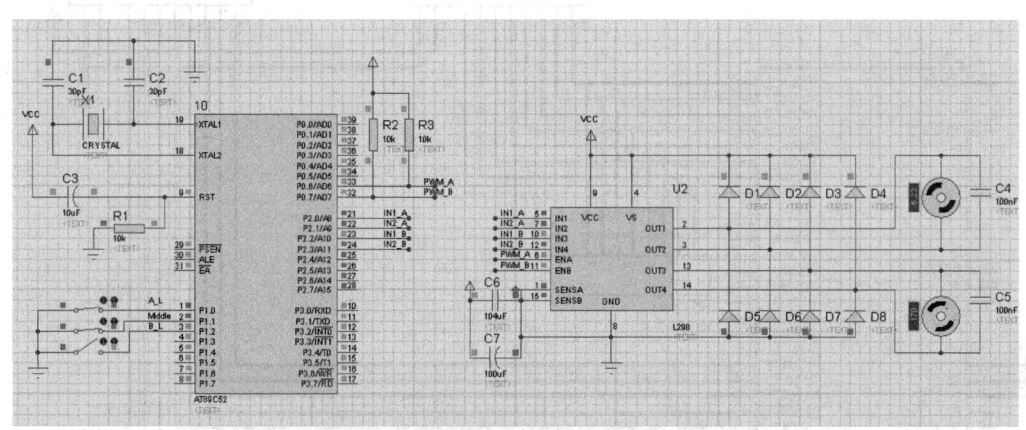

图 7-14　循迹小车的 Proteus 仿真结果

7.2.2　实训项目 9　数字电压表

本项目采用 8 位串行 A-D 转换器 TLC549 完成对模拟电压的测量并显示电压值。

TLC549 是美国德州仪器公司生产的 8 位串行 A-D 转换器芯片。该芯片通过引 I/O CLOCK、$\overline{CS}$、DATA OUT 三线与单片机进行串行接口，具有 4MHz 片内系统时钟，转换时间最长 17μs，最高转换速率为 40000 次/s。TLC549 芯片引脚如图 7-16 所示。

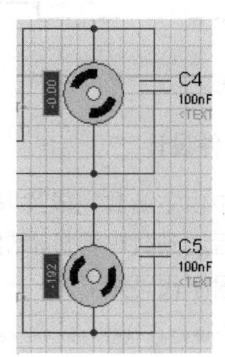

图 7-15　电动机状态的 Proteus 仿真结果

1．硬件电路设计

数字电压表电路原理图如图 7-17 所示，采用 TLC549 芯片，完成对电位器 RP1 上电压的

采集；单片机通过 P1.0、P1.1 及 P1.2 口与 TLC547 相连接；通过 4 位共阴极数码管来实时显示采集到的电压值；采用动态扫描；数码管显示采用两片 74HC573 来分别驱动数码管段选和位选信号，单片机的 P0 口控制段码的输出，P3 口输出位码。

注意，该电路为 Proteus 仿真电路，在实际电路中，七段数码管的每一段应该连接一个限流电阻。

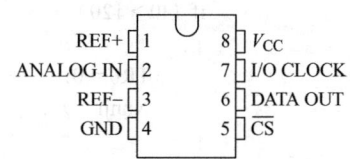

图 7-16 TLC549 芯片引脚图

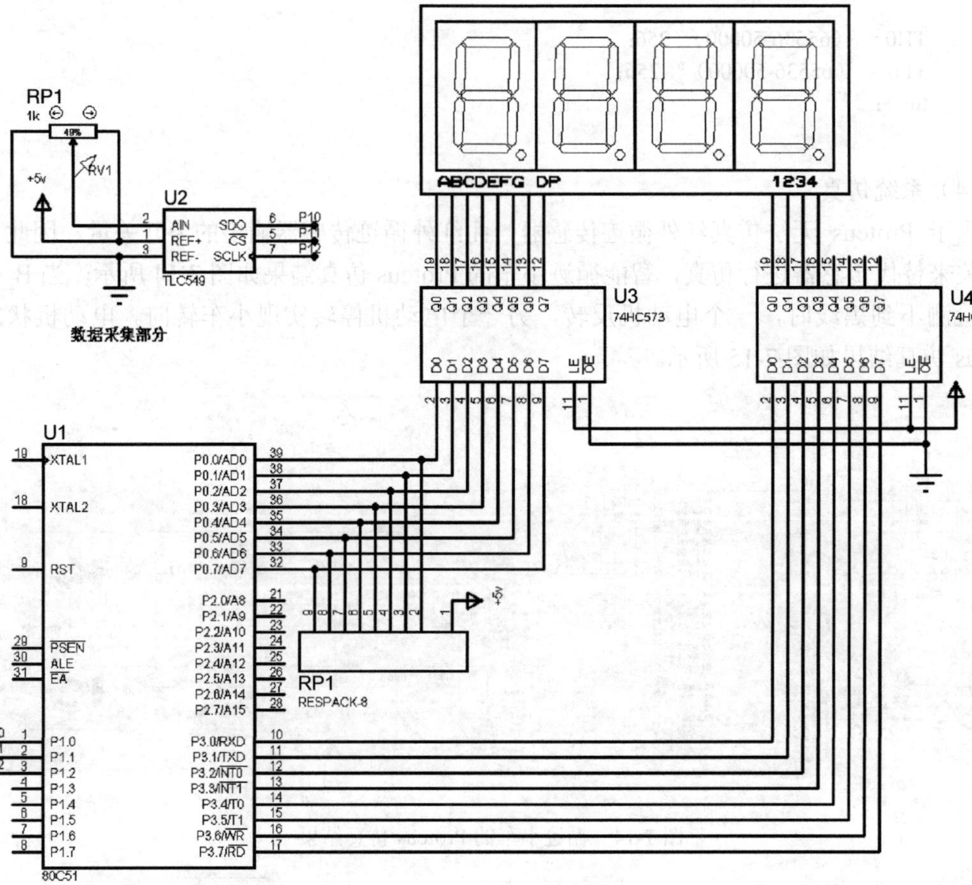

图 7-17 数字电压表电路原理图

2. 软件设计

程序中由主函数完成读取 TLC549 的当前电压转换值，并将电压转换值换算成十进制的数值，然后送到数码管显示出来。为使显示稳定，每次读出的电压值扫描显示 10 次。C51 程序代码如下。

```
/********************************************************************/
//功能：串行 A-D 转换器 TLC549 进行一路模拟量的测量
//驱动 TLC549
/********************************************************************/
#include<reg52.h>
#include<intrins.h>
```

```c
#define uint    unsigned int                    //宏定义
#define uchar   unsigned char
sbit  CLK  =   P1^2;                            //定义 TLC549 串行总线操作端口
sbit  DAT  =   P1^0;
sbit  CS   =   P1^1;
unsigned char code lab[]={0x3f, 0x06, 0x5b, 0x4f, 0x66, 0x6d, 0x7d, 0x07, 0x7f,
                0x6f, 0x77, 0x7c, 0x37, 0x5e, 0x77, 0x71};
uchar bdata ADCdata;
sbit     ADbit  =   ADCdata^0;
uchar disp_buffer[4];
/******************************************************************/
//延时程序（参数为延时，单位为 ms）
/******************************************************************/
void delay（uint x）
{
    uint i, j;
    for（i=0; i<x; i++）
    {
        for（j=0; j<124; j++）
        {; }
    }
}
/******************************************************************/
//函 数 名：TLC549_READ（）
//功    能：A-D 转换子程序
//说    明：读取上一次 A-D 转换的数据，启动下一次 A-D 转换
/******************************************************************/
uchar TLC549_READ（void）
{
    uchar i;
    CS=1;
    CLK=0;
    DAT=1;
    CS=0;
    for（i=0; i<8; i++）
    {
        CLK=1;
        _nop_（）;
        _nop_（）;
        ADCdata<<=1;         //读出 ADC 端口值
        ADbit=DAT;
        CLK=0;
        _nop_（）;
    }
    return（ADCdata）;
}
/******************************************************************/
//显示函数
/******************************************************************/
void display（）
{
```

```
        uchar i, temp;
        temp=0xfe;
        for (i=4; i>0; i--)
        {
            if (i==4)
            {
                P0=lab[disp_buffer[i-1]]|0x80;    //添加小数点
            }
            else
                P0=lab[disp_buffer[i-1]];
            P3=temp;
            delay (2);
            P3=0xff;
            temp=(temp<<1)|0x01;
        }
}
/*********************************************************************/
//函 数 名: main ()
//功    能: 主程序
/*********************************************************************/
void main ()
{
    uchar i, ADC_DATA;                      //定义 A-D 转换数据变量
    float b;
    uint a;
    while (1)
    {
        TLC549_READ ();                     //启动一次 A-D 转换
        delay (1);
        ADC_DATA=TLC549_READ ();            //读取当前电压值的 A-D 转换数据
        b=ADC_DATA*0.0176;
        a=b*1000+0.5;
        disp_buffer[3]=a/1000;
        disp_buffer[2]=(a%1000)/100;
        disp_buffer[1]=a%100/10;
        disp_buffer[0]=a%10;
        for (i=0; i<10; i++)
        {
            display ();
        }
    }
}
```

7.2.3 实训项目 10 单片机舵机控制系统

单片机舵机控制系统是机器人、无人机等系统常用的控制单元。
舵机控制系统的基本功能和要求如下。
1) 控制两路舵机。
2) 通过按键调整舵机的角度。
3) 显示两路舵机的角度。

4）系统启动时要求舵机舵盘初始位置在中间（既能左转，又能右转），能够通过按键控制回到中间位置。

1. 硬件设计

根据上述要求，本系统可以采用 PWM 输出控制舵机。

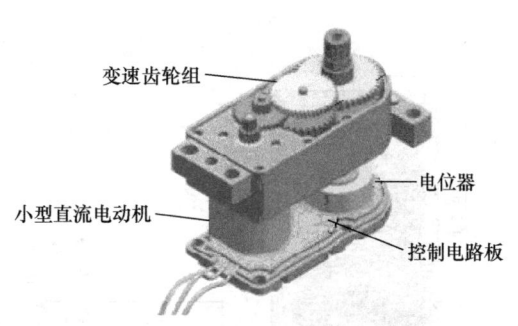

图 7-18　标准舵机的基本结构

1）舵机基本工作原理。舵机是一种实现精确角度控制的伺服电动机。标准舵机的基本结构如图 7-18 所示，主要有小型直流电动机、变速齿轮组、电位器和控制电路板四部分组成。其工作过程是一个典型的闭环控制流程，如图 7-19 所示。通过向舵机的信号线输入 PWM 信号，可以控制舵机输出角度。输入的 PWM 信号输出要求频率为 50Hz，脉宽从 0.5ms 到 2.5ms 变化，舵机输出角度对应为 0～180°。舵机控制 PWM 信号示意图如图 7-20 所示。

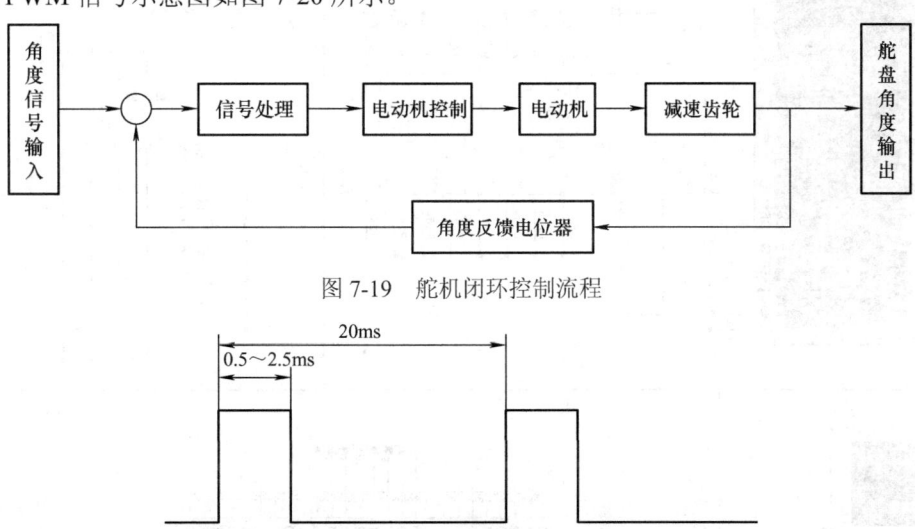

图 7-19　舵机闭环控制流程

图 7-20　舵机控制 PWM 信号示意图

2）硬件电路。选取所需的基本元器件，元器件清单见表 7-1。舵机控制系统的 Proteus 仿真电路原理图如图 7-21 所示。

表 7-1　元器件清单

元器件名称	参数	数量	关键字
单片机	80C51	1	80c51
晶振	24MHz	1	Crystal
瓷片电容	30pF	2	Cap
电解电容	10μF	1	Cap-Pol
电阻	10kΩ	5	Res
8 位一体数码管	蓝色共阳极	1	7Seg-MPX8-ca-blue
锁存器	74HC573	2	74HC573.IEC
按键		4	BUTTON
舵机	标准 PWM 驱动	2	Motor-Pwmservo

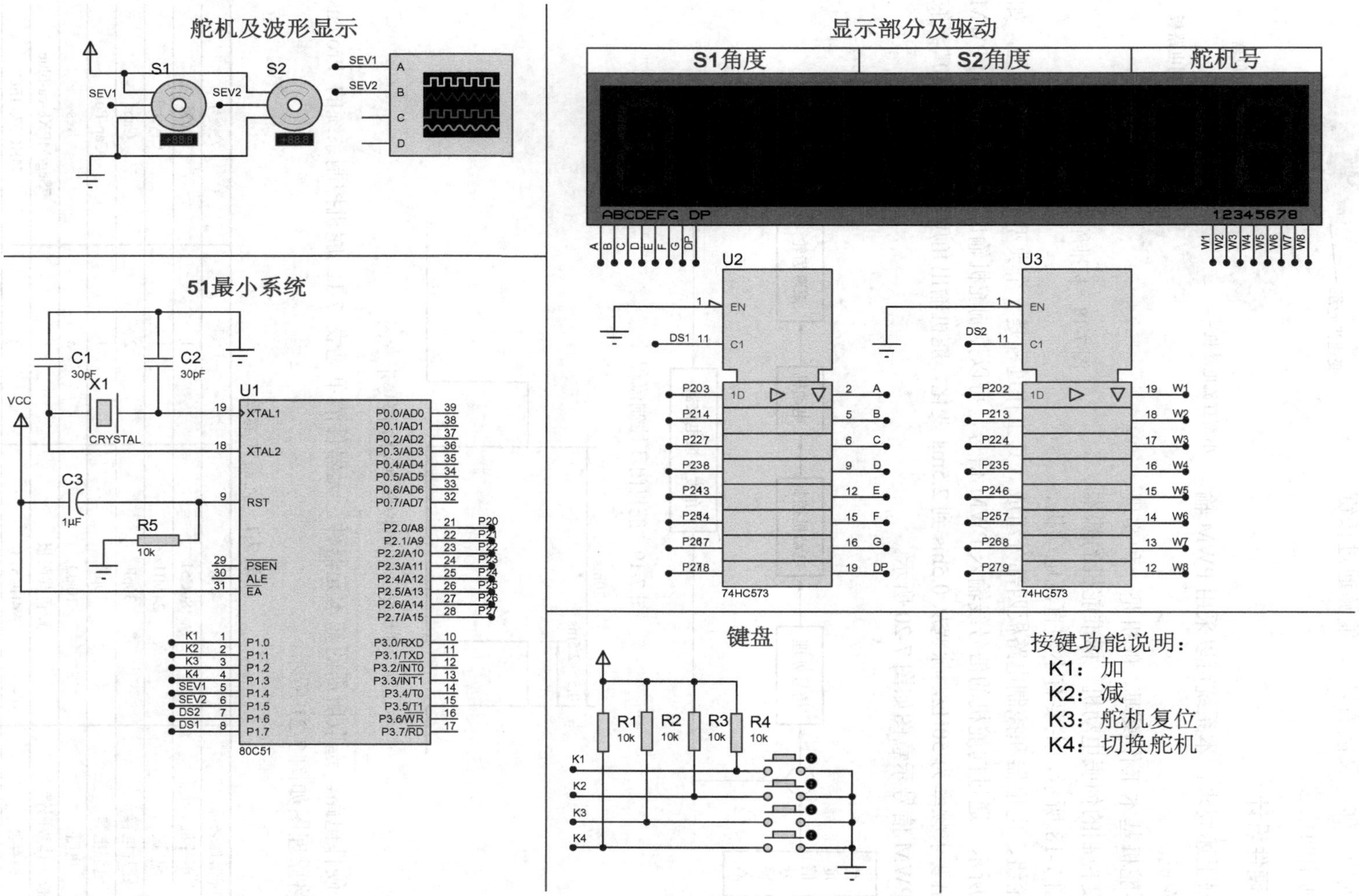

图 7-21 舵机控制系统的 Proteus 仿真电路原理图

2. 软件设计

根据功能要求,单片机需要输出一个脉宽可调的 PWM。普通的 51 单片机没有内置硬件 PWM 功能,但是通过软件模拟可以生成 PWM。首先要保证输出最小 0.5ms、最大 2.5ms 的正脉宽,频率要求为 50Hz,则计算得定时器的最大定时时间为 0.5ms,定时溢出 40 次,一个 PWM 周期即可得到所要求的 50Hz 频率。但是这样就只能控制 5 个角度,因此可以使定时器的定时时间在 0.5ms 的基础上按倍数缩小,这里设置为 25μs,溢出次数扩大至 800,即可得到要求的 50Hz 的 PWM。并且将单片机的晶振设计为 24MHz(Proteus 内的 51 单片机模型可支持更高的 CPU 频率,51 单片机最高支持 33MHz),以提高 PWM 输出精度。

程序流程图如图 7-22 所示。

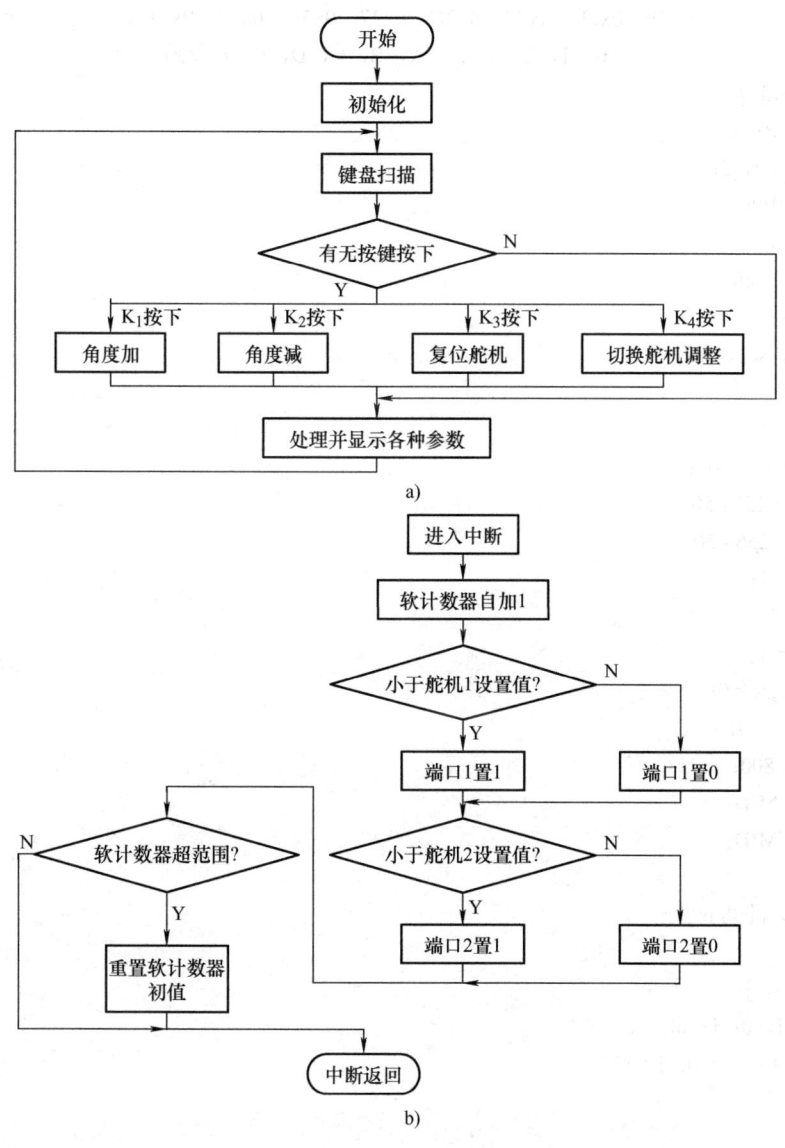

图 7-22 程序流程图

a)主程序流程图   b)中断服务子程序流程图

C51 程序如下。

```c
#include<reg51.h>
typedef unsigned int uint16;
typedef unsigned char uint8;
#define KEY    P1
#define KEYINC 1
#define MAXN 100
#define MID 60
#define MINN 20
uint8 code dis[17]={0x3F, 0x06, 0x5B, 0x4F, 0x66, 0x6D, 0x7D, 0x07,
                    0x7F, 0x6F, 0x77, 0x7C, 0x37, 0x5E, 0x77, 0x71};
                    //0, 1, 2 ..........7, A, B, C, D, E, F 段码
uint8 dis_buf[8];
sbit pwm = P1^4;
sbit pwm1 = P1^5;
sbit ds2 = P1^6;
sbit ds1 = P1^7;
bit keypress, ch;
uint16 wth;
uint8 keyv, se1, se2;
void init()
{
    TMOD = 0x02;
    TH0 = 256 - 50;
    TL0 = 256 - 50;
    ET0 = 1;
    EA = 1;
    TR0 = 1;
    keypress = 0;
    keyv = MID;
    wth = 800;
    se1 = MID;
    se2 = MID;
}
void delay(uint8 m)
{
    uint8 i, j;
    for (i = 0; i < m; i++)
        for (j = 0; j < 128; j++)
            ;
}
/******************************************
函数名：prodisbuf()
```

返回值：无
输入：　uint8 dat1，uint8 dat2，uint8 dat3　从左到右显示的数据
功能：　将要显示的数据每一位按十进制分开
***/
void prodisbuf（uint8 dat1，uint8 dat2，uint8 dat3）
{
　　dis_buf[0] = dat1 / 100;
　　dis_buf[1] = dat1%100/10;
　　dis_buf[2] = dat1%10;
　　dis_buf[3] = dat2 / 100;
　　dis_buf[4] = dat2%100/10;
　　dis_buf[5] = dat2 %10;
　　dis_buf[6] = dat3 / 10;
　　dis_buf[7] = dat3 %10;
}
/***
函数名：　display（）
功能：　　显示数据，并根据 flash 的值来决定调整的位置
返回值：　无
输入：　　uint8 flash　闪烁的位置
***/
void display（uint8 setp）
{
　　uint8 id，wei = 0x01;
　　for（id = 0; id < 8; id ++）
　　{
　　　　P2 = wei;
　　　　ds2 = 0;
　　　　ds1 = 1;
　　　　if（id == setp - 1）
　　　　{
　　　　　　P2 = ~（dis[dis_buf[id]] | 0x80）;
　　　　}
　　　　else
　　　　　　P2 = ~dis[dis_buf[id]];
　　　　delay（2）;
　　　　P2 = 0xff;
　　　　wei = wei << 1;
　　　　ds1 = 0;
　　　　ds2 = 1;
　　}
}
void keyscan（）

```c
{
    if ((KEY & 0x0f) != 0x0f)
    {
        delay (10);
        if ((KEY & 0x0f) != 0x0f)
        {
            if (!keypress)
            {
                keypress = 1;
                switch (KEY & 0x0f)
                {
                    case 0xe:
                        keyv = keyv + KEYINC;
                        break;
                    case 0xd:
                        keyv = keyv - KEYINC;
                        break;
                    case 0xb:
                        keyv = MID;
                        break;
                    case 0x7:
                        ch = ~ch;
                        if (ch) keyv = se1;
                        else keyv = se2;
                        break;
                    default:
                        break;
                }
            }
        }
    }
    if ((KEY & 0x0f) == 0x0f)
    {
        delay (10);
        if ((KEY & 0x0f) == 0x0f)
        {
            keypress = 0;
        }
    }
}
void main ()
{
    uint8 an1, an2, nu;
```

```
uint16 sw;
init();
while(1)
{
    keyscan();
    if(keyv > MAXN)
        keyv = MINN;
    if(keyv < MINN)
        keyv = MAXN;
    if(ch)
    {
        se1 = keyv;
        nu = 1;
    }
    else
    {
        se2 = keyv;
        nu = 2;
    }
    sw = se1 - 20;
    sw = sw * 180;
    sw = sw / 80;
    an1 = sw;
    sw = se2 - 20;
    sw = sw * 180;
    sw = sw / 80;
    an2 = sw;
    prodisbuf(an1, an2, nu);
    display(0);                              //显示信息
}
}
void t0() interrupt 1
{
    wth--;

    if(wth < se1)
        pwm = 1;
    else
        pwm = 0;

    if(wth < se2)
        pwm1 = 1;
    else
```

```
        pwm1 = 0;
    if（wth == 0）
        wth = 800;       //400
}
```

3．系统仿真

1）建立 Keil 工程，输入源码，编译生成 HEX、OMF 文件，以便运行和仿真。

2）修改 Proteus 中仿真舵机 Motor-Pwmservo 的属性，如图 7-23 所示。

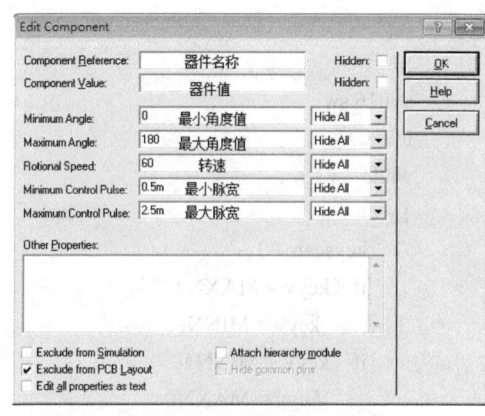

图 7-23　编辑舵机属性

伺服电动机的默认属性需要修改，最小角度值的默认值为-70，最大角度值为 70，根据需要分别将其更改为 0 和 180；最小脉宽默认为 1ms，最大脉宽为 2ms，和实物舵机的脉宽有区别。为此，这里分别将其更改为 0.5ms 和 2.5ms。

3）仿真运行。将生成的 OEM 文件载入原理图的单片机中，进行系统的仿真运行。通过按键可以控制舵机的运行。如果系统运行中出现问题，可利用 Proteus 的调试功能进行系统仿真调试。舵机控制系统的 Proteus 仿真结果如图 7-24 所示，虚拟示波器显示的 PWM 波形如图 7-25 所示。

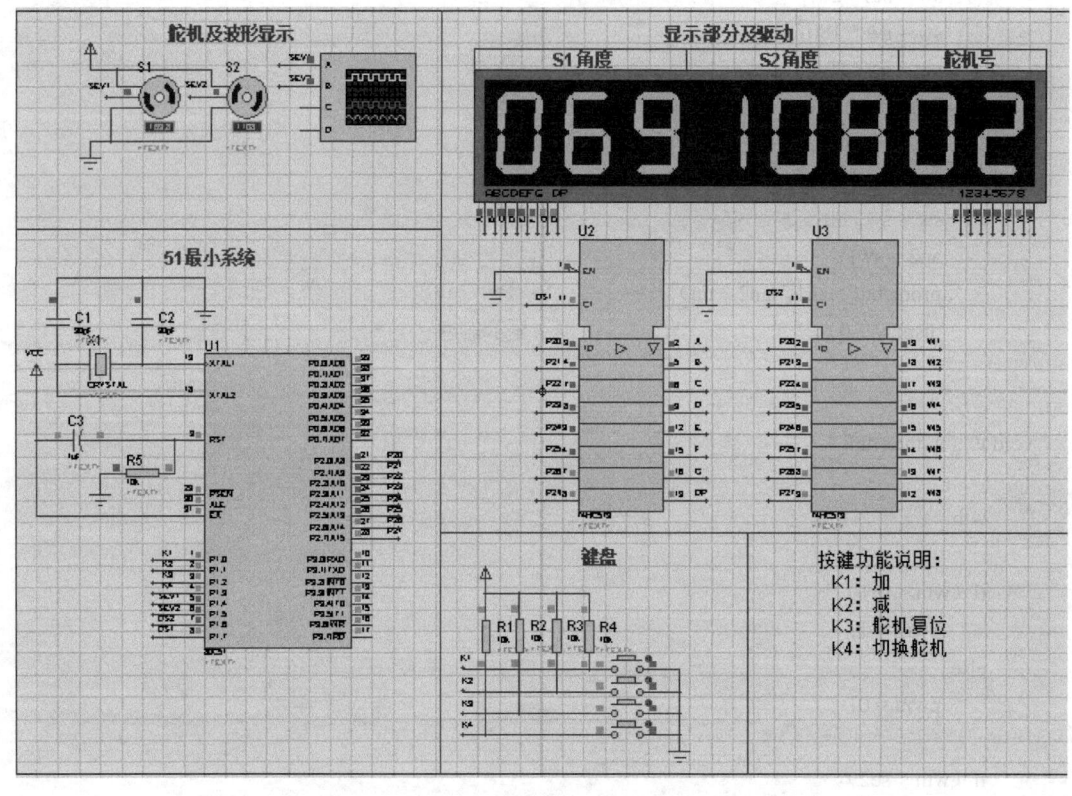

图 7-24　舵机控制系统的 Proteus 仿真结果

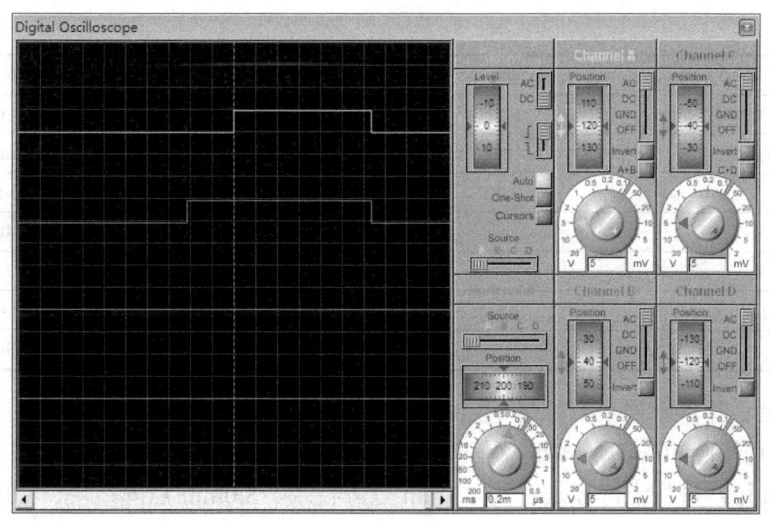

图 7-25　PWM 波形图

4．下载脱机运行

1）根据 Proteus 的仿真原理图，可画出相应的 PCB 电路原理图。按照电路原理图，焊接好实物硬件平台，并检测各部分电路是否正常。

2）使用 ISP 下载，将生成的 HEX 文件下载到单片机中。

3）上电运行系统，检测各项功能是否正常。一般情况下，经过 Proteus 仿真成功的系统在实物电路中运行也是成功的。

7.2.4　实训项目 11　LED 点阵显示系统

LED 点阵显示系统已经广泛应用在广告、商场、银行利率表、车站时刻表等公众信息场合。

1.设计要求

LED 点阵显示系统的基本功能和要求如下。

1）要求在 16×32 的点阵上显示汉字、字母和数字。

2）点阵可以水平移动显示和垂直滚动显示。

3）通过按键能够切换显示方式。

2.硬件设计

1）元器件。选取所需的基本元器件，点阵显示要求为 16×32。由于驱动需要的 I/O 口较多，直接用单片机的 I/O 口不能满足需要，因此这里选择用 74LS595 和 74LS154 进行 I/O 口扩展，元器件清单见表 7-2。

表 7-2　元器件清单

元器件名称	参数	数量	关键字
单片机	80C51	1	80c51
晶振	12M	1	Crystal

（续）

元器件名称	参数	数量	关键字
瓷片电容	30PF	2	Cap
电解电容	10μF	1	Cap-Pol
电阻	10kΩ	5	Res
74LS595		4	74LS575
74LS154		1	74154
点阵显示	16×16	2	LED-16X16-RED
开关		3	Switch

2）点阵显示基本原理。点阵显示是由若干个模块组成一个大的显示屏。

点阵模块是按照矩阵的形式组合在一起，目前市场上有5×8、8×8、16×16等几种类型。根据LED的直径，可将点阵模块分为1.7mm点阵模块、3.0mm点阵模块、5.0mm点阵模块等；按颜色分，有单色（红色）点阵模块、双色（红色和绿色，如果同时发光，可显示黄色）点阵模块和全彩（红色、绿色和蓝色，调整三种颜色的亮度可显示不同的颜色）点阵模块等。8×8单色点阵模块的结构图如图7-26所示。

由图7-26可知，LED连接成了矩阵的形式，同一行LED的阳极共接在一起，同一列LED的阴极共接在一起，只有当LED阳极加高电平、阴极加低电平时，LED才能被点亮。

按照点亮的规则，一个16×16的汉字点阵显示数据（汉字的字模编码）需要占用32B空间。图7-27所示为一个"系"字的汉字字模编码显示图。按照从左向右、从上到下的顺序，字节正序（左为高位，右为低位），将字模取出存放于字模数组中，行线循环选通，列线查表输出，点亮相应的LED，每一个字需要循环多次扫描才能得到稳定的显示。

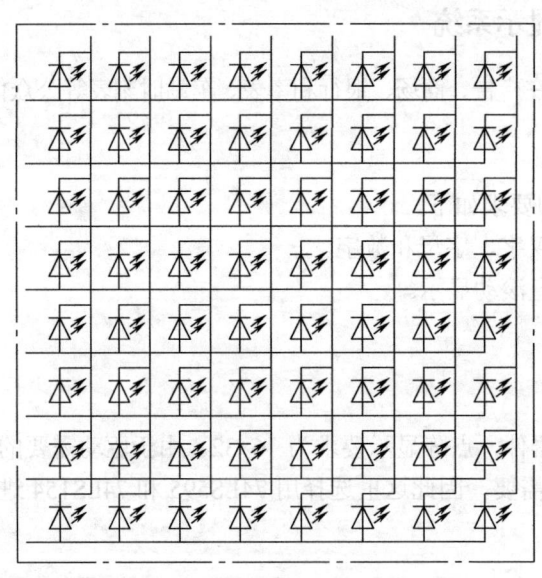

图7-26 8×8单色点阵模块的结构图

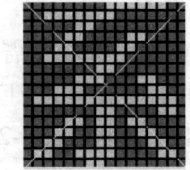

图7-27 字模

3）74LS154简介。74LS154是一个4-16线译码器，其功能及引脚可查阅相关资料。

4）点阵显示系统的Proteus仿真原理图如图7-28所示。

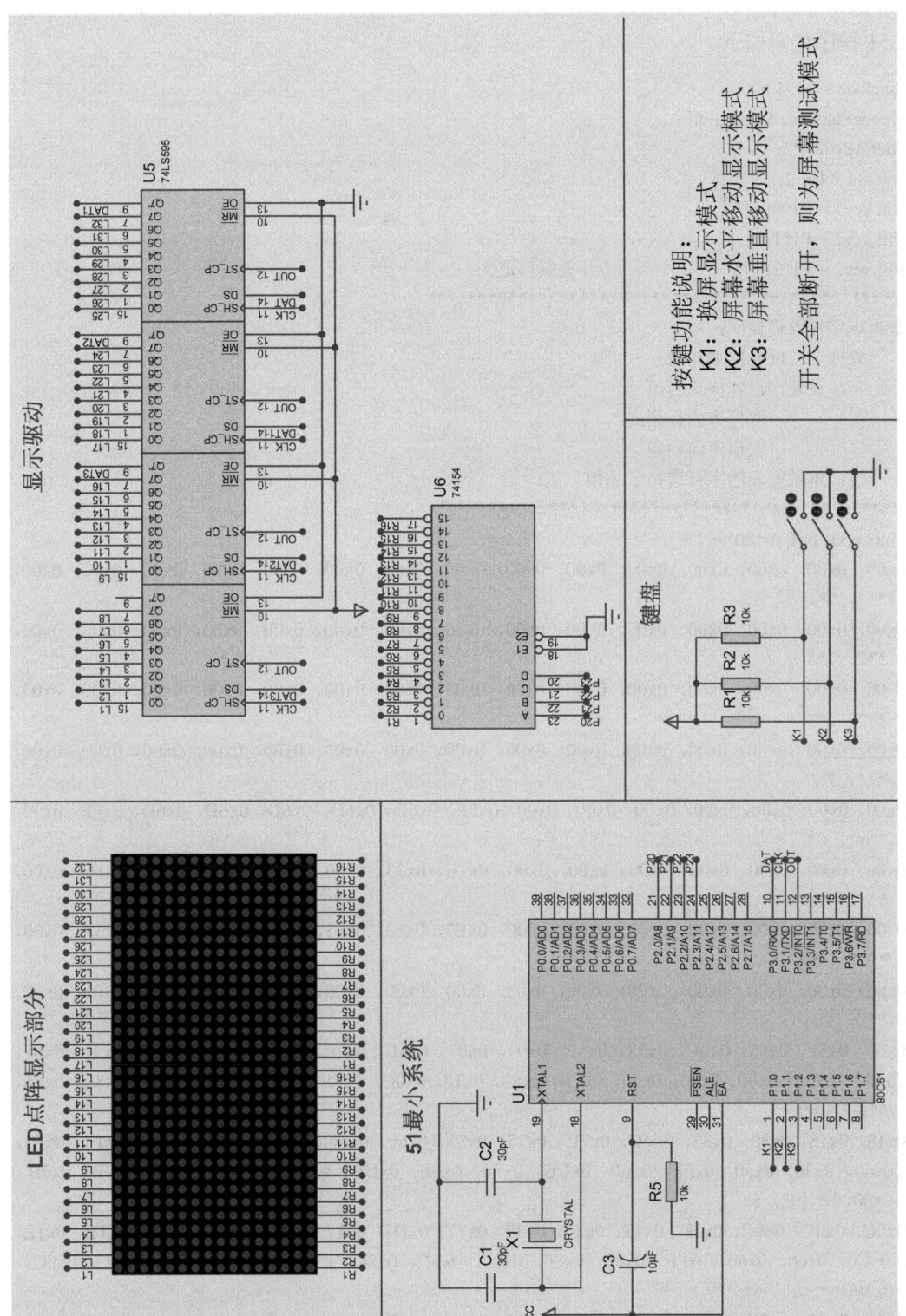

图 7-28 点阵显示系统的 Proteus 仿真原理图

3．软件设计

C51 程序代码如下。

```c
#include <reg51.h>
typedef unsigned char uint8;
#define row P2;
sbit out = P3^2;
sbit key1 = P1^0;
sbit key2 = P1^1;
sbit key3 = P1^2;                        //开关端口定义
/***********************************************
数据表字符取模说明：
        软件名：PCtoLCD2002
        字模设置：点阵格式阴码
                取模方式行列式
                取模走向顺向
        注：本数据表的字符选择了加粗
/***********************************************/
uint8 code buf[16*20] = {
0x00, 0x00, 0x00, 0x00, 0x00, 0x00, 0x00, 0x00, 0x00, 0x00, 0x00, 0x00, 0x00, 0x00, 0x00,
0x00, /*" ", 7*/
0x00, 0x00, 0x00, 0x00, 0x00, 0x00, 0x00, 0x00, 0x00, 0x00, 0x00, 0x00, 0x00, 0x00, 0x00,
0x00, /*" ", 7*/
0x00, 0x00, 0x00, 0x00, 0x00, 0x00, 0x00, 0x00, 0x00, 0x00, 0x00, 0x00, 0x00, 0x00, 0x00,
0x00, /*" ", 7*/
0x00, 0x00, 0x00, 0x00, 0x00, 0x00, 0x00, 0x00, 0x00, 0x00, 0x00, 0x00, 0x00, 0x00, 0x00,
0x00, /*" ", 7*/
0x00, 0x00, 0x00, 0x00, 0x00, 0x00, 0x00, 0xFF, 0x6D, 0x6D, 0x6D, 0x6D, 0x6D, 0xFF, 0x00,
0x00, /*"m", 0*/
0x00, 0x00, 0x00, 0x00, 0x00, 0x00, 0x00, 0x1E, 0x33, 0x60, 0x60, 0x60, 0x33, 0x1E, 0x00,
0x00, /*"c", 1*/
0x00, 0x00, 0x00, 0x00, 0x00, 0x00, 0x00, 0xE7, 0x63, 0x63, 0x63, 0x63, 0x67, 0x3F, 0x00,
0x00, /*"u", 2*/
0x00, 0x00, 0x00, 0x00, 0x00, 0x00, 0x00, 0x00, 0x00, 0x00, 0x00, 0x00, 0x00, 0x00, 0x00,
0x00, /*" ", 3*/
0x00, 0x3F, 0x06, 0x0C, 0x18, 0x3F, 0x01, 0x07, 0x1C, 0x7F, 0x01, 0x0D, 0x17, 0x31, 0x67,
0x03, 0xFC, 0x80, 0x00, 0x30, 0x60, 0xC0, 0x80, 0x18, 0x0C, 0xFE, 0x86, 0xB0, 0x78, 0x8C, 0x86,
0x00, /*"系", 4*/
0x18, 0x18, 0x30, 0x33, 0x6C, 0xFC, 0x17, 0x33, 0x60, 0xFC, 0x60, 0x00, 0x1D, 0xF1, 0x63,
0x06, 0x60, 0x30, 0x30, 0xFF, 0x60, 0xCC, 0x86, 0xFF, 0xDB, 0xD8, 0xD8, 0xD8, 0x7B, 0x7B,
0x0F, 0x00, /*"统", 5*/
0x0C, 0x0C, 0x0C, 0x1F, 0x17, 0x37, 0x37, 0x77, 0xD7, 0x17, 0x17, 0x17, 0x1B, 0x1B, 0x1E,
0x1C, 0xC0, 0x60, 0x60, 0xFF, 0x80, 0x80, 0x80, 0xFC, 0x8C, 0x8C, 0x8C, 0x8C, 0x0C, 0x0C,
0x78, 0x30, /*"仿", 6*/
0x01, 0x01, 0x7F, 0x01, 0x1F, 0x18, 0x1F, 0x18, 0x1F, 0x18, 0x1F, 0x18, 0xFF, 0x0C, 0x18,
0x30, 0x80, 0x80, 0xFE, 0x80, 0xF8, 0x18, 0xF8, 0x18, 0xF8, 0x18, 0xF8, 0x18, 0xFF, 0x30, 0x18,
```

0x0C, /*"真", 7*/

0x00, 0x00, 0x00, 0x00, 0x00, 0x00, 0x00, 0x00, 0x00, 0x00, 0x00, 0x00, 0x00, 0x00, 0x00, /*" ", 7*/

0x00, 0x00, 0x00, 0x00, 0x00, 0x00, 0x00, 0x00, 0x00, 0x00, 0x00, 0x00, 0x00, 0x00, 0x00, /*" ", 7*/

0x00, 0x00, 0x00, 0x00, 0x00, 0x00, 0x00, 0x00, 0x00, 0x00, 0x00, 0x00, 0x00, 0x00, 0x00, /*" ", 7*/

0x00, 0x00, 0x00, 0x00, 0x00, 0x00, 0x00, 0x00, 0x00, 0x00, 0x00, 0x00, 0x00, 0x00, 0x00 /*" ", 7*/
};

/******************************
函数名：delay
功　能：毫秒级延时函数
输　入：延时的毫秒数 uint8 t
返回值：无
******************************/
```c
void delay (uint8 t)
{
    unsigned char m, n;
    for (m=0; m<t; m++)
        for (n=0; n<128; n++)
            ;
}
void init (void)
{
    SCON = 0x00;        //初始化串口工作在模式 0
    P2 = 0;             //行选初始化
}
```

/**************************
函数名：send
功　能：串口发送数据
输　入： uint8 dat
返回值：无
***********************/
```c
void send (uint8 dat)
{
    SBUF = dat;
    while (!TI);
    TI = 0;
}
void main ()
{
    uint8 i, j, k, m, line;
    init ();
    while (1)
    {
        while (!key1)           //如果 K1 闭合，则执行换屏显示模式
```

```c
    {
      for (j = 0; j < 200; j++)                  //通过循环多次使单一屏幕显示一段时间
      {
         out = 0;                                //拉低关闭显示
         for (m = 0;  m < 4;  m++)
            send (buf[i + 64* (k + 1) + 16*m ]); //点阵向一行送值，由于为 16×32 点阵行值送 4 次
                                                 //其中 k 值决定显示哪一屏，共三屏
         out = 1;                                //输出上升沿时显示数据
         delay (5);                              //延时一段时间
         out = 0;                                //拉低，关闭显示
         for (m = 0;  m < 4;  m++)
            send (0x0);                          //送出全 0，用以消隐
         out = 1;
         P2 = line;                              //行选值
         line++;                                 //行值自加 1
         if (line > 15)
            line = 0;                            //超过 15 则清 0
         i++;                                    //取下一个数据
         if (i > 15)
            i = 0;
      }
      k++;                                       //换屏值加 1，起到换屏作用
      if (k > 2)
         k = 0;
   }
   k = 0;
   i = 0;                                        //参数清 0
   while (!key2)                                 //如果 K2 闭合，则屏幕水平移动显示
   {
      for (j = 0;  j < 200;  j++)
      {
         out = 0;
         for (m = 0;  m < 4;  m++)
            send (buf[i +16* (k + m) ]);
         out = 1;
         delay (5);
         out = 0;
         for (m = 0;  m < 4;  m++)
            send (0x0);
         out = 1;
         P2 = line;
         line++;
         if (line > 15)
            line = 0;
         i++;
         if (i > 15)
            i = 0;
```

```c
        }
    k++;
    if (k > 16)
        k = 0;
}
k = 0;
i = 0;
while (!key3)                          //如果K3闭合,则屏幕垂直移动显示
{
    for (j = 0; j < 40; j++)
    {
        out = 0;
        for (m = 0; m < 4; m++)
            send (buf[((i + k)/16)*64 + (i + k)%16 + 16*m]);
        out = 1;
        delay (5);
        out = 0;
        for (m = 0; m < 4; m++)
            send (0x0);
        out = 1;
        P2 = line;
        line++;
        if (line > 15)
            line = 0;
        i++;
        if (i > 15)
            i = 0;
    }
    k++;
    if (k > 64)
        k = 0;
}
k = 0;
i = 0;
while (key1 & key2 & key3)              //如果开关全部打开,则进入测试模式
{
    for (j = 0; j < 200; j++)
    {
        out = 0;
        for (m = 0; m < 4; m++)
            send (0xff);
        out = 1;
        delay (5);
        out = 0;
        for (m = 0; m < 4; m++)
            send (0x0);
        out = 1;
```

```
            P2 = line;
        }
        line++;
        if（line > 15）
            line = 0;
        }
        line = 0;
    }
}
```

4．系统仿真

1）建立 Keil 工程，输入程序代码。

2）仿真运行。点阵显示系统的 Proteus 仿真结果如图 7-29 所示。

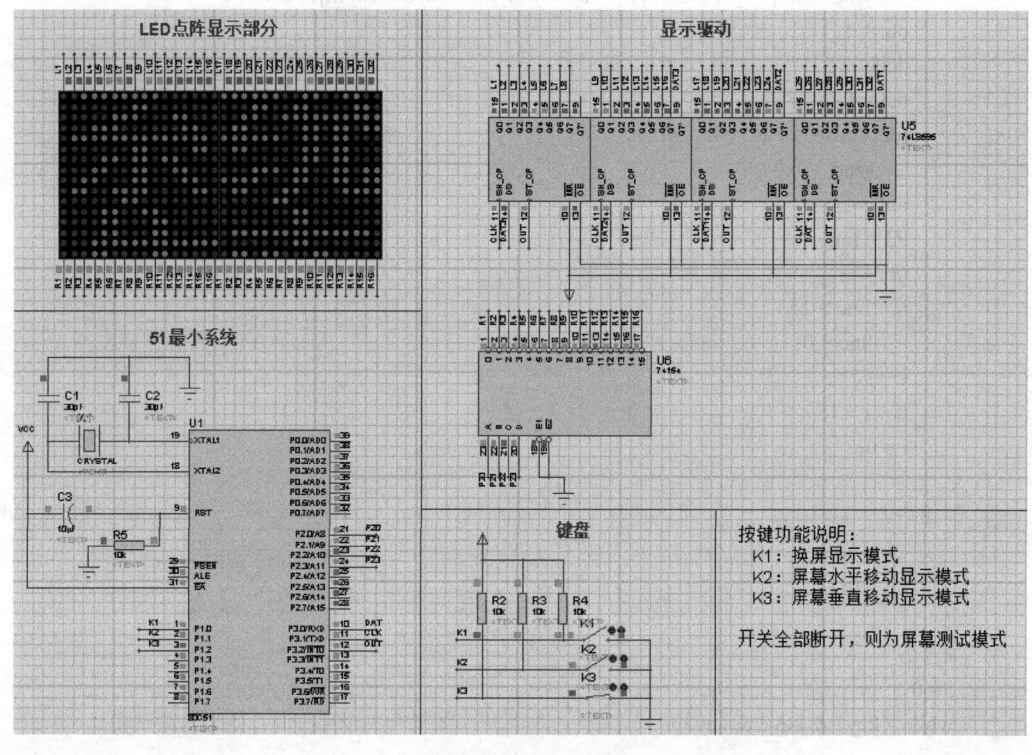

图 7-29　点阵显示系统的 Proteus 仿真结果

7.2.5　实训项目 12　采用 DS12C887 时钟芯片及温度显示的 LCD 电子时钟

本系统以 STC89C52 单片机作为系统的核心控制器，采用 DS12C887 时钟芯片及 DS18B20 数字温度传感器等硬件为基础，实现万年历所具有的年、月、日、星期、时间及环境温度实时显示功能，同时可以以菜单形式设置其显示数据及闹钟等功能。

1．硬件电路设计

LCD 电子时钟的 Proteus 仿真电路原理图如图 7-30 所示。本设计采用 STC89C52 把 DS12C887 时钟芯片内的时间读取出来，再送到 LCD12864 液晶显示器显示出来。单片机读取出 DS18B20

数字温度传感器的当前温度寄存器，再经过计算得到当前的温度值。系统设有四个按钮开关，可以对 DS12C887 内的时钟初值进行修正。用软件制作一个菜单，通过按钮开关可以选择需要的功能，并用蜂鸣器针对不同的现象发出不同的声音以示区别。还可实现设定闹铃等功能。

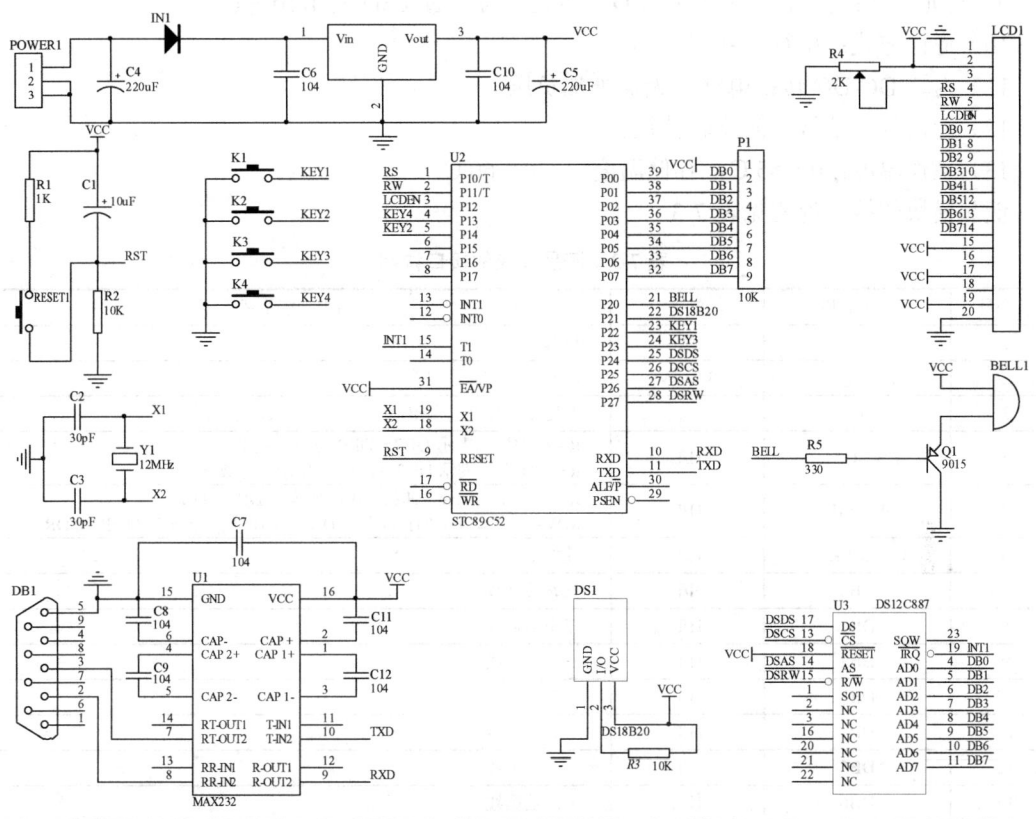

图 7-30　LCD 电子时钟的 Proteus 仿真电路原理图

（1）LCD12864 液晶显示器

LCD12864 液晶显示器采用 ST7720 为主控芯片。此液晶显示器是一种带有中文字库的，具有 4 位/8 位并行、2 线或 3 线串行多种接口方式的，内部含有国标一级、二级简体中文库的点阵图形液晶显示模块；其显示分辨率为 128×64 像素，内置 8172 个 16×16 点汉字和 128 个 16×8 点 ASCII 字符集。利用该模块灵活的接口方式和简单方便的操作指令，可构成全中文人机交互图形界面，可以显示 8×4 行 16×16 点阵的汉字，也可完成图形显示。低电压低功耗是其又一显著特点。由该模块构成的液晶显示方案与同类型的图形点阵液晶显示模块相比，不论硬件电路结构或显示程序都要简洁得多，且该模块的价格也略低于相同点阵的图形液晶模块。LCD12864 液晶显示器的基本特性如下：

1）低电源电压（V_{DD}：+3.0～+5.5V）。

2）显示分辨率：128×64 点。

3）内置汉字字库，提供 8172 个 16×16 点阵汉字（简繁体可选）。

4）内置 128 个 16×8 点阵字符。

5）2MHz 时钟频率。

6）显示方式：STN、半透、正显。
7）驱动方式：1/32DUTY，1/5BIAS。
8）视角方向：6点。
9）背光方式：侧部高亮白色LED，功耗仅为普通LED的1/10～1/5。
10）通信方式：串行、并口可选。
11）内置DC-DC转换电路，无需外加负压。
12）无需片选信号，简化软件设计。
13）工作温度：0～55℃，存储温度：−20～60℃。

液晶模块的接口说明见表7-3。

表7-3 液晶模块的接口说明

引脚号	引脚名称	电平	引脚功能描述
1	V_{SS}	0V	电源地
2	V_{CC}	3.0+5V	电源正
3	V_0	—	对比度（亮度）调整
4	RS（CS）	H/L	RS="H"，表示DB7～DB0为显示数据 RS="L"，表示DB7～DB0为显示指令数据
5	R/W（SID）	H/L	R/W="H"，E="H"，数据被读到DB7～DB0 R/W="L"，E="H→L"，DB7～DB0的数据被写到IR或DR
6	E（SCLK）	H/L	使能信号
7	DB0	H/L	三态数据线
8	DB1	H/L	三态数据线
9	DB2	H/L	三态数据线
10	DB3	H/L	三态数据线
11	DB4	H/L	三态数据线
12	DB5	H/L	三态数据线
13	DB6	H/L	三态数据线
14	DB7	H/L	三态数据线
15	PSB	H/L	H：8位或4位并口方式，L：串口方式（见注1）
16	NC	—	空脚
17	/RESET	H/L	复位端，低电平有效（见注2）
18	VOUT	—	LCD驱动电压输出端
19	A	V_{DD}	背光源正端（+5V）（见注3）
20	K	V_{SS}	背光源负端（见注3）

注：1. 如在实际应用中仅使用串口通信模式，可将PSB接固定低电平，也可以将模块上的J8和GND用焊锡短接。
2. 模块内部接有上电复位电路，因此在不需要经常复位的场合可将该端悬空。
3. 如背光和模块共用一个电源，可以将模块上的JA、JK用焊锡短接。

模块控制芯片提供两套控制命令，基本指令和扩充指令如下。
1）基本指令见7-4（RE=0：基本指令）。

表7-4 基本指令说明

指令	指令码									功能
	RS	R/W	D7	D6	D5	D4	D3	D2	D1	D0	
清除显示	0	0	0	0	0	0	0	0	0	1	将DDRAM填满"20H"，并且设置DDRAM的地址计数器（AC）到"00H"

(续)

指令	指令码									功能
	RS	R/W	D7	D6	D5	D4	D3	D2	D1	D0	
地址归位	0	0	0	0	0	0	0	0	1	×	设置 DDRAM 的地址计数器（AC）到 "00H"，并且将游标移到开头原点位置；这个指令不改变 DDRAM 的内容
显示状态开/关	0	0	0	0	0	0	1	D	C	B	D=1：整体显示 ON；C=1：游标 ON；B=1：游标位置反白允许
设置进入点	0	0	0	0	0	0	0	1	I/D	S	指定在数据的读取与写入时游标的移动方向及显示的移位
游标或显示移位控制	0	0	0	0	0	1	S/C	R/L	×	×	设置游标的移动与显示的移位控制位；这个指令不改变 DDRAM 的内容
设置功能	0	0	0	0	1	DL	×	RE	×	×	DL=0/1：4/8 位数据；RE=1：扩充指令操作；RE=0：基本指令操作
设置 CGRAM 地址	0	0	0	1	AC5	AC4	AC3	AC2	AC1	AC0	设置 CGRAM 地址
设置 DDRAM 地址	0	0	1	0	AC5	AC4	AC3	AC2	AC1	AC0	设置 DDRAM 地址（显示位址）。第一行：80H～87H；第二行：70H～77H
读取忙标志和地址	0	1	BF	AC6	AC5	AC4	AC3	AC2	AC1	AC0	读取忙标志（BF）可以确认内部动作是否完成，同时可以读出地址计数器（AC）的值
写数据到 RAM	1	0	数据								将数据 D7～D0 写入到内部的 RAM（DDRAM/CGRAM/IRAM/GRAM）
读出 RAM 的值	1	1	数据								从内部 RAM 读取数据 D7～D0（DDRAM/CGRAM/IRAM/GRAM）

2）扩充指令见表 7-5（RE=1：扩充指令）。

表 7-5 扩充指令说明

指令	指令码									功能
	RS	R/W	D7	D6	D5	D4	D3	D2	D1	D0	
待命模式	0	0	0	0	0	0	0	0	0	1	进入待命模式，执行其他指令都可终止待命模式
卷动地址开关开启	0	0	0	0	0	0	0	0	1	SR	SR=1：允许输入垂直卷动地址；SR=0：允许输入 IRAM 和 CGRAM 地址
反白选择	0	0	0	0	0	0	0	1	R1	R0	选择 4 行中的任一行作反白显示，并可决定反白与否 初始值 R1R0=00，第一次设置为反白显示，再次设置时变回正常
睡眠模式	0	0	0	0	0	0	1	L	×	×	SL=0：进入睡眠模式；SL=1：脱离睡眠模式
设置扩充功能	0	0	0	0	1	CL	×	RE	G	0	CL=0/1：4/8 位数据；RE=1：扩充指令操作；RE=0：基本指令操作；G=1/0：绘图开关
设置绘图 RAM 地址	0	0	1	0 AC6	0 AC5	0 AC4	AC3 AC3	AC2 AC2	AC1 AC1	AC0 AC0	设置绘图 RAM。先设置垂直（列）地址 AC6AC5...AC0，再设置水平（行）地址 AC3AC2AC1AC0，将以上 16 位地址连续写入即可

注：当 IC1 在接受指令前，微处理器必须先确认其内部处于非忙碌状态，即读取 BF 标志，BF 为 0 时方可接受新的指令；如果在送出一个指令前并不检查 BF 标志，那么在前一个指令和这个指令中间必须延长一段较长的时间，即等待前一个指令确实执行完成。

液晶显示器的显示方式如下。

1）字符显示方式。带中文字库的 128×64 液晶显示器，每屏可显示 4 行 8 列共 32 个 16×16 点阵的汉字，每个显示 RAM 可显示 1 个中文字符或 2 个 16×8 点阵全高 ASCII 码字符，即每屏最多可实现 32 个中文字符或 64 个 ASCII 码字符的显示。带中文字库的 128×64-0402B 液晶显示器内部提供 128×2B 的字符显示 RAM 缓冲区（DDRAM）。字符显示是通过将字符显示编码写入该字符显示 RAM 实现的。根据写入内容的不同，可分别在液晶屏上显示 CGROM（中文字库）、HCGROM（ASCII 码字库）及 CGRAM（自定义字形）的内容。3 种不同字符/字型的选择编码范围为：0000～0006H（其代码分别是 0000、0002、0004、0006，共 4 个）显示自定义字型；02H～7FH 显示半宽 ASCII 码字符；A1A0H～F7FFH 显示 8172 种 GB2312 中文字库字形。字符显示 RAM 在液晶模块中的地址为 80H～7FH。字符显示的 RAM 地址与 32 个字符显示区域有着一一对应的关系，其对应关系如图 7-31 所示。

80H	81H	82H	83H	84H	85H	86H	87H
90H	91H	92H	93H	94H	95H	96H	97H
88H	89H	8AH	8BH	8CH	8DH	8EH	8FH
98H	97H	9AH	9BH	9CH	9DH	9EH	9FH

图 7-31 字符显示的 RAM 地址与显示区域的对应关系

2）图形显示方式。先设垂直地址再设水平地址（连续写入两个字节的数据来完成垂直与水平的坐标地址）。其中，垂直地址范围为 AC6～AC0，水平地址范围为 AC3～AC0。

绘图 RAM 的地址计数器（AC）只会对水平地址（X 轴）自动加 1，当水平地址=0FH 时会重新设为 00H 但并不会对垂直地址做进位自动加 1，故当连续写入多笔数据时，程序须自行判断是否需要重新设置垂直地址。

（2）DS12C887 时钟芯片

DS12C887 时钟芯片是由美国 DALLAS 公司生产的新型时钟日历芯片，采用 CMOS 技术制成。芯片采用 24 引脚双列直插式封装，内部集成晶振、振荡电路、充电电路和可充电锂电池，组成一个加厚的集成电路模块，在没有外部电源的情况下可工作 10 年。它具有良好的计算机接口、精度高、外围接口简单、工作稳定可靠等优点，可广泛使用于各种需要较高精度的实时场合。

DS12C887 时钟芯片的特性如下。

1）可计算到 2100 年前的秒、分、小时、星期、日期、月、年七种日历信息并带闰年补偿。

2）自带晶体振荡器和锂电池。在没有外部电源的情况下可工作 10 年。

3）对于一天内的时间记录，有 12 小时制和 24 小时制两种模式。在 12 小时制模式中，用 AM 和 PM 区分上午和下午，可选用夏令时模式。

4）时间表示方法有两种：用二进制数表示和用 BCD 码表示。

5）DS12C887 中带有 128B RAM。其中，11B RAM 用来存储时间信息；4B RAM 用来存储 DS12C887 的控制信息，称为控制寄存器；113B RAM 供用户使用。

6）三种可编程中断：定闹中断、时钟更新结束中断和周期性中断。

7）数据/地址总线复用、可编程以实现多种方波输出等。

DS12C887 的引脚图如图 7-32 所示。

各引脚的功能说明如下。

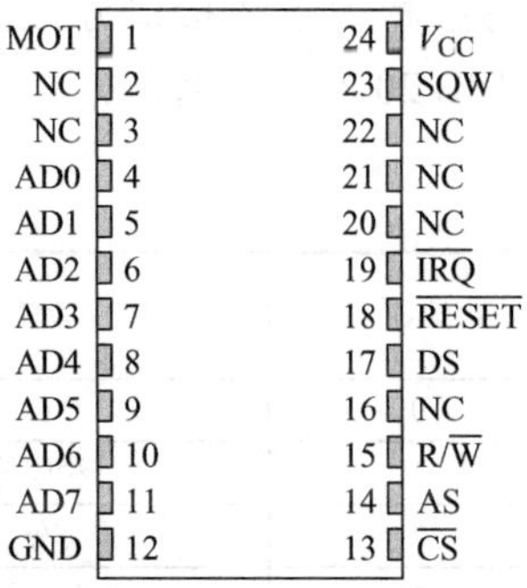

GND、V_{CC}：接直流电源，其中 V_{CC} 接+5V 输入电源，GND 接地。当 V_{CC} 输入为+5V 时，用户可以访问 DS12C887 内 RAM 中的数据，并可对其进行读写操作；当 V_{CC} 输入小于+4.25V 时，禁止用户对内部 RAM 进行读写操作，此时用户不能正确获取芯片内的时间信息；当 V_{CC} 输入小于+3V 时，DS12C887 会自动将电源转换到内部自带的锂电池上，以保证内部的电路能够正常工作。

MOT：模式选择脚。DA12C887 有两种工作模式，即 Motorola 模式和 Intel 模式，当 MOT 接 V_{CC} 时，选用的工作模式是 Motorola 模式；当 MOT 接 GND 时，选用的是 Intel 模式。

图 7-32 DS12C887 的引脚图

SQW：方波输出脚。当供电电压 V_{CC} 大于 4.25V 时，SQW 脚可进行方波输出，此时用户可以通过对控制寄存器编程来得到 13 种方波信号的输出。

AD0～AD7：接复用地址数据总线。该总线采用时分复用技术，在总线周期的前半部分出现在 AD0～AD7 上的是地址信息，可用以选通 DS12C887 内的 RAM，总线周期的后半部分出现在 AD0～AD7 上的是数据信息。

AS：地址选通输入脚。在进行读写操作时，AS 的上升沿将 AD0～AD7 上出现的地址信息锁存到 DS12C887 上，而下一个下降沿清除 AD0～AD7 上的地址信息，不论是否有效，DS12C887 都将执行该操作。

DS：数据选择/读输入脚。该引脚有两种工作模式，当 MOT 接 V_{CC} 时，选用 Motorola 工作模式，在这种工作模式中，每个总线周期的后一部分的 DS 为高电平，被称为数据选通。在读操作中，DS 的上升沿使 DS12C887 将内部数据送往总线 AD0～AD7，以供外部读取。在写操作中，DS 的下降沿将使总线 AD0～AD7 上的数据锁存在 DS12C887 中。当 MOT 接 GND 时，选用 Intel 模式，在该模式中，该引脚是读允许输入脚，即 ReadEnable。

R/$\overline{W}$：读/写输入端。该引脚也有两种工作模式，当 MOT 接 V_{CC} 时，R/$\overline{W}$ 工作在 Motorola 模式。此时，该引脚的作用是区分进行的是读操作还是写操作，当 R/$\overline{W}$ 为高电平时为读操作，R/$\overline{W}$ 为低电平时为写操作；当 MOT 接 GND 时，该脚工作在 Intel 模式，此时该脚作为写允许输入端。

$\overline{CS}$：片选输入，低电平有效。

$\overline{IRQ}$：中断请求输入，低电平有效。该脚有效对 DS12C887 内的时钟、日历和 RAM 中的内容没有任何影响，仅对内部的控制寄存器有影响。在典型的应用中，RESET 可以直接接 V_{CC}，这样可以保证 DS12C887 在掉电时，其内部控制寄存器不受影响。

在 DS12C887 内有 10B RAM 用来存储时间信息，4B RAM 用来存储控制信息，具体的地址及取值见表 7-6。DS12C887 内部有控制寄存器的 A～B 等的 4 个控制寄存器，用户在任何时候都可以对其进行访问以对 DS12C887 进行控制操作。

（3）DS18B20 数字温度传感器

DS18B20 数字温度传感器也是美国 DALLAS 公司生产的，具有可编程的分辨率为 9～12 位，对应的可分辨温度分别为 0.5℃、0.25℃、0.125℃和 0.0625℃，可实现高精度测温。DS18B20

拥有独特的单线接口方式，它在与微处理器连接时仅需要一条口线即可实现微处理器与 DS18B20 的双向通信。

表 7-6　DS12C887 的存储功能说明

地址	功能	取值范围（十进制数）	取值范围	
			十六进制	BCD 码
0	秒	0~59	00~3B	00~59
1	秒闹铃	0~59	00~3B	00~59
2	分	0~59	00~3B	00~59
3	分闹铃	0~59	00~3B	00~59
4	12 小时模式	0~12	01~0C AM, 81~8C PM	01~12AM, 81~72PM
	24 小时模式	0~23	00~17	00~23
5	时闹铃，12 小时制	1~12	01~0C AM, 81~8C PM	01~12AM, 81~72PM
	时闹铃，24 小时制	0~23	00~17	00~23
6	星期几（星期天=1）	1~7	01~07	01~07
7	日	1~31	01~1F	01~31
8	月	1~12	01~0C	01~12
9	年	0~99	00~63	00~99

DS18B20 有 3 个主要的数据部分，如下所述。

1）光刻 ROM 中的 64 位序列号是出厂前被光刻好的，它可以看作是该 DS18B20 的地址序列码。64 位光刻 ROM 的排列顺序是：开始 8 位（28H）是产品类型标号，接着的 48 位是该 DS18B20 自身的序列号，最后 8 位是前面 56 位的循环冗余校验码（CRC=X8+X5+X4+1）。光刻 ROM 的作用是使每一个 DS18B20 都各不相同，这样就可以实现一根总线上挂接多个 DS18B20 的目的。

2）DS18B20 中的温度传感器可完成对温度的测量。以 12 位转化为例，用 16 位符号扩展的二进制补码读数形式提供，以 0.0625℃/LSB 形式表达，其中 S 为符号位。

这是 12 位转化后得到的 12 位数据，存储在 DS18B20 的两个 8 位的 RAM 中，二进制中的前面 5 位是符号位，如果测得的温度大于 0，这 5 位为 0，只要将测到的数值乘以 0.0625 即可得到实际温度；如果温度小于 0，这 5 位为 1，测到的数值需要取反加 1 再乘以 0.0625 即可得到实际温度。

例如，+125℃的数字输出为 07D0H，+25.0625 ℃的数字输出为 0171H，-25.0625℃的数字输出为 FF6FH，-55℃的数字输出为 FC70H。

3）DS18B20 温度传感器的存储器

DS18B20 温度传感器的内部存储器包括一个高速暂存 RAM 和一个非易失性的可电擦除 EEPROM，后者存放高温度触发器 TH、低温度触发器 TL 和结构寄存器。

DS18B20 的暂存寄存器见表 7-7，ROM 指令见表 7-8。

表 7-7　DS18B20 暂存寄存器

寄存器内容	字节地址
温度值低位（LS Byte）	0
温度值高位（MS Byte）	1
高温限值（TH）	2
低温限值（TL）	3
配置寄存器	4
保留	5
保留	6
保留	7
CRC 校验值	8

表 7-8　ROM 指令表

指令	指令代码	功　　能
读 ROM	33H	读 DS1820 温度传感器 ROM 中的编码（即 64 位地址）
符合 ROM	55H	发出此命令之后，接着发出 64 位 ROM 编码，访问单总线上与该编码相对应的 DS18B20 使之作出响应，为下一步对该 DS18B20 的读写做准备
搜索 ROM	0F0H	用于确定挂接在同一总线上 DS18B20 的个数和识别 64 位 ROM 地址，为操作各器件作好准备
跳过 ROM	0CCH	忽略 64 位 ROM 地址，直接向 DS18B20 发温度变换命令，适用于单片工作
告警搜索命令	0ECH	执行后只有温度超过设定值上限或下限的片子才做出响应

根据 DS18B20 的通信协议，主机（单片机）控制 DS18B20 完成温度转换必须经过 3 个步骤：每一次读写之前都要对 DS18B20 进行复位操作；复位成功后发送一条 ROM 指令；最后发送 RAM 指令。只有这样才能对 DS18B20 进行预定的操作。复位要求主 CPU 将数据线下拉 480μs 以上，然后释放，当 DS18B20 收到信号后等待 16～60μs 左右，后发出 60～240μs 的存在低脉冲，主 CPU 收到此信号表示复位成功。

2．软件设计

程序流程图如图 7-33 所示。

由于整个程序代码较长，在此仅介绍主要的底层操作函数。

（1）LCD12864 写指令函数

LCD12864 的写指令时序图如图 7-34 所示。

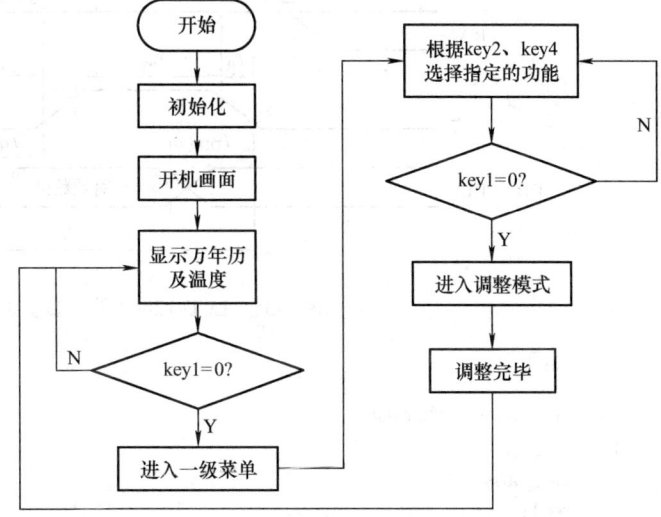

图 7-33　程序流程图

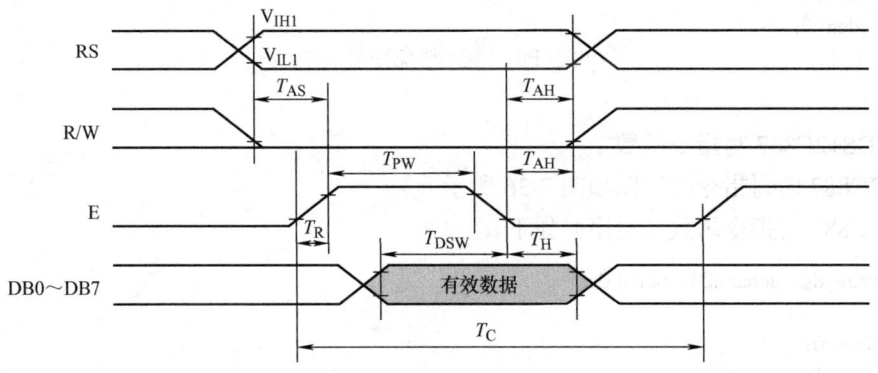

图 7-34　LCD12864 的写指令时序图

程序如下。

```
void write_com（uchar com）
{
    chk_busy（）；
```

```
    rs=0;
    rw=0;
    lcden=1;
    P0=com;
    lcden=0;
    rw=1;              //由于 P0 口复用避免冲突
}
```

(2) LCD 12864 写数据函数

LCD 12864 的写数据时序图如图 7-35 所示。

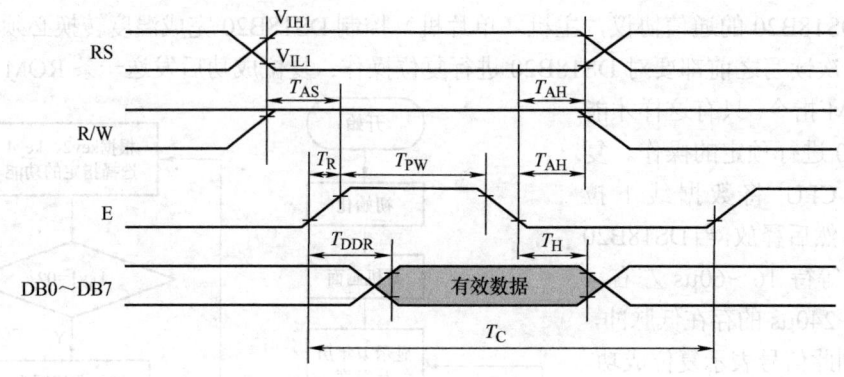

图 7-35 LCD 12864 的写数据时序图

程序如下。

```
void write_data（uchar dat）
{
    chk_busy（）;
    rs=1;
    rw=0;
    lcden=1;
    P0=dat;
    lcden=0;
    rw=1;              //由于 P0 口复用避免冲突
}
```

(3) DS12C887 写指令函数

DS12C887 的写指令时序图如图 7-36 所示。

DS12C887 写指令函数（程序）如下。

```
void write_ds（uchar add，uchar dat）
{
    dscs=0;
    dsas=1;
    dsds=1;
    dsrw=1;
    P0=add;
    dsas=0;
    dsrw=0;
    P0=dat;
```

```
    dsrw=1;
    dsas=1;
    dscs=1;
}
```

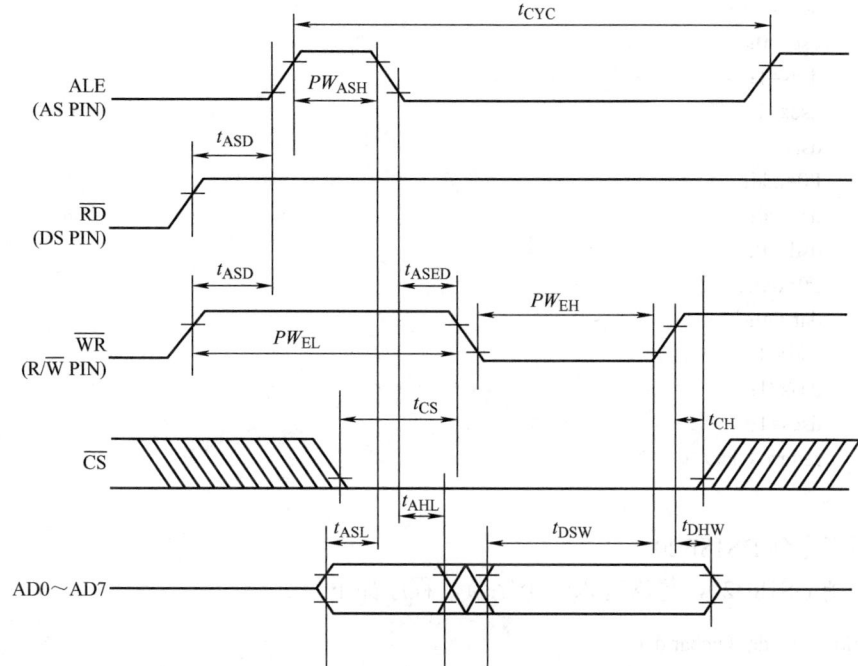

图 7-36　DS12C887 的写指令时序图

（4）DS12C887 读数据函数

DS12C887 的读数据时序图如图 7-37 所示。

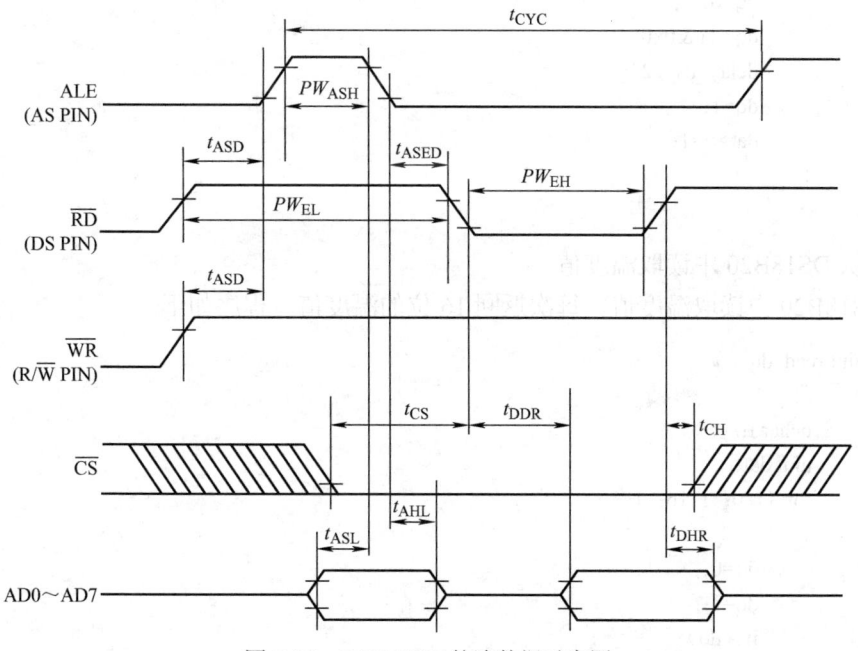

图 7-37　DS12C887 的读数据时序图

DS12C887 读数据函数（程序）如下。

```
uchar read_ds（uchar add）
{
    uchar dat;
    dscs=0;
    dsas=1;
    dsds=1;
    dsrw=1;
    P0=add;
    dsas=0;
    dsds=0;
    P0=0xff;
    dat=P0;
    dsds=1;
    dsas=1;
    dscs=1;
    return（dat）;
}
```

（5）写指令到 DS18B20

写指令到 DS18B20，每次写入一个字节。程序如下。

```
void write_dq（uchar dat）
{
    uchar i;
    for（i=0; i<8; i++）
    {
        dq=0;
        dq=dat&0x01;
        delay_us（2）;
        dq=1;
        dat>>=1;
    }
}
```

（6）从 DS18B20 中读取温度值

从 DS18B20 中读取温度值，每次返回 16 位的温度值。程序如下。

```
uint read_dq（）
{
    uchar i;
    uint dat;
    for（i=0; i<16; i++）
    {
        dq=0;
        dq=1;
        if（dq）
```

```
            {
                dat=(dat>>1)|0x8000;
            }
            Else dat>>=1;
            dq=1;
            delay_us(1);
        }
        return(dat);
    }
```

主程序部分代码如下。

```
/***********************************************************
//主函数
***********************************************************/
void main()
{
    uchar i=0, j;
    IT1=1;
    EX1=1;
    EA=1;
    start();
    j=read_ds(0x0c);              //开机时闹铃禁响
    alarm=0;
    while(1)
    {
        init();
        while(flag1==0)
        {
            disp_sfm();            //显示万年历
            disp_nyr();
            disp_week();
            scan_key1();
            scan_key2();
            disp_temper();
            if(alarm==1)
            {
                di(200);
                i++;
                if(i>150)
                {
                    i=0;
                    alarm=0;
                }
                delay(200);
            }
        }
```

```
            while (flag1==1)
            {
                menu_1 ();
            }
            while (flag1==2)
            {
                if (menu==0)
                {
                    set_time ();
                }
                if (menu==1)
                {
                    set_alarm ();
                }
            }
        }
    }
```

其他函数（子程序）形式如下，函数体程序详见本书配套电子资源。

```
        void delay (uint x);
        void delay_us (uint x);
        void chk_busy ();
        void write_com (uchar com);
        void write_data (uchar dat);
        void write_word (uchar *s);
        void clear_img ();
        void write_ds (uchar add, uchar dat);
        uchar read_ds (uchar add);
        void display (uchar add, uchar dat);
        void deal (uchar sfm);
        void img ();
        void di (uint x);
        void start ();
        void init ();
        void disp_sfm ();
        void scan_key1 ();
        void scan_key2 ();
        void scan_key3 ();
        void scan_key4 ();
        void write_dq (uchar dat);
        uint read_dq ();
        void init_dq ();
        void disp_sfm ();
        void disp_nyr ();
        void disp_week ();
        uint readtemperature ();
```

```
void disp_temper();
void menu_1();
void set_time();
void set_alarm();
```

7.3 思考与练习

1．哪些场合适合使用单片机系统？
2．什么是 ISP 技术？在单片机开发过程中如何使用 ISP 技术？
3．简述单片机应用程序的开发过程。
4．指出 Proteus 仿真电路原理图设计及调试在单片机开发过程的位置、作用及需要注意的问题。
5．设计完成一个电子时钟，可以根据需要选择实现下列功能。
1）具有显示年、月、日、时、分、秒的功能。
2）具有校正功能。
3）可以选用 LED 数码管或者 LCD 显示。
4）能够显示星期、温度等信息（发挥部分）。
5）具有整点报时、设定闹钟等附加功能（发挥部分）。

第 8 章 Proteus 使用入门

Proteus 软件是英国 Lab Center Electronics 公司开发的嵌入式系统仿真软件。该软件组合了高级原理图设计工具 ISIS、混合模式 SPICE 仿真、PCB 设计及自动布线而形成的一个完整的电子设计系统。

Proteus 软件支持的处理器模型有 51 系列、HC11 系列、PIC、AVR、ARM、8086 以及 MSP430 等。在编译方面,软件自身支持多种处理器的汇编程序编译,同时支持与 IAR、Keil 单片机集成开发环境等多种编译器生成的 HEX 文件。

长期以来,Proteus 软件作为处理器及外围器件的仿真工具,已经成为事实上的单片机学习和开发的必备工具,受到从事单片机教学的教师、学生及致力于单片机开发应用研发人员的青睐。

8.1 Proteus ISIS 基本操作

本节主要介绍 Proteus ISIS 工作区、激励信号源及虚拟仪器。

8.1.1 Proteus ISIS 工作区

在桌面上双击 ISIS 7 Professional 快捷方式图标,或者在"开始"菜单中执行"ISIS 7 Professional"命令启动 Proteus,打开 Proteus ISIS 工作区窗口,如图 8-1 所示。

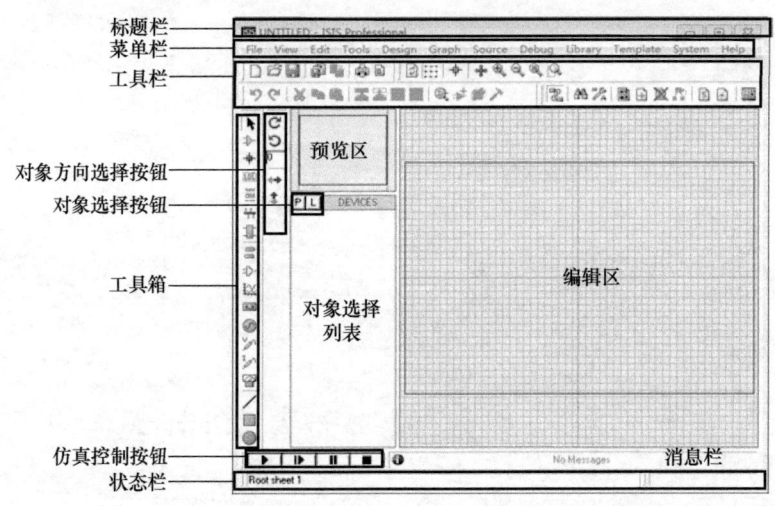

图 8-1 Proteus ISIS 工作区窗口

(1)标题栏

标题栏显示当前工程文件的名称。图 8-1 中,标题栏当前显示"UNTITLED",表示该工程文件没有命名。

（2）菜单栏

菜单栏中包含"File""View"等12个菜单，每一个菜单中都包含多种功能，用户可以展开菜单选择不同功能。

1)"File"菜单的快捷键为<Alt + F>，展开后的"File"菜单如图8-2所示。在其"Export Graphics"（导出图形）子菜单中可以选择导出为位图文件（Bitmap）、图元文件（Metafile）、图形交换文件（DXF File）、EDS文件（EDS File）、PDF文档（PDF File）和矢量文件（Vector File）。

在图8-2中可以看到，在部分菜单命令两边附有相应的工具栏图标、快捷组合键提示及快捷字母下画线，表示该菜单命令可以通过不同的方式执行。下面以执行"Open Design"菜单命令为例说明其操作方法。

方式1：直接用<Ctrl+O>组合键。

方式2：执行"File"→"Open Design"菜单命令。

方式3：在打开"File"菜单后，直接按<O>键。

方式4：在工具栏中单击"打开设计"图标。

2)"View"菜单对应的快捷键为<Alt+V>，展开的"View"菜单如图8-3所示。其中，"Toolbars"命令可以设置工具栏；"Grid"命令可以设置不同的网格类型；"Snap 10th"等命令可以选择光标在工作区域一次移动的距离。

图8-2 "File"菜单

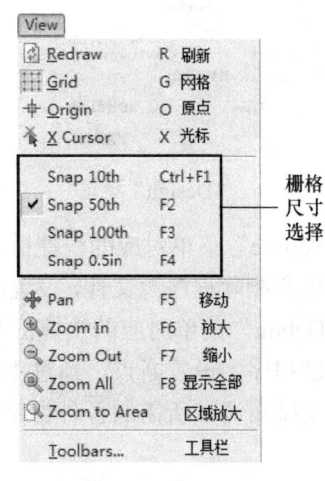

图8-3 "View"菜单

3)"Edit"菜单对应的快捷键为<Alt+E>，展开的"Edit"菜单如图8-4所示。其中，"Tidy"命令的作用是清除工作区域中蓝色线框部分之外的元器件。其中灰色的菜单命令，表明在当前不能使用该功能。

4)"Tools"菜单对应的快捷键为<Alt+T>，展开的"Tool"菜单如图8-5所示。其中，选择"Bill of Materids"命令后可以选择导出HTML网页文件、文本文件、紧凑型CVS文件和完整型CVS文件。

5)"Design"菜单对应的快捷键为<Alt+D>，展开的"Design"菜单如图8-6所示。该菜单用来编辑、设计原理图的各种属性及配置电源。可以在多个原理图中进行新建和切换的操作，并列出当前文件包含的所有原理图。

图 8-4 "Edit"菜单

图 8-5 "Tool"菜单

6)"Graph"菜单对应的快捷键为<Alt+G>,展开的"Graph"菜单如图 8-7 所示。该菜单用来编辑仿真图标,添加仿真曲线查看日志及一致性分析等功能。

图 8-6 "Design"菜单

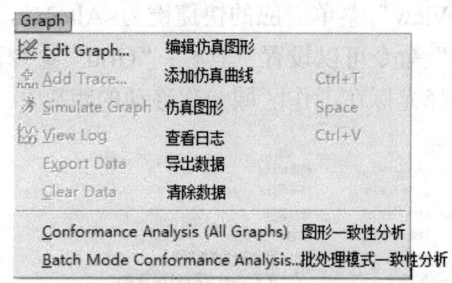
图 8-7 "Graph"菜单

7)"Source"菜单对应的快捷键为<Alt+S>,展开的"Source"菜单如图 8-8 所示。该菜单用来添加和删除程序源文件,设置编译器及代码编辑器等,还可以对源代码文件进行编译。

8)"Debug"菜单对应的快捷键为<Alt+B>,展开的"Debug"菜单如图 8-9 所示。该菜单用来调试程序,设置断点,通过不同的单步执行指令来跟踪程序,还可以设置远程调试、调试方式及排布调试所需的各种窗口。

图 8-8 "Source"菜单

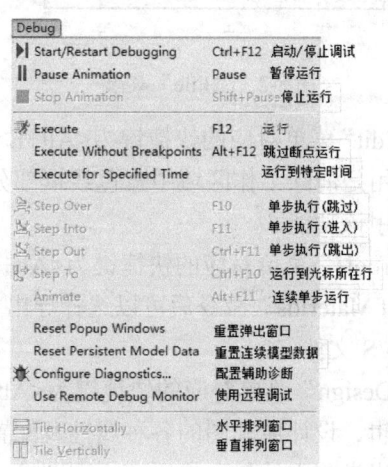
图 8-9 "Debug"窗口

9)"Library"菜单对应的快捷键为<Alt+L>,展开的"Library"菜单如图 8-10 所示。该菜单用来制作拆分元器件、符号,设置封装以及元器件库管理。

10)"Template"菜单对应的快捷键为<Alt+M>,展开的"Template"菜单如图 8-11 所示。该菜单主要用于对模板图纸、图形、文本的属性进行设置。

图 8-10 "Library"菜单

图 8-11 "Template"菜单

11)"System"菜单对应的快捷键为<Alt+Y>,展开的"System"菜单如图 8-12 所示。该菜单用来显示系统信息,检查升级,设置软件的各种参数。

12)"Help"菜单对应的快捷键为<Alt+H>,展开的"Help"菜单如图 8-13 所示。该菜单中包含各种帮助文件。

图 8-12 "System"菜单

图 8-13 "Help"菜单

(3)工具栏

Proteus ISIS 工具栏如图 8-14 所示,其中包含文件工具栏(File Toolbar)、视图工具栏(View Toolbar)、编辑工具栏(Edit Toolbar)和设计工具栏(Design Toolbar)四部分。可以通过"View"菜单中的"Toolbar"命令,打开工具栏,在工具栏中单击图标按钮执行相应功能。

图 8-14 工具栏

（4）工具箱

Proteus ISIS 工具箱用鼠标拖动成横向时，如图 8-15 所示。

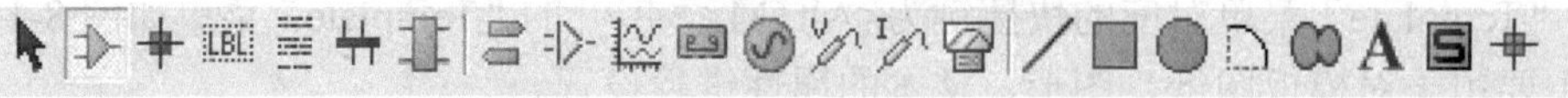

图 8-15 工具箱

工具箱可分为三个单元块（图中用竖线隔开），每个单元块包含多种工具按钮，其功能简介如下。

1）"Selection Mode"（选择模式）按钮：用于选取原理图编辑区内的元器件及其他元素，以编辑其属性。

2）"Components Mode"（元器件模式）按钮：在元器件模式下，可以通过对象选择按钮中的"P"按钮选择需要的元器件，并在对象选择列表中显示。

3）"Junction Dot Mode"（连接点模式）按钮：用于在原理图编辑区中放置连接点。

4）"Wire Label Mode"（连线网络标号模式）按钮：该工具的主要作用是在绘制原理图时，对电气连接线的端子标注一个网络标号。两个网络标号名称相同的端子，即使没有线路连接，也有电气连接，起到简化原理图连线的作用。

5）"Text Script Mode"（文本脚本模式）按钮：用于在原理图中输入文本信息，可添加多行文本。

6）"Buses Mode"（总线模式）按钮：用于在原理图中画出总线。总线在原理图中需要标好网络标号才能实现电气连接。

7）"Subcircuit Mode"（子电路模式）按钮：用于在原理图中绘制子电路或子电子元器件。

8）"Terminals Mode"（终端模式）按钮：用于放置电源 V_{CC}、地 GND、输入输出等端子，在对象选择列表中进行选取。

9）"Device Pin Mode"（元器件引脚模式）按钮：用于绘制元器件的引脚，可以选择 6 种不同模式的引脚，并在对象选择列表中显示。

10）"Graph Mode"（图表模式）按钮：用于对电路原理图中的信号进行记录，以分析信号。

11）"Tape Recorder Mode"（磁带记录模式）按钮：用于对电路分割仿真，记录前一步的电路的信号输出，作为下一步的仿真信号输入。

12）"Generator Mode"（信号发生模式）按钮：用于在电路仿真时，对电路输入模拟或数字激励源（信号）。单击该按钮后，在对象选择列表中可显示多种不同的激励源，如直流 DC、正弦 SIN、自定义信号等。

13）"Voltage Probe Mode"（电压探针模式）按钮：用于在仿真电路中测量并实时显示电压值，作为图表模式中各类信号的测量探针。

14）"Current Probe Mode"（电流探针模式）按钮：用于在仿真电路中测量并实时显示电流值。

15）"Virtual Instruments Mode"（虚拟仪器模式）按钮：用于提供电路仿真时所需要的各种不同的仿真仪器，包括示波器（OSCILLOSCOPE）、逻辑分析仪（LOGIC ANALYSER）、虚拟终端（VIRTUAL TERMINAL）等虚拟仪器工具。在后面的章节中会详细介绍各种虚拟仪器。

16）／"2D Graphics Line Mode"（2D 直线模式）按钮：用于在电路原理图中绘制直线或分割线，也可在创建元器件时绘制直线。不能用于电气连接的连接线。

17）■ "2D Graphics Box Mode"（2D 框线模式）按钮：用于在电路原理图中绘制矩形框图，也可在创建元器件时绘制矩形框。

18）● "2D Graphics Circle Mode"（2D 圆形模式）按钮：用于在电路原理图中绘制圆形，也可在创建元器件时绘制圆形。

19）⌒ "2D Graphics Arc Mode"（2D 弧线模式）按钮：用于在电路原理图中绘制弧形，也可在创建元器件时绘制弧形。

20）∞ "2D Graphics Close Path Mode"（2D 封闭路径模式）按钮：用于在电路原理图中绘制封闭的多边形，也可在创建元器件时绘制封闭的多边形。

21）A "2D Graphics Text Mode"（2D 文本模式）按钮：用于在原理图中添加单行文字字符串。

22）S "2D Graphics Symbol Mode"（2D 符号模式）按钮：用于在符号库中选择元器件符号。

23）✛ "2D Graphics Markers Mode"（2D 标记模式）按钮：用于在创建或编辑元器件、符号、终端及引脚时产生各种坐标记图标。

（5）对象方向选择按钮

对象方向选择按钮如图 8-16 所示，主要用于在向编辑区放置元器件前，调整元器件的方向，包括向左/右旋转、X 镜像及 Y 镜像。

（6）预览区

预览区主要用于显示完整的电路原理图或元器件等对象的预览图，同时可以拖动控制（显示）电路图在编辑区的位置。

图 8-16　对象方向选择按钮

（7）对象选择按钮

对象选择按钮 P 用于选取元器件，按钮 L 用于实现库管理。

（8）对象选择列表

在工具箱选择不同的模式，对象选择列表中会显示相应的元器件或者元素列表。

（9）编辑区

编辑区用于绘制电路原理图，放置仿真所需的各类工具。

（10）仿真控制按钮

仿真控制按钮如图 8-17 所示，从左到右分别是"运行"按钮、"单步运行"按钮、"暂停"按钮和"停止"按钮。

（11）消息栏

消息栏显示电路仿真所产生的各种信息，包括各种错误和警告信息。

图 8-17　仿真控制按钮

（12）状态栏

状态栏显示当前工作的状态及鼠标坐标和所处位置。

243

8.1.2 Proteus ISIS 激励信号源

前已述及，单击工具箱中的"Generator Mode"按钮 选择信号发生模式。在对象选择列表中，会显示 Proteus ISIS 提供的多种激励信号源，如图 8-18 所示。其中

1）DC：直流电压源。
2）SINE：正弦波发生器。
3）PULSE：模拟脉冲发生器。
4）EXP：指数脉冲发生器。
5）SFFM：单频率调频波信号发生器。
6）PWLIN：任意分段线性脉冲、信号发生器。
7）FILE：FILE 信号发生器，数据来源于 ASCII 文件。
8）AUDIO：音频信号发生器。
9）DSTATE：稳态逻辑电平发生器。
10）DEDGE：单边沿信号发生器。
11）DPULSE：单周期数字脉冲发生器。
12）DCLOCK：数字时钟信号发生器。
13）DPATTERN：模式信号发生器。
14）SCRIPTABLE：可编写脚本的信号发生器。

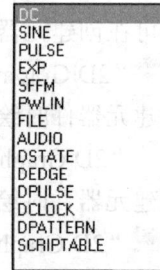

图 8-18 激励信号源列表

在图 8-18 所示列表中，选择要使用的激励信号源，可放置在电路图编辑区。双击放置好的激励源，弹出"Sine Generator Properties"（激励信号源属性设置）对话框，如图 8-19 所示。

激励信号源分为模拟类和数字类两大类，在对话框左边是"Generator Name"（激励源名称）文本框、"Analogue Types"（模拟类）选项组、"Digital Types"（数字类）选项组，与对象选择列表中的激励信号源相对应。在这两个组里面可以更改信号源的类型，在修改信号源的同时，右边窗格的内容会跟着改变。

（1）模拟类激励源示例

可以看到图 8-19 中选择的是模拟类激励源正弦波（Sine），设置正弦波的电压偏移值 [Offset（Volts）]如下。

1）在"Amplitude（Volts）"（振幅（伏特））选项组中，可分别通过振幅（Amplitude）、峰峰值（Peak）和均方根（RMS）中的任意一项来设置信号的幅度。

2）在"Timing"（定时）选项组中，可分别通过频率（Frequency）、周期（Period）、循环（Cycles）设置信号的频率。

3）在"Delay"（延迟）选项组中，分别通过时间延迟（Time Delay）、相移（Phase）来设置相位。

4）设置阻尼系数（Damping Factor）。

（2）数字类激励源示例

Proteus ISIS 在 51 单片机仿真时经常使用的是数字类激励源时钟（Clock），如图 8-20 所示。这时"Current Source"（电流源）复选框不可用，右边的两个选项组如下。

1）在"Clock Type"（时钟类型）选项组中，可选择低-高-低时钟（Low-High-Low Clock）或高-低-高时钟（High-Low-High Clock）。

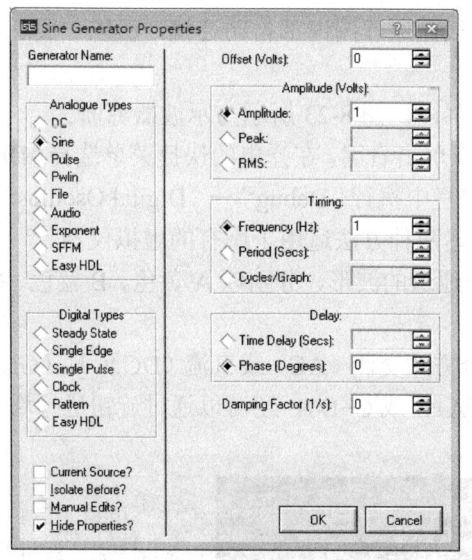
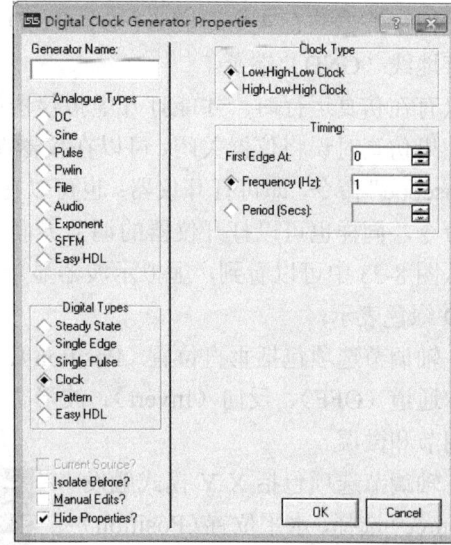

图 8-19　激励信号源属性设置　　　　图 8-20　时钟设置

2) 在"Timing"(定时) 选项组中, 可设置激励源信号第一个边沿产生的时间 (First Edge At), 可以选择频率或信号周期。

8.1.3　Proteus ISIS VSM 虚拟仪器

Proteus ISIS 提供了多种虚拟仪器, 用于系统仿真时测量分析信号及调试程序。

单击工具箱中的"Virtual Instruments Mode"(虚拟仪器模式) 按钮, 在对象选择列表中列出 Proteus ISIS 提供的各种虚拟仪器, 如图 8-21 所示。

(1) 示波器 (OSILLOSCOPE)

单击虚拟仪器列表中的"OSILLOSCOPE"(虚拟示波器) 选项, 放置于原理图编辑区, 图形如图 8-22 所示。

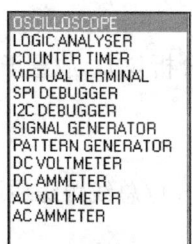
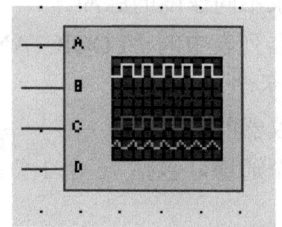

图 8-21　虚拟仪器列表　　　　图 8-22　虚拟示波器

示波器仪器的参数如下。

1) 支持 4 个通道, 每个通道都支持 X-Y 模式、AC/DC 耦合输入。

2) 通道增益从 20V/ DIV～2mV/ DIV, 支持 2.5 倍的微调。

3) 时基是 200ms/ DIV～0.5μs/DIV, 支持 2.5 倍的微调。

4) 自动电压电平触发, 可锁定到通道, 支持 A + B 和 C + D 通道叠加模式, 支持鼠标滚轮放大缩小, 支持游标测量, 可自定义打印波形。

虚拟示波器共有4个通道A、B、C、D，地线在原理图内部自动连接，所以一般虚拟仪器没有地线（GND）端子。

只有在仿真运行时，才能打开虚拟仪器调节界面，图8-23所示为示波器界面。

如果仿真时误将仪器关闭，可以在仪器图形上单击右键，在弹出的快捷菜单选择"Digital Oscilloscope"命令，即可打开仪器；也可以在菜单栏中执行"Debug"→"Digital Oscilloscope"菜单命令，同样也可以打开仪器的调节界面。上述两种方法适用于所有的虚拟仪器。

从图8-23中可以看到，虚拟示波器显示4个通道的波形，分别以A黄色、B蓝色、C红色和D绿色表示。

Y轴调节选项包括垂直位置（Position）、耦合方式交流（AC）或直流（DC）、地（GND）、关闭本通道（OFF）、反向（Invert）、波形叠加（A+B或C+D），还可以通过旋钮进行增益比例的调节和微调。

X轴调节选项包括X-Y模式触发源（Source）选择、水平位置（Position）调节，还可以通过旋钮进行坐标比例的调节和微调。

触发（Trigger）调节选项包括电平（Level）调节、交直流选择、边沿触发方式（上升沿和下降沿）。选择按钮自动（Auto），表示连续显示波形；选择按钮单次（One-short），表示单次触发显示一个波形的快照；选择按钮游标（Cursor），可以通过鼠标选择任一点电压及时间信息。

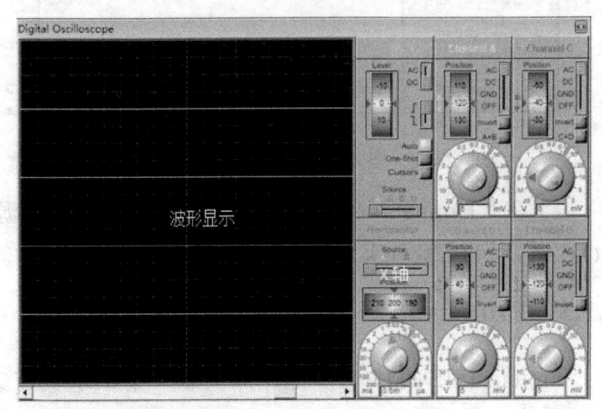

图8-23 示波器界面

（2）逻辑分析仪（LOGIC ANALYSER）

逻辑分析仪通过连续记录输入的数字信号并进行存储，用于对信号进行分析。通过调节采样频率，可记录不同速度的脉冲。

单击虚拟仪器列表中的"LOGIC ANALYSER"（逻辑分析仪），放置于原理图编辑区，图形如图8-24所示。

逻辑分析仪仪器的参数如下。

1）拥有24个通道，包括16个1位的跟踪通道和4个8位总线跟踪通道，40000×52位捕获缓冲容量。

2）采样间隔为200μs～0.5ns，采样时间是10ns～4s（200μs采样间隔对应的采样时间为4s）；显示缩放从1000个脉冲到1个。

3）触发方式多样，边沿、高低电平均可任意设置；触发位置可以在-50%～+50%之间进行设置，同时支持游标测量。

电路仿真时，打开逻辑分析仪的设置界面，如图8-25所示。设置界面主要用于调节每个通道的触发方式、显示分辨率及采样率。单击"Capture"（捕获）按钮开始捕获。如果打开游标（Cursor），可对信号进行测量并将结果显示于信号显示窗口。

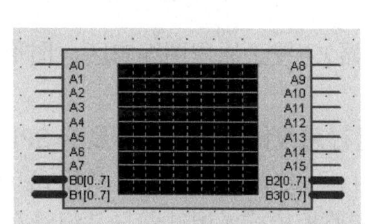
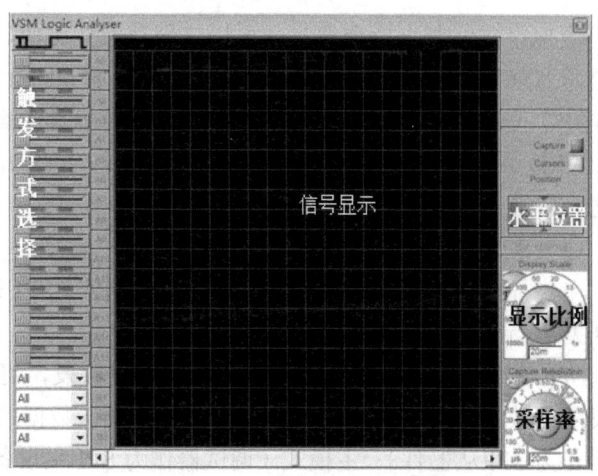

图 8-24 逻辑分析仪　　　　　　　图 8-25 逻辑分析仪设置界面

（3）计数定时器（COUNTER TIMER）

计数定时器主要用于测量间隔时间、信号频率以及对脉冲进行计数。

单击虚拟仪器列表中的"COUNTER TIMER"（计数定时器），放置于原理图编辑区，图形如图 8-26 所示。

计数定时器仪器的参数如下。

1）定时器模式，当格式是秒时，分辨率为 1μs；当格式为时-分-秒时，分辨率为 1ms。

2）频率计模式，分辨率为 1Hz。

3）计数器模式，最大计 99 999 999。

电路仿真时，通过 CE 引脚输入控制信号、RST 引脚输入复位信号，打开该仪器设置界面，如图 8-27 所示。分别设置复位电平方式（RESET POLARITY）为上升沿或下降沿；设置门控方式（GATE POLARITY）为高电平或低电平；通过手动复位（MANUAL RESET）按钮复位；通过模式（MODE）按钮分别选择 TIME（secs）、TIME（hms）、FREQUENCY 和 COUNT 模式。

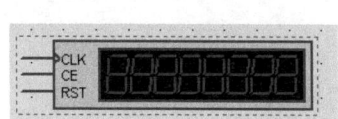
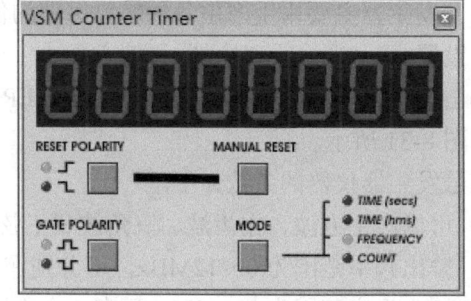

图 8-26 计数定时器　　　　　　　图 8-27 计数定时器设置界面

（4）虚拟终端（VIRTUAL TERMINAL）

虚拟终端主要用于接收并显示通过异步串行口发送的数据。

单击虚拟仪器列表中的"VIRTUAL TERMINAL"（虚拟终端），置于原理图编辑区，图形如图 8-28 所示。

虚拟终端仪器支持全双工，可以实现获取按键值，发送和回显 ASCII 数据。波特率设置范围为 300~57600bit/s，数据位支持 7 位或 8 位。支持奇校验，偶校验或无奇偶校验。

RXD 用于接收数据，TXD 用于发送数据；RTS 用于请求发送，CTS 用于清除发送。

图 8-28 虚拟终端

（5）SPI 调试器（SPI DEBUGGER）

单击虚拟仪器列表中的"SPI DEBUGGER"（SPI 调试器），置于原理图编辑区，图形如图 8-29 所示。

SPI 调试器能够监视 SPI 接口进行的数据收发，可以进行总线协议的分析，显示 SPI 总线发送的数据，同时具有通过调试器向总线发送数据的作用。该终端可以工作在从模式（调试器作为 SPI 从器件）、主模式（调试器作为 SPI 主设备）和监控模式（调试器只是记录在总线上传输的数据）。

（6）I²C 调试器（I²C DEBUGGER）

单击虚拟仪器列表中的"I²C DEBUGGER"（I²C 调试器），置于原理图编辑区，如图 8-30 所示。

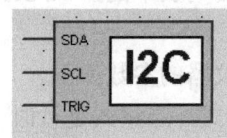

图 8-29 SPI 调试器　　　　　　图 8-30 I²C 调试器

I²C 调试器可以实现对 I²C 总线的监控，并与 I²C 总线进行交互。

调试器可以用于查看 I²C 总线发送数据、支持通过调试器向 I²C 总线发送数据。调试器即可作为调试工具，也可作为开发 I²C 程序测试的助手。

关于 I²C 调试器的使用，将在系统应用章节进行详细讲解。

（7）信号发生器（SIGNAL GENERATOR）

信号发生器主要用于产生各种幅频可调的信号，作为仿真电路信号的输入，同时可以在线进行设置。

单击虚拟仪器列表中的"SIGNAL GENERATOR"（信号发生器），置于原理图编辑区，图形如图 8-31 所示。

信号发生器仪器的参数如下。

1）可以产生方波、锯齿波、三角波和正弦波。

2）输出频率范围为 0~12MHz，可分别在 8 个不同的频率段内进行调节。

3）输出幅度范围为 0~12V，可在 4 个不同的电压段内调节。

4）可输入调幅和调频信号。

在电路仿真时，打开信号发生器设置界面，如图 8-32 所示。幅度调节、频率调节、波形输出类型可以通过面板上的旋钮进行调节；通过"Polarity"（极性）按钮可以切换波形的极性为单极性（Uni）或双极性（Bi）。

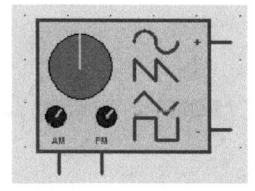

图 8-31 信号发生器

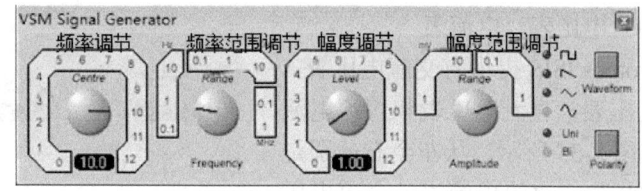

图 8-32 信号放生器设置界面

(8) 序列信号发生器 (PATTERN GENERATOR)

单击虚拟仪器列表中的 "PATTERN GENERATOR"(序列信号发生器),置于原理图编辑区,如图 8-33 所示。

序列信号发生器允许高达 1KB 的 8 位输出模式,可提前将 8 路信号预置,并循环输出;支持在图形模式或者脚本模式输入序列信号;可选内部或外部时钟与边沿触发;触发类型可调;显示模式可在十六进制和十进制之间切换;可直接输入精度高的特殊值;支持脚本的载入和保存;支持手动调节周期;允许单步逐位输出信号;可保持显示当前序列信号;可对序列块直接编辑。

各类型引脚的功能如下。

触发输入引脚(TRIG):有异步外部上升沿触发、同步外部上升沿触发、异步外部下降沿触发及同步外部下降沿触发四种方式,还可以选择内部时钟触发。

时钟输入引脚(CLKIN):该引脚用于从外部输入时钟。提供两个外部时钟模式,外部上升沿触发脉冲和外部下降沿触发脉冲。

保持输入引脚(HOLD):该引脚为高电平有效,可以用于暂停并保持序列信号发生器当前状态,直到保持引脚为低电平。对于内部时钟或者内部触发则会从保持时刻重新开始。

使能引脚(OE):输入高电平有效,序列信号可从输出引脚 Q0~Q7 输出。

除此之外,还有数据引脚三态输出 Q0~Q7、总线 B[0…7];内部时钟输出引脚(CLKOUT);级联输出引脚(CASCADE)。

电路仿真时,打开序列信号发生器设置界面,如图 8-34 所示。单击 "CLOCK"(时钟)按钮设置时钟模式,可选择内部时钟、外部上升沿触发脉冲和外部下降沿触发脉冲;单击 "STEP"(单步)按钮可逐列输出序列;单击 "TRIGGER"(触发)按钮,可选择内部时钟、外部上升沿触发和外部下降沿触发,同时可设置同步(Sync)或异步(Async)。

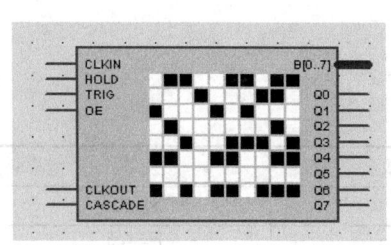

图 8-33 信号发生器

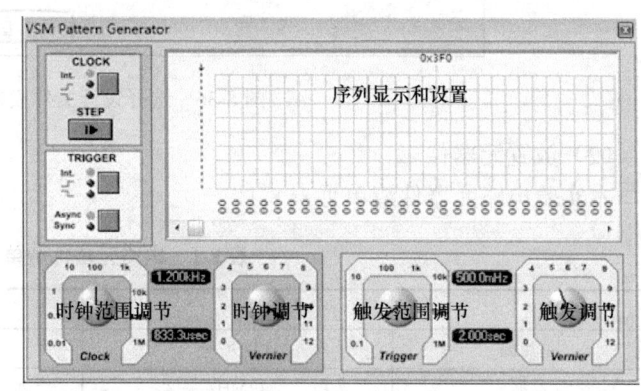

图 8-34 序列信号发生器设置界面

（9）电压表、电流表

Proteus ISIS 提供有交流电压表、直流电压表、直流电压表和直流电流表，如图 8-35 所示。从左至右分别是直流电压表、直流电流表、交流电压表和交流电流表。将相应的虚拟仪表接入电路，可通过属性设置改变其内

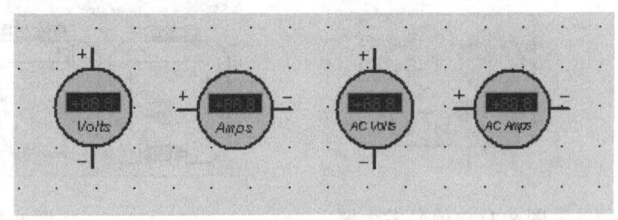

图 8-35　电压表和电流表

阻等参数。在仿真运行时单击虚拟仪器图标就可以打开数值显示窗口。

8.2　Proteus 原理图编辑及仿真

本节主要介绍 Proteus 原理图的编辑方法、电路仿真操作步骤及调试过程。

8.2.1　Proteus ISIS 原理图编辑

下面以绘制 51 单片机流水灯实验电路来说明原理图的编辑过程。

（1）新建设计文件

在 Proteus ISIS 工作区窗口中，执行"File"→"New Design"菜单命令，打开设计文件模板选择对话框，如图 8-36 所示。根据需要选择要用的模板，这里选择"DEFAULT"。

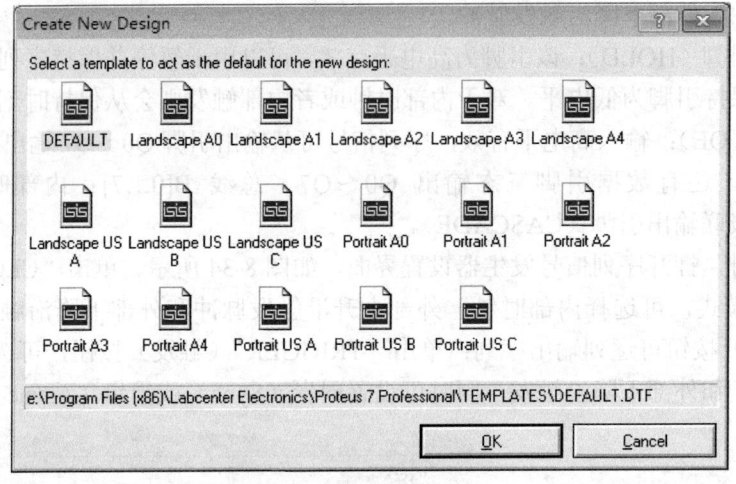

图 8-36　选择设计文件模板

（2）放置元器件

本实验电路元器件清单见表 8-1。

表 8-1　电路元器件清单

元器件名称	参数	数量	关键字
单片机	AT89C51	1	89c51
晶振	12MHz	1	Crystal

250

（续）

元器件名称	参数	数量	关键字
瓷片电容	30pF	2	Cap
电解电容	20μF	1	Cap-Pol
电阻	10kΩ	1	Res
电阻	300Ω	8	Res
LED-YELLOW		8	LED-Yellow

以添加单片机 AT89C51 为例说明如何添加元器件。

1）在 Proteus ISIS 工作区窗口的工具箱中单击按钮 选择元器件模式。

2）单击对象选择按钮 P 如图 8-37 所示，或直接单击工具栏中的按钮，均可打开查找元器件的对话框，如图 8-38 所示。

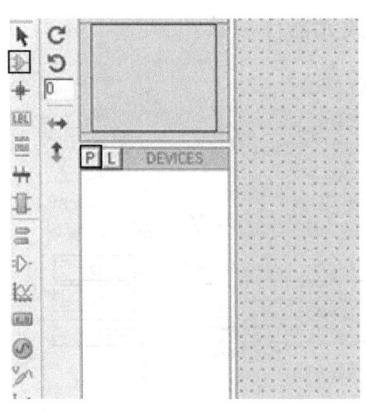
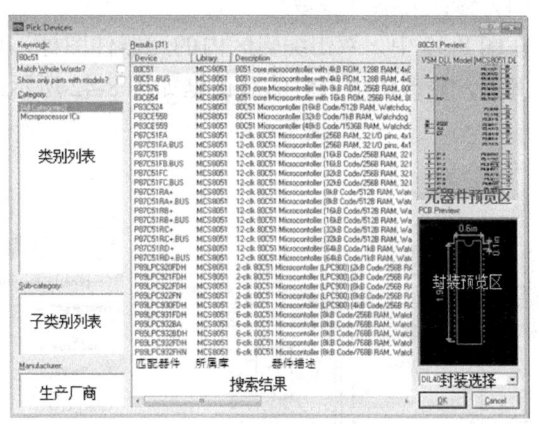

图 8-37　添加新元件　　　　　　　　图 8-38　查找元器件

3）在图 8-38 中左上角的 "Keywords"（关键字）文本框内输入 "80c51"。关键字下面有两个复选框：

① "Match Whole Words"（匹配整个关键字）复选框。

② "Show only parts with models"（仅显示有仿真模型的元器件）复选框。

如果绘制的电路原理图主要用于仿真，建议勾选第 2 个复选框。也可以通过元器件预览区的显示判断元器件是否支持仿真，如果显示 "No Simulator Model"，则不支持仿真；反之，会显示对应元器件的 DLL 文件。

4）在查找结果列表框内选择 AT89C51，单击 "OK" 按钮将 AT89C51 加入对象选择列表。

按照上述方法，分别添加晶振（CRYSTAL）、发光二极管（LED-YELLOW）、按钮（BUTTON）、瓷片电容（CAP），电解电容（CAP-POL），以及各类电阻（RES）。添加完成之后的元器件列表如图 8-39 所示。

5）分别用鼠标在元器件列表内选取元器件，直接放置于编辑区。根据电路需要排布元器件，如图 8-40 所示。

（3）放置电源和地

单击工具箱中的按钮 进入终端模式，选择电源 POWER 和地 GROUND，如图 8-41 所示，在编辑区内加入 POWER、GROUND。

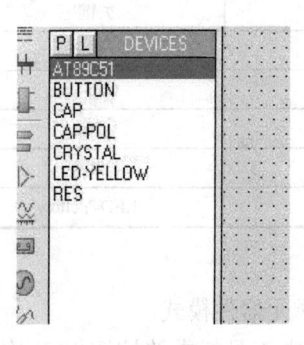
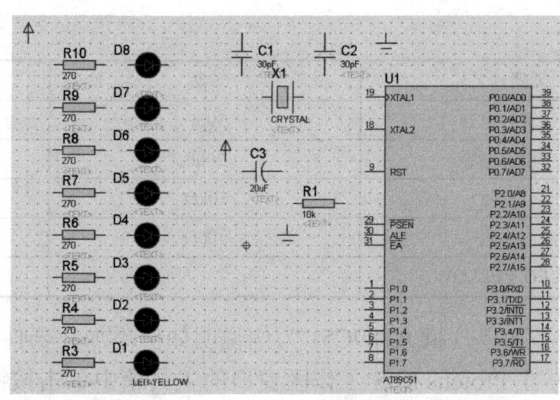

图 8-39 元器件列表　　　　　　　　　图 8-40 放置元器件

（4）修改元器件参数

在图 8-40 中，双击编辑区内的元器件图标，可以修改元器件参数。

例如，修改电阻值时的对话框如图 8-42 所示。

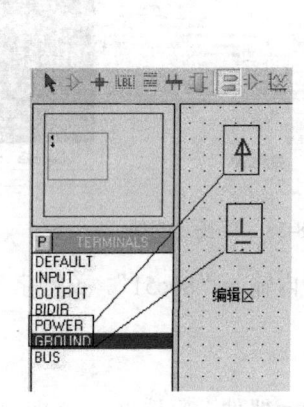
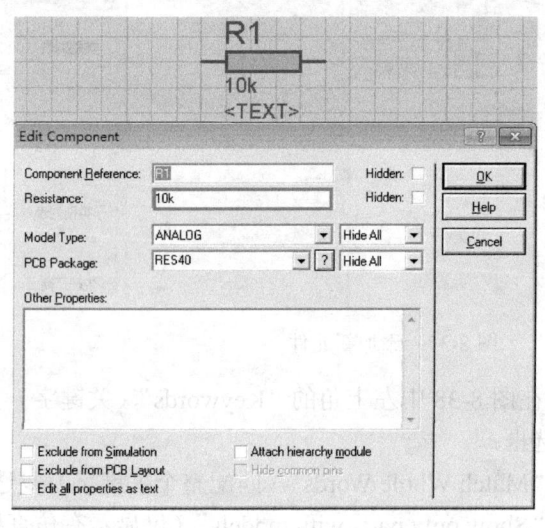

图 8-41 电源 POWER 和地 GROUND　　　　　图 8-42 修改电阻值

（5）连接电路

在元器件之间进行电路连线。将鼠标移到相应的元器件引脚上，鼠标光标变为绿色的笔，引脚上有虚线方格，如图 8-43a 所示，这时单击鼠标左键，就可以与其他元器件进行连线，如图 8-43b 所示。在连线时单击选中工具栏中的 （自动布线）按钮时，连线只能是直线，如图 8-43c 所示，如不选中该按钮，则可以斜线连接，如图 8-43d 所示。

如果需要删除连线，在需要删除的连线上单击右键，选择"Delete Wire"命令即可删除连线。

根据实验电路要求完成线路连接，如图 8-44 所示。

连接线路时还可以利用网络标号实现电气连接，如图 8-44 所示的 AT89C51 引脚 $\overline{EA}$ 。首先，从需要网络标号的引脚引出一根短线，如图 8-45 所示。之后，双击鼠标左键，会出现一个结点，单击工具箱中的按钮 ，鼠标显示一个 X 形，单击引脚 $\overline{EA}$ 的连线，弹出"Edit Wire

252

Label"（编辑线标号）对话框，在"String"组合框中填入"EA"，即可完成标号的标注。按照相同的方式，可以在电路图中标注另外一个相同标号，虽然两者没有连接，但是实际上已经通过网络标号实现了电气连接。这样可以减少图中连线的数量，使原理图更加简单清晰。

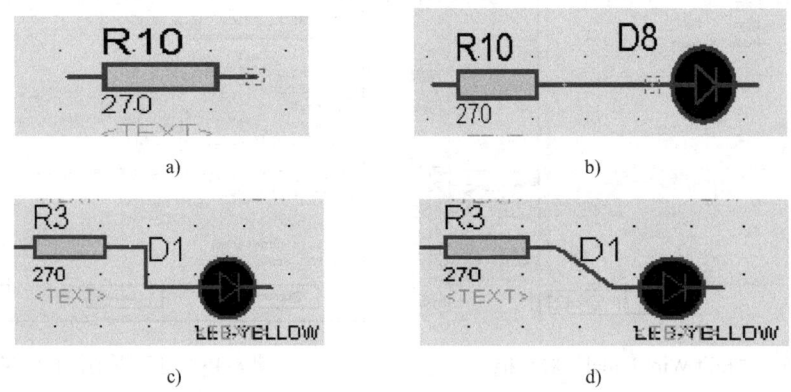

图 8-43 引脚连线

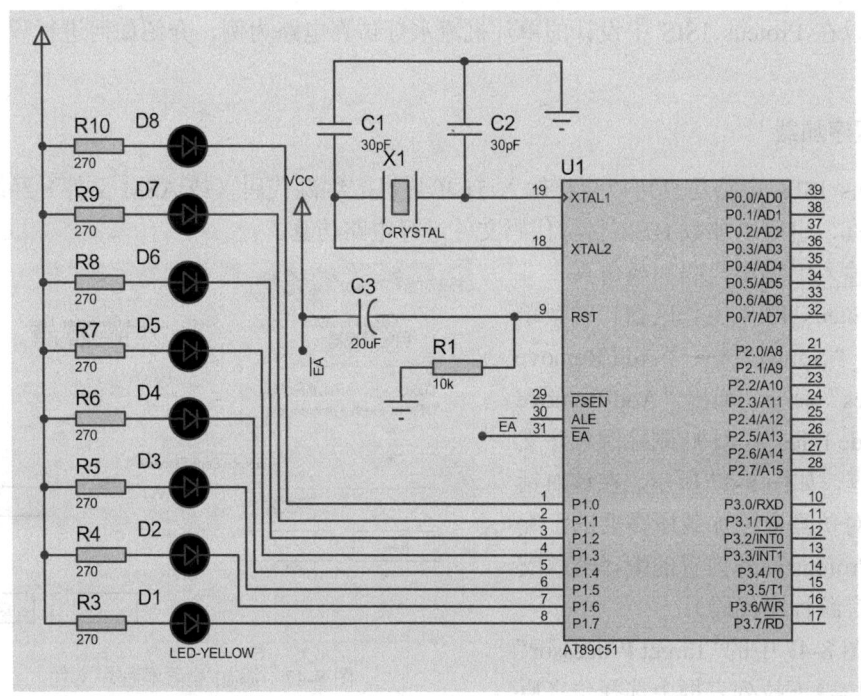

图 8-44 实验电路

（6）电路原理图电气规则检查

在 Proteus ISIS 工作区窗口的菜单栏中执行"Tool"→"Electrical Rule Check"命令，对电路图进行电气规则检查，检查结果如图 8-46 所示。通过检查发现没有错误。

这里需要说明，Proteus ISIS 提供的 51 单片机模型，在原理图中只需要放置一个单片机就可以实现最小系统的仿真，而不需要添加最小系统的晶振及复位等电路（在实际单片机最小系统中，这些电路是不可缺少的）。

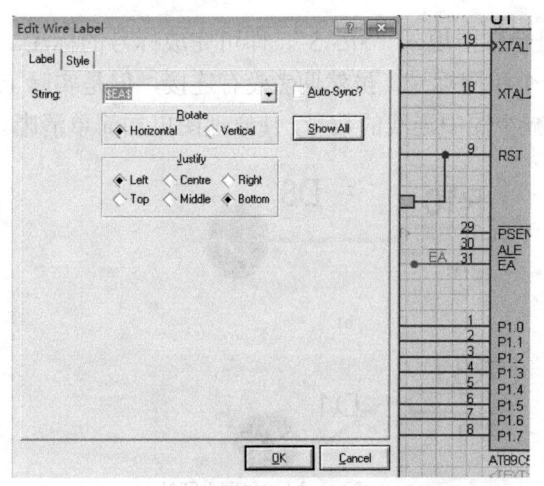
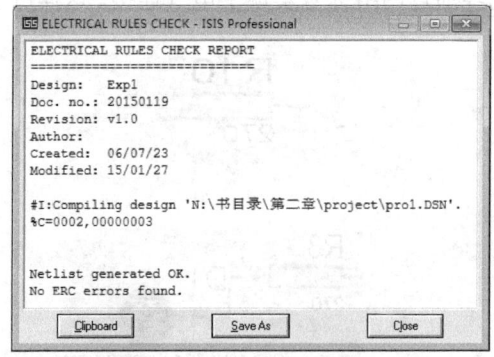

图 8-45 "Edit Wire Label"对话框　　　　　图 8-46　电气规则检查结果

8.2.2 Proteus ISIS 电路仿真

本节以在 Proteus ISIS 中设计的单片机流水灯仿真电路为例，介绍如何进行程序加载及仿真调试。

1. 程序加载

Proteus ISIS 电路仿真可以直接输入 51 单片机汇编源代码（或 ASM 文件）经编译后进行电路仿真，也可以加载 HEX 目标代码文件进行电路仿真。

（1）输入汇编源代码加载仿真

在 Proteus ISIS 工作区窗口的菜单栏中执行 "Source" → "Add/Remove Source Files" 命令，弹出 "Add/Remove Source Code Files"（添加/删除源程序文件）对话框，如图 8-47 所示。在该对话框中可以对仿真电路加载所需要的汇编源代码（Proteus 软件内置的编译器仅支持汇编语言源程序代码）。

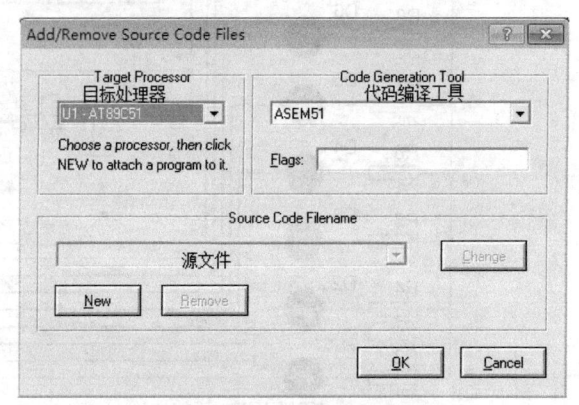

1）在图 8-47 中的"Target Processor"（目标处理器）下拉列表框中选择仿真原

图 8-47 添加/删除源程序文件

理图中的处理器。由于这里用的是 51 内核的单片机，因此选择 ASEM51。

2）单击 "New" 按钮，弹出一个对话框。这里可以选择已编写好的源程序，也可以新建程序文件。在需要建立程序文件的目录下，填写源程序文件名，文件类型选择 "ASEM51 source files（*.asm）"，完成程序文件的加载。

3）单击展开 "Source" 菜单，发现其中多出一个添加程序文件的项目。单击该项目，输入汇编源代码，如图 8-48a 所示。可以看出 Proteus ISIS 自带的代码编辑器不支持语法高亮显示，也不能修改字体。

4)也可以使用 Proteus ISIS 支持的自定义代码编辑工具,执行"Source"→"Setup External Text Editor"菜单命令,打开如图 8-49 所示的对话框,单击"Browse"按钮,找到代码编辑工具,下面的三个文本框不要修改,单击"OK"按钮,完成设置后输入编辑流水灯源代码,如图 8-48b 所示。建议读者使用该代码编辑工具。

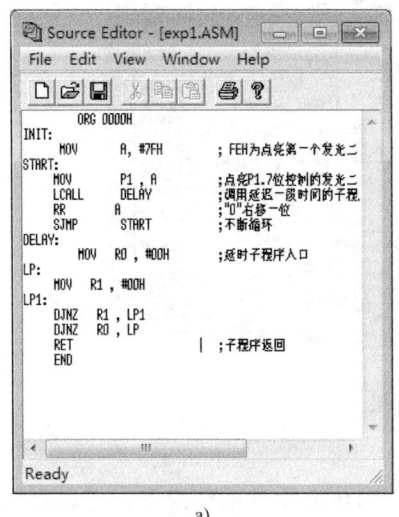
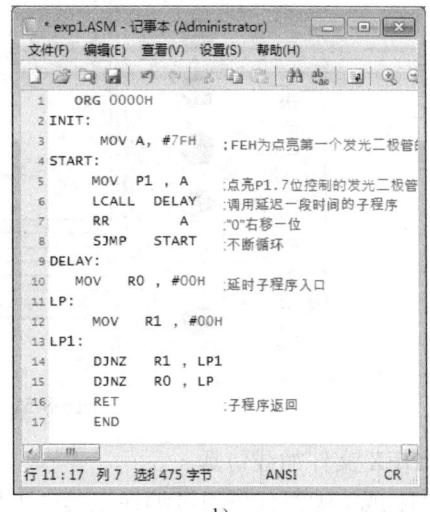

a)　　　　　　　　　　　　　　　　　　b)

图 8-48　汇编源程序

5)程序编译与执行。

执行"Source"→"Build All"菜单命令,对源程序进行编译,显示编译结果,如图 8-50 所示。如果提示错误,修改程序,保存文件后再次编译,直至编译成功。

6)编译成功后,单击"运行"仿真控制按钮进行仿真,仿真结果如图 8-51 所示。

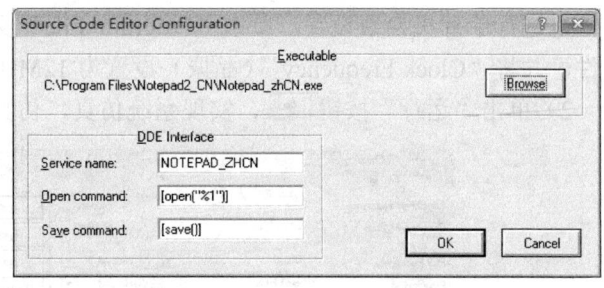

图 8-49　代码编辑器设置

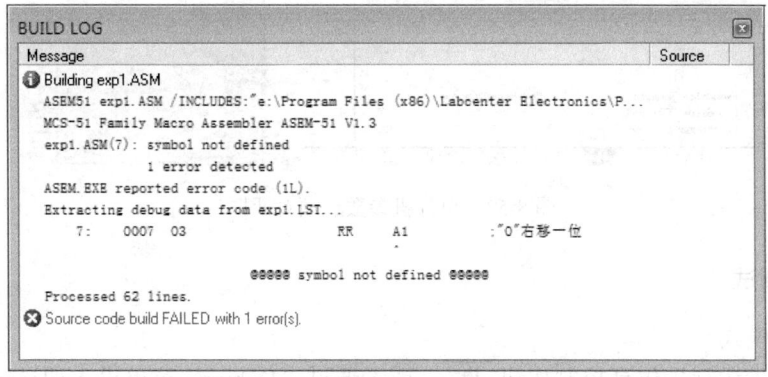

图 8-50　编译结果

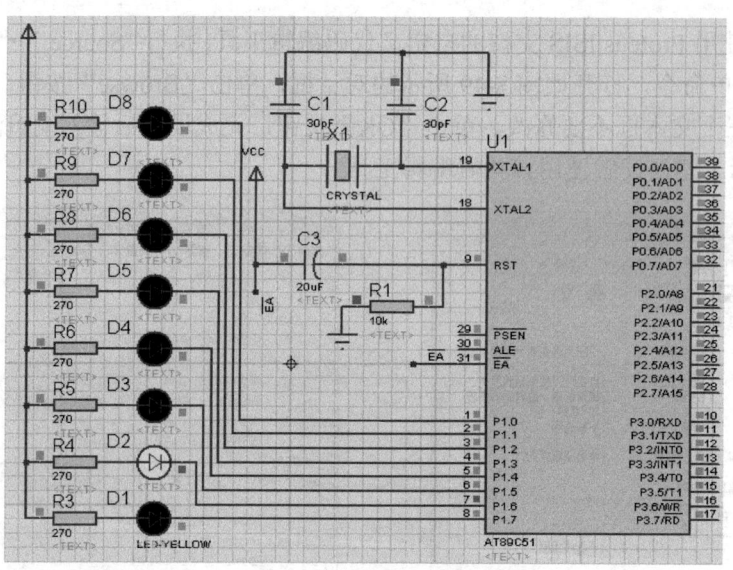

图 8-51 仿真结果

（2）HEX 文件加载仿真

在 C51 或汇编源代码通过编译工具产生目标代码 HEX 文件的情况下，可以直接给单片机加载 HEX 文件进行电路仿真，操作步骤如下。

1）双击原理图中的单片机图标，弹出"Edit Component"对话框，如图 8-52 所示，在其中可以进行单片机参数设置。单击"Program File"文本框右侧的按钮，选择生成的 HEX 文件，并将"Clock Frequency"（晶振）设置为 12MHz，单击"OK"按钮完成设置。

2）单击"运行"按钮，实现系统仿真，仿真结果如图 8-51 所示。

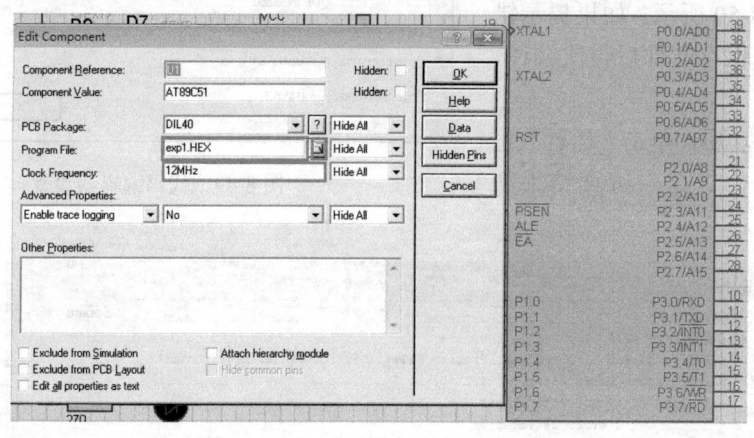

图 8-52 单片机参数选项对话框

2. 程序调试

（1）调试模式

单击"单步运行"仿真控制按钮，或者通过"Debug"菜单进入调试模式，打开单片机的调试模式窗口，如图 8-53 所示。该窗口各部分内容说明如下。

1）8051 CPU Internal（IDATA）Memory（内部存储单元）：用于显示单片机内存单元的变化（高亮指示）。

2）8051 CPU Registers（寄存器）：显示当前行程序的地址（PC）、当前行程序的反汇编、通用寄存器 R0～R7 及特殊功能寄存器的内容。

3）8051 CPU SFR Memory（特殊功能寄存器）：显示特殊功能寄存器区域内的内存单元的值的变化，高亮指示变化的内存单元。

4）8051 CPU Source Code（源代码）：显示当前运行程序的代码，可通过其上方的调试按钮进行程序调试。调试按钮的功能从左至右分别是：连续运行、单步但不跟踪子程序（即不进入子程序内部）、单步跟踪子程序、运行到当前行（光标选取一行程序）。

（2）设置断点

用户可以在程序的适当地方设置断点，以便于调试。在需要设置断点的代码前双击鼠标左键，即可设置断点（显示一个红色圆点），如图 8-53 所示。当仿真连续运行时，程序运行到断点处会自动停止。

在该窗口中单击右键能够显示程序的机器码和相应的行号，但必须在工程中添加汇编源代码，如果仅仅添加 HEX 文件，进入调试模式是不能显示源码的。

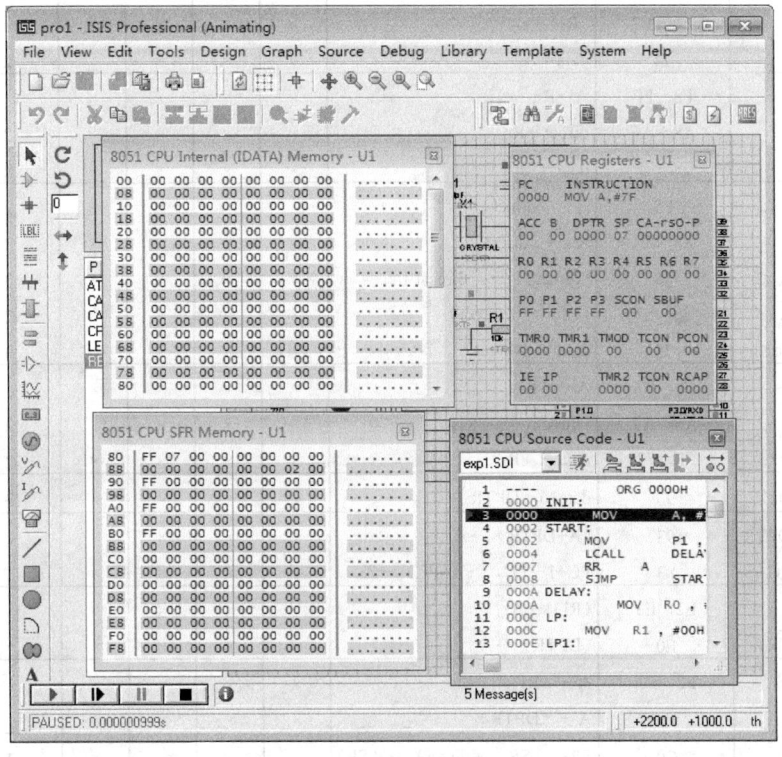

图 8-53　单片机调试模式窗口

附　　录

附录 A　51 单片机指令表

51 单片机相关的数据传送指令见表 A-1，算述运算指令见表 A-2，逻辑运算指令见表 A-3，控制转移指令见表 A-4，位操作指令见表 A-5。

表 A-1　数据传送指令

助记符	十六进制代码	功能	对标志影响				字节数	周期数
			P	OV	AC	Cy		
MOV A，Rn	E8～EF	Rn→A	√	×	×	×	1	1
MOV A，direct	E5	(direct)→A	√	×	×	×	2	1
MOV A，@Ri	E6，E7	(Ri)→A	√	×	×	×	1	1
MOV A，#data	74	data→A	√	×	×	×	2	1
MOV Rn，A	F8～FF	A→Rn	×	×	×	×	1	1
MOV Rn，direct	A8～AF	direct→Rn	×	×	×	×	2	2
MOV Rn，#data	78～7F	data→Rn	×	×	×	×	2	1
MOV direct，A	F5	A→(direct)	×	×	×	×	2	1
MOV direct，Rn	88～8F	Rn→(direct)	×	×	×	×	2	2
MOV direct1，direct2	85	(direct2)→(direct1)	×	×	×	×	3	2
MOV direct，@Ri	86，87	(Ri)→(direct)	×	×	×	×	2	2
MOV direct，#data	75	data→(direct)	×	×	×	×	3	2
MOV @Ri，A	F6，F7	A→(Ri)	×	×	×	×	1	1
MOV @Ri，direct	A6，A7	(direct)→(Ri)	×	×	×	×	2	2
MOV @Ri，#data	76，77	data→(Ri)	×	×	×	×	2	1
MOV DPTR，#data16	90	data16→DPTR	×	×	×	×	3	2
MOVC A，@A+DPTR	93	(A+DPTR)→A	√	×	×	×	1	2
MOVC A，@A+PC	83	PC+1→PC，(A+PC)→A	√	×	×	×	1	2
MOVX A，@Ri	E2，E3	(Ri)→A	√	×	×	×	1	2
MOVX A，@DPTR	E0	(DPTR)→A	√	×	×	×	1	2
MOVX @Ri，A	F2，F3	A→(Ri)	×	×	×	×	1	2
MOVX @DPTR，A	F0	A→(DPTR)	×	×	×	×	1	2
PUSH direct	C0	SP+1→SP　(direct)→(SP)	×	×	×	×	2	2
POP direct	D0	(SP)→(direct)　SP-1→SP	×	×	×	×	2	2
XCH A，Rn	C8～CF	A↔Rn	√	×	×	×	1	1
XCH A，direct	C5	A↔(direct)	√	×	×	×	2	1
XCH A，@Ri	C6，C7	A↔(Ri)	√	×	×	×	1	1
XCHD A，@Ri	D6，D7	A0～3↔(Ri)0～3	√	×	×	×	1	1

表 A-2 算术运算指令

助记符	十六进制代码	功能	P	OV	AC	Cy	字节数	周期数
ADD A，Rn	28~2F	A+Rn→A	√	√	√	√	1	1
ADD A，direct	25	A+（direct）→A	√	√	√	√	2	1
ADD A，@Ri	26，27	A+（Ri）→A	√	√	√	√	1	1
ADD A，#data	24	A+data→A	√	√	√	√	2	1
ADDC A，Rn	38~3F	A+Rn+Cy→A	√	√	√	√	1	1
ADDC A，direct	35	A+（direct）+Cy→A	√	√	√	√	2	1
ADDC A，@Ri	36，37	A+（Ri）+Cy→A	√	√	√	√	1	1
ADDC A，#data	34	A+data+Cy→A	√	√	√	√	2	1
SUBB A，Rn	98~9F	A-Rn-Cy→A	√	√	√	√	1	1
SUBB A，direct	95	A-（direct）-Cy→A	√	√	√	√	2	1
SUBB A，@Ri	96，97	A-（Ri）-Cy→A	√	√	√	√	1	1
SUBB A，#data	94	A-data-Cy→A	√	√	√	√	2	1
INC A	04	A+1→A	√	×	×	×	1	1
INC Rn	08~0F	Rn+1→Rn	×	×	×	×	1	1
INC direct	05	（direct）+1→（direct）	×	×	×	×	2	1
INC @Ri	06，07	（Ri）+1→（Ri）	×	×	×	×	1	1
INC DPTR	A3	DPTR+1→DPTR					1	2
DEC A	14	A-1→A	√	×	×	×	1	1
DEC Rn	18~1F	Rn-1→Rn	×	×	×	×	1	1
DEC direct	15	（direct）-1→（direct）	×	×	×	×	2	1
DEC @Ri	16，17	（Ri）-1→（Ri）	×	×	×	×	1	1
MUL AB	A4	A·B→AB	√	√	×	0	1	4
DIV AB	84	A/B→AB	√	√	×	0	1	4
DA，A	D4	对A进行十进制调整	√	×	√	√	1	1

表 A-3 逻辑运算指令

助记符	十六进制代码	功能	P	OV	AC	Cy	字节数	周期数
ANL A，Rn	58~5F	A∧Rn→A	√	×	×	×	1	1
ANL A，direct	55	A∧（direct）→A	√	×	×	×	2	1
ANL A，@Ri	56，57	A∧（Ri）→A	√	×	×	×	1	1
ANL A，#DATA	54	A∧data→A	√	×	×	×	2	1
ANL direct，A	52	（direct）∧A→（direct）	×	×	×	×	2	1
ANL direct，#data	53	（direct）∧data→（direct）	×	×	×	×	3	2
ORL A，Rn	48~4F	A∨Rn→A	√	×	×	×	1	1
ORL A，direct	45	A∨（direct）→A	√	×	×	×	2	1
ORL A，@Ri	46，47	A∨（Ri）→A	√	×	×	×	1	1
ORL A，#data	44	A∨data→A	√	×	×	×	2	1
ORL direct，A	42	（direct）∨A→（direct）	×	×	×	×	2	1
ORL direct，#data	43	（direct）∨data→（direct）	×	×	×	×	3	2
XRL A，Rn	68~6F	A⊕Rn→A	√	×	×	×	1	1
XRL A，direct	65	A⊕（direct）→A	√	×	×	×	2	1
XRL A，@Ri	66，67	A⊕（Ri）→A	√	×	×	×	1	1
XRL A，#data	64	A⊕data→A	√	×	×	×	2	1
XRL direct，A	62	（direct）⊕A→（direct）	×	×	×	×	2	1
XRL direct，#data	63	（direct）⊕data→（direct）	×	×	×	×	3	2

(续)

助记符	十六进制代码	功能	对标志影响 P	OV	AC	Cy	字节数	周期数
CLR A	E4	0→A	√	×	×	×	1	1
CPL A	F4	$\overline{A}$→A	×	×	×	×	1	1
RL A	23	A 循环左移一位	×	×	×	×	1	1
RLC A	33	A 带进位循环左移一位	√	×	×	√	1	1
RR A	03	A 循环右移一位	×	×	×	×	1	1
RRC A	13	A 带进位循环右移一位	√	×	×	√	1	1
SWAP A	C4	A 半字节交换	×	×	×	×	1	1

表 A-4 控制转移指令

助记符	十六进制代码	功能	对标志影响 P	OV	AC	Cy	字节数	周期数
ACALL addr11	*1	PC+2→PC，SP+1→SP，PCL→(SP)，SP+1→SP，PCH→(SP)，addr11→PC10~0	×	×	×	×	2	2
LCALL addr16	12	PC+3→PC，SP+1→SP，PCL→(SP)，SP+1→SP，PCH→(SP)，addr16→PC	×	×	×	×	3	2
RET	22	(SP)→PCH，SP-1→SP，(SP)→PCL SP-1→SP	×	×	×	×	1	2
RETI	32	(SP)→PCH，SP-1→SP，(SP)→PCL SP-1→SP，从中断返回	×	×	×	×	1	2
AJMP addr11	*1	PC+2→PC，addr11→PC10~0	×	×	×	×	2	2
LJMP addr16	02	addr16→PC	×	×	×	×	3	2
SJMP rel	80	PC+2→PC，PC+rel→PC	×	×	×	×	2	2
JMP @A+DPTR	73	(A+DPTR)→PC	×	×	×	×	1	2
JZ rel	60	PC+2→PC，若 A=0，PC+rel→PC	×	×	×	×	2	2
JNZ rel	70	PC+2→PC，若 A 不等于 0，则 PC+rel→PC	×	×	×	×	2	2
JC rel	40	PC+2→PC，若 Cy=1，则 PC+rel→PC	×	×	×	×	2	2
JNC rel	50	PC+2→PC，若 Cy=0，则 PC+rel→PC	×	×	×	×	2	2
JB bit，rel	20	PC+3→PC，若 bit=1，则 PC+rel→PC	×	×	×	×	3	2
JNB bit，rel	30	PC+3→PC，若 bit=0，则 PC+rel→PC	×	×	×	×	3	2
JBC bit，rel	10	PC+3→PC，若 bit=1，则 0→bit，PC+rel→PC	×	×	×	×	3	2
CJNE A，direct，rel	B5	PC+3→PC，若 A≠(direct)，则 PC+rel→PC；若 A<(direct)，则 1→Cy	×	×	×	×	3	2
CJNE A，#data，rel	B4	PC+3→PC，若 A≠data，则 PC+rel→PC；若 A<data，则 1→Cy	×	×	×	×	3	2
CJNE Rn，#data，rel	B8~BF	PC+3→PC，若 Rn≠data，则 PC+rel→PC；若 Rn<data，则 1→Cy	×	×	×	×	3	2
CJNE @Ri，#data，rel	B6~B7	PC+3→PC，若 Ri≠data，则 PC+rel→PC；若 Ri<data，则 1→Cy	×	×	×	×	3	2
DJNZ Rn，rel	D8~DF	Rn-1→Rn，PC+2→PC，若 Rn≠0，则 PC+rel→PC	×	×	×	×	3	2
DJNZ direct，rel	D5	PC+2→PC，(direct)-1→(direct)，若 (direct)≠0，则 PC+rel→PC	×	×	×	×	3	2
NOP	00	空操作	×	×	×	×	1	1

表 A-5 位操作指令

助记符	十六进制代码	功能	对标志影响 P	对标志影响 OV	对标志影响 AC	对标志影响 Cy	字节数	周期数
CLR C	C3	0→Cy	×	×	×	√	×	1
CLR bit	C2	0→bit	×	×	×	×	×	1
SETB C	D3	1→Cy	×	×	×	√	1	1
SETB bit	D2	1→bit	×	×	×	×	2	1
CPL C	B3	$\overline{Cy}$→Cy	×	×	×	√	1	1
CPL bit	B2	$\overline{bit}$→bit	×	×	×	×	2	1
ANL C, bit	82	Cy∧bit→Cy	×	×	×	√	2	2
ANL C, /bit	B0	Cy∧$\overline{bit}$→Cy	×	×	×	√	2	2
ORL C, bit	72	Cy∨bit→Cy	×	×	×	√	2	2
ORL C, /bit	A0	Cy∨$\overline{bit}$→Cy	×	×	×	√	2	2
MOV C, bit	A2	Bit→Cy	×	×	×	√	2	1
MOV bit, C	92	Cy→bit	×	×	×	√	2	2

51 指令系统所用符号及其含义见表 A-6。

表 A-6 51 指令系统所用符号

符号	含 义
addr11	11 位地址
addr16	16 位地址
bit	位地址
rel	相对偏移量,为 8 位有符号数(补码形式)
direct	直接地址单元(RAM、SFR、I/O)
#data	立即数
Rn	工作寄存器 R0～R7
A	累加器
Ri	i=0,1,数据指针 R0 或 R1
X	片内 RAM 中的直接地址或寄存器
@	在间接寻址方式中,表示间址寄存器的符号
(X)	在直接寻址方式中,表示直接地址 X 中的内容; 在间接寻址方式中,表示间址寄存器 X 指出的地址单元中的内容
→	数据传送方向
∧	逻辑与
∨	逻辑或
⊕	逻辑异或
√	对标志产生影响
×	不影响标志

附录 B 常用 C51 库函数

表 B-1 为常用 C51 库函数及部分函数功能。

表 B-1 常用 C51 库函数

分类及文件包含	函 数 名	部分函数功能或说明
特殊功能寄存器访问 REG5x.H （REG51.H、REG52.H 等）		对 51 系列单片机的 SFR 可寻址位定义
字符函数 CTYPE.H	bit isalpha(char c)	检查参数字符是否为英文字母（是返回1, 否则返回0）；
	bit isalnum (char c)	检查参数字符是否为英文字母或数字字符（是返回1, 否则返回0）；
	bit iscntrl(char c)	检查参数值是否为控制字符（是返回1, 否则返回0）；
	bit isdigit(char c)	检查参数值是否为数字 0~9（是返回1, 否则返回0）；
	bit isgraph(char c)	检查参数值是否为可打印字符（是返回1, 否则返回0）；
	bit isprint(char c)	与 isgraph 函数相似，还接受空格符；
	bit ispunct(char c)	检查字符参数是否为标点、空格或格式符（是返回1, 否则返回0）；
	bit islower(char c)	检查字符参数是否为小写字母（是返回1, 否则返回0）；
	bit isupper(char c)	检查字符参数是否为大写字母（是返回1, 否则返回0）；
	bit isspace(char c)	检查字符参数是否为空格、回车、换行等，（是返回1, 否则返回0）；
	bit isxdigit(char c)	检查字符参数是否为十六进制数字字符（是返回1, 否则返回0）；
	char toint(char c)	将字符 0~9, a~f（A~F）转换为十六进制数字；
	char tolower(char c)	将大写字母转换为小写形式；
	char toupper(char c)	将小写字母转换为大写字母
I/O 函数 STDIO.H 用于串行口操作,操作前需要 先对串行口初始化	char getkey（void）	等待从 51 单片机串行口读入字符,返回读入的字符；
	char getchar (void)	利用 getchar 从串行口读入的长度为 n 的字符串, 存入 s 指向的数组；
	char *gets（char *s, int n）	
	char ungetchar (char c)	通过 51 单片机串行口输出字符；
	char putchar （char c)	
	int printf（const char *fmts）	以第一个参数字符串指定的格式, 通过 51 单片机串行口输出数值和字符串,返回值是实际输出字符数
	int scanf（const char *fmts）	
串函数 STRING.H 用于字符串操作,如串搜索、 串比较、串复制、确定串长度 等	void *memchr（void *s1, char val, int len）	顺序搜索字符串 s1 前 len 个字符, 查找字符 val, 若找到, 返回 s1 中 val 的指针, 未找到则返回 NUL；
	void *memcmp（void *s1, void *s2, int len）	比较 s1 和 s2 的前 len 个字符, 若相等, 返回 0, 若 s1 串大于或小于 s2, 则返回一个正数或一个负数；
	void *memcpy（void *dest, void *src, int len）	
	void *memmove（void *dest, void *src, int len）	
	void *menset（void *s, char val, int len）	用 val 来填充指针 s 中的 len 个单元；
	void *strcat (char*s1, char*s2)	将串 s2 复制到 s1 的尾部；
	char *strcmp (char *s1, char *s2)	比较 s1 和 s2, 若相等, 返回 0, 若 s1 串大于或小于 s2, 则返回一个正数或一个负数；
	char *strcpy (char *s1, char *s2)	将串 s2 复制到 S1 中
	int strlen (char *s1)	返回 s1 中字符的个数；
	char *strchr (char *s1, char c)	搜索 s1 中第一个出现的字符 c, 找到返回该字符的指针
	char *strrchr (char *s1, char c)	
	int strspn (char *s1, char set)	

（续）

分类及文件包含	函 数 名	部分函数功能或说明
类型转换及内存分配函数 STDLIB.H 将字符型参数转换成浮点型、长型或整型，产生随机数	float atof（char *s1）	将字符串 s1 转换成浮点数值并返回它；
	long atol（char *s1）	将字符串 s1 转换成长整型数值并返回它；
	int atoi（char *s1）	将字符串 s1 转换成整型数值并返回它；
	int rand（）	产生一个 0~32767 之间的随机数并作为返回值；
	void srand（int n）	将随机数发生器初始化成一个已知值
数学函数 MATH.H 完成数学运算（求绝对值、指数、对数、平方根、三角函数、双曲函数等）	int abs（int val）	返回 val 的整型绝对值；
	float fabs（float val）	返回 val 的浮点型绝对值；
	float exp（float x）	
	float log（float x）	返回 x 的自然对数；
	float log10（float x）	
	float sqrt（float）	返回 x 的平方根；
	float sin（float x）	返回 x 的正弦值；
	float cos（float x）	
	float tan（float x）	
	float asin（float x）	返回 x 的反正弦值；
	float acos（float x）	
	float atan（float x）	
	float pow（float y，float x）	返回 x 的 y 次方
绝对地址访问 ABSACC.H	CBYTE	对不同的存储空间进行字节或字的绝对地址访问
	DBYTE	
	PBYTE	
	XBYTE	
	CWORD	
	DWORD	
	PWORD	
	XWORD	
本征函数 INTRINS.H	unsigned char_crol_（unsigned char val, unsigned char n）	将 val 左移 n 位；
	unsigned int_irol_（unsigned int val, unsigned char n）__	将 val 左移 n 位；
	unsigned long_lrol_（unsigned long val, unsigned char n）_	将 val 左移 n 位；
	unsigned char_cror_（unsigned char val, unsigned char n）	将 val 右移 n 位；
	unsigned int_iror_（unsigned int val, unsigned char n）	将 val 右移 n 位；
	unsigned long_lror_（unsigned long val, unsigned char n）	将 val 右移 n 位；
	int_test_（bit x）	相当于 JBC bit 指令；
	unsigned char_chkfloat_（float ual）	测试并返回浮点数状态；
	void_nop_（void）_	产生一个 NOP 命令
变量参数表 STDARG.H	va_start	
	va_arg	
	va_end	
全程跳转 SETJMP.H	setjmp	
	longjmp	

附录 C ASCII（美国标准信息交换码）码表

ASCII(美国标准信息交换码)码表见表 C-1。

表 C-1 ASCII 码表

列		0[①]	1[①]	2[①]	3	4	5	6	7[①]
行	位 654→ ↓ 3210	000	001	010	011	100	101	110	111
0	0000	NUL	DLE	SP	0	@	P	`	p
1	0001	SOH	DC1	!	1	A	Q	a	q
2	0010	STX	DC2	"	2	B	R	b	r
3	0011	ETX	DC3	#	3	C	S	c	s
4	0100	EOT	DC4	$	4	D	T	d	t
5	0101	ENQ	NAK	%	5	E	U	e	u
6	0110	ACK	SYN	&	6	F	V	f	v
7	0111	BEL	ETB	,	7	G	W	g	w
8	1000	BS	CAN	(	8	H	X	h	x
9	1001	HT	EM	)	9	I	Y	i	y
A	1010	LF	SUB	*	:	J	Z	j	z
B	1011	VT	ESC	+	;	K	[	k	{
C	1100	FF	FS	,	<	L	\	l	|
D	1101	CR	GS	—	=	M	]	m	}
E	1110	SO	RS	.	>	N	Ω[②]	n	~
F	1111	ST	US	/	?	O	—[②]	o	DEL

① 取决于使用这种代码的机器，它的符号可以是弯曲符号、向上箭头或（—）标记。
② 取决于使用这种代码的机器，它的符号可以是在下画线、向下箭头或心形。
③ 是第 0、1、2 和 7 列特殊控制功能的解释。

附录 D 本书仿真电路中部分非标准符号与国标的对照表

本书仿真电路中部分非标准符号与国标的对照表见表 D-1。

表 D-1 部分非标准符号与国标对照表

元器件名称	书中符号	国标符号
电解电容		
普通二极管		
稳压二极管		
可控硅		
线路接地		
与非门		

(续)

元器件名称	书中符号	国标符号
非门		
发光二极管		
两电极压电晶体		
T型连接		
保护接地端子		
晶体管		
电阻		
滑动触电电阻器		
或门		
或非门		
与门		
三态门		
n位总线		
电容标识符	C	C
电阻标识符	R	R
电感标识符	L	L
光电对管		

参 考 文 献

[1] 马忠梅，等. 单片机的 C 语言应用程序设计[M]. 北京：北京航空航天大学出版社，2007.
[2] 李全利. 单片机原理及接口技术[M]. 北京：高等教育出版社，2009.
[3] 李群芳,肖看. 单片机原理、接口及应用[M]. 北京：清华大学出版社，2005.
[4] 周坚. 单片机 C 语言轻松入门[M]. 北京： 北京航空航天大学出版社，2006.
[5] 蔡美琴，张为民，等. MCS-51 系列单片机系统及其应用[M]. 北京：高等教育出版社，2004.
[6] 赵全利，忽晓伟. 单片机原理及应用技术[M]. 北京：机械工业出版社，2017.